"十四五"高等职业教育装备制造大类专业系列教材

电工电子技术项目式教程

肖春华 祝 勋 ◎ 主 编
孙冬丽 蒋龙科 ◎ 副主编

中国铁道出版社有限公司
CHINA RAILWAY PUBLISHING HOUSE CO., LTD.

内容简介

本书将传统的"电工电子技术"课程教学内容分解整合为电子门铃电路的焊接与调试、电路基本定律的仿真与验证、家庭照明电路的安装、直流稳压电源设计与制作、三相异步电动机起动控制电路设计与搭建、音频功率放大器的设计与制作、仪表放大电路的设计与制作、简易逻辑状态笔设计、多人抢答器的设计与制作、篮球计分仪的设计与制作等10个项目。

本书配备视频、文档等丰富的数字资源,对巩固与拓展中较为复杂的分析与计算题,均给出了详细的解答步骤,方便教师和学生使用。

本书适合作为高等职业院校装备制造大类、电子与信息大类专业"电工电子技术"课程教材,也可以作为部分中等职业学校、成人教育、开放大学以及自学者与工程技术人员的参考书。

图书在版编目(CIP)数据

电工电子技术项目式教程 / 肖春华,祝勋主编. --
北京 : 中国铁道出版社有限公司, 2024.9. --("十四五"高等职业教育装备制造大类专业系列教材).
ISBN 978-7-113-31509-2

Ⅰ. TM;TN

中国国家版本馆 CIP 数据核字第 2024VF5383 号

书　　名	电工电子技术项目式教程
作　　者	肖春华　祝　勋
策　　划	何红艳　　　　　　　编辑部电话:(010)63560043
责任编辑	何红艳　绳　超
封面设计	刘　颖
责任校对	刘　畅
责任印制	樊启鹏
出版发行	中国铁道出版社有限公司(100054,北京市西城区右安门西街8号)
网　　址	https://www.tdpress.com/51eds/
印　　刷	河北燕山印务有限公司
版　　次	2024年9月第1版　2024年9月第1次印刷
开　　本	787 mm×1 092 mm　1/16　印张:20.5　字数:498 千
书　　号	ISBN 978-7-113-31509-2
定　　价	59.80 元

版权所有　侵权必究

凡购买铁道版图书,如有印制质量问题,请与本社教材图书营销部联系调换。电话:(010)63550836
打击盗版举报电话:(010)63549461

前 言

  党的二十大报告首次明确提出"加强教材建设和管理"这一重要任务,为我们进一步做好教材编写工作指明了方向,提供了根本遵循。教材建设中,我们全面落实立德树人根本任务,充分发挥教材的育人作用,突出思想引领,体现时代性。

  在这个充满挑战和机遇的时代,电工电子技术作为一门理论性与应用性较强的专业基础课程,是连接人们生活和工作的桥梁和纽带,它涵盖了电路原理、电子元件、数字电路、模拟电路等多方面的内容。通过学习本书,将了解电流、电压、电阻等基本概念,掌握不同类型电路的分析与设计方法,熟悉常见电子元件的特性和应用,学会运用相应的工具软件进行电路仿真和设计,从而为将来的工作和学习打下坚实的基础。

  本书深入贯彻党的二十大精神,结合课程团队教学改革成果,校企深度合作,充分体现职业教育特色。以职业岗位能力为起点,剖析岗位工作过程,提炼典型任务,将知识、技能和素质全面贯穿,设计了电子门铃电路的焊接与调试、电路基本定律的仿真与验证、家庭照明电路的安装、直流稳压电源设计与制作、三相异步电动机起动控制电路设计与搭建、音频功率放大器的设计与制作、仪表放大电路的设计与制作、简易逻辑状态笔设计、多人抢答器的设计与制作、篮球计分仪的设计与制作共10个项目,形成适应性、实践性与前沿性的课程结构。

  本书具有如下特点:

1. 价值引领,育人育才

  教材建设与课程思政同向同行。充分挖掘产业发展与实际应用所蕴含的课程思政元素,丰富育人载体,塑造"爱劳动、有担当、增自信、精匠心、能创造"的价值素养,实现知识传授、能力训练和价值引领有机统一。

2. 项目引领,任务驱动

  基于目标导向教育理念,从明确任务、仿真演示、动手操作、提出问题、探究原理到拓展应用,让学生做中学、学中做,实现"自主性、探究性、创新性"能力培养目标。

3. 校企合作,学做合一

  本书在校企深度合作下开发完成,从项目的设计、仿真验证,到数字资源的建设,均有企业工程师的深度参与。每一个项目均提供了设计思路和相对完整的设计方案。摒弃抽象的理论阐释,内容通俗易懂,深入浅出。在理论知识学习中适时穿插"练一练"环节,实现学做合一,突出职教特色。

4. 资源丰富,方便教学

本书提供了包括视频、文档等丰富的数字资源,以二维码链接形式在书中呈现,特别是对巩固与拓展中较为复杂的分析与计算题,均给出了详细的解答步骤,方便了老师的教与学生的学,特别适合学生、社会学习者随扫随学。

本书由武汉软件工程职业学院肖春华、祝勋任主编,武汉软件工程职业学院孙冬丽、重庆智能工程职业学院蒋龙科任副主编,武汉软件工程职业学院邓峰、李桐参与了本书的编写。具体编写分工如下:孙冬丽编写项目1和项目5,祝勋编写项目2和项目3,祝勋、蒋龙科编写项目4,肖春华编写项目6和项目7,肖春华、蒋龙科编写项目8,邓峰编写项目9,李桐编写项目10。全书由肖春华负责统稿工作。中信科移动通信技术股份有限公司金大会作为技术专家全程指导并亲自参与本书项目设计、仿真验证以及数字资源建设。

由于编者的经验、水平及时间有限,书中不妥之处在所难免,恳请读者批评指正。

编 者

2024 年 5 月

目 录

项目1　电子门铃电路的焊接与调试 1
项目目标 1
项目描述 1
相关知识 2
　一、安全用电 2
　二、常见电子测量仪器、仪表 4
　三、常用电子元件 12
　四、手工焊接工艺 19
项目实施 23
项目验收 23
巩固与拓展 24

项目2　电路基本定律的仿真与验证 26
项目目标 26
项目描述 26
相关知识 27
　一、Multisim电路虚拟仿真技术 27
　二、直流电路基本知识 39
　三、基尔霍夫定律 52
项目实施 64
项目验收 64
巩固与拓展 65

项目3　家庭照明电路的安装 70
项目目标 70
项目描述 70
相关知识 71
　一、正弦交流电路 71
　二、单一元件的正弦交流电路 78

　　　　三、正弦交流电路中的功率 87
　　　　四、谐振电路 91
　　　　五、三相交流电源电路 95
　项目实施 104
　项目验收 105
　巩固与拓展 106

项目4　直流稳压电源设计与制作 110

　项目目标 110
　项目描述 110
　相关知识 111
　　　　一、变压器 111
　　　　二、桥式整流电路 118
　　　　三、滤波电路 122
　　　　四、直流稳压电源稳压电路 124
　项目实施 130
　项目验收 131
　巩固与拓展 132

项目5　三相异步电动机起动控制电路设计与搭建 135

　项目目标 135
　项目描述 135
　相关知识 136
　　　　一、低压电气控制设备基础 136
　　　　二、常用低压电器 136
　　　　三、三相异步电动机基础 148
　　　　四、三相异步电动机基本控制电路 151
　项目实施 160
　项目验收 160
　巩固与拓展 161

项目6　音频功率放大器的设计与制作 164

　项目目标 164
　项目描述 164
　相关知识 165

  一、二极管及典型电路 ································· 165
  二、三极管 ··· 178
  三、共发射极放大电路 ······························· 184
  四、共集电极放大电路 ······························· 195
  五、多级放大电路 ····································· 197
  六、差分放大电路 ····································· 201
  七、功率放大电路 ····································· 206
  八、放大电路中的反馈 ······························· 212
 项目实施 ··· 216
 项目验收 ··· 217
 巩固与拓展 ··· 217

项目 7   仪表放大电路的设计与制作 ························· 225

 项目目标 ··· 225
 项目描述 ··· 225
 相关知识 ··· 226
  一、集成运算放大器概述 ··························· 226
  二、集成运算放大器的基本运算电路 ············ 232
 项目实施 ··· 245
 项目验收 ··· 246
 巩固与拓展 ··· 247

项目 8   简易逻辑状态笔设计 ································· 252

 项目目标 ··· 252
 项目描述 ··· 252
 相关知识 ··· 253
  一、基本逻辑门电路及其组合 ····················· 253
  二、逻辑代数基础 ····································· 259
 项目实施 ··· 267
 项目验收 ··· 268
 巩固与拓展 ··· 269

项目 9   多人抢答器的设计与制作 ························· 272

 项目目标 ··· 272
 项目描述 ··· 272

相关知识 ··· 273
   一、组合逻辑电路的分析与设计 ··· 273
   二、集成编码器 ·· 276
   三、集成译码器 ·· 279
   四、其他集成数字逻辑芯片及其应用 ·· 284
  项目实施 ··· 289
  项目验收 ··· 290
  巩固与拓展 ·· 291

项目 10　篮球计分仪的设计与制作 ·· 294

  项目目标 ··· 294
  项目描述 ··· 294
  相关知识 ··· 295
   一、时序逻辑电路 ··· 295
   二、双稳态触发器 ··· 295
   三、常见的时序逻辑电路及其典型应用 ··· 304
   四、集成定时器及其典型应用 ··· 312
  项目实施 ··· 314
  项目验收 ··· 315
  巩固与拓展 ·· 316

参考文献 ··· 319

项目 1

电子门铃电路的焊接与调试

项目目标

知识目标:

(1) 了解安全用电常识;

(2) 熟悉各种仪器、仪表的使用方法;

(3) 掌握电阻、电感、电容的符号、结构和测试方法;

(4) 掌握电烙铁的使用方法。

技能目标:

(1) 能够使用各种仪器、仪表;

(2) 能够识别各种元器件;

(3) 能够进行手工焊接电路。

素质目标:

(1) 强调团队协作精神和沟通能力的培养;

(2) 培养吃苦耐劳、精益求精的精神,鼓励学生在操作过程中反复实践。

项目描述

我们的生活中到处都存在电子技术,随便在身边拿起一个设备,比如手机、耳机、计算机、音响等,它们为我们的生活带来了乐趣与便捷。如果大胆拆开这些设备,看看它里面的奥秘,会发现这些电子设备都是由一个个"小零件"组装而成。每个"小零件"都被焊在电路板上,并按照一定的要求连接起来,形成一个完整的电路。每一个"小零件"活跃在自己的领域,各司其职,恪尽职守才能够保证电路功能的实现。这些"小零件"能够完成自己的"工作"都离不开好的焊接技术和仪器仪表的熟练使用。

下面就用一个小小的电子门铃展示一下焊接技术和检测设备。

电子门铃电路是一个非常有趣和实用的电子设备,它已经成为我们生活中随处可见的部分。

假设你正在家中休息,有人来拜访,按下门口的门铃,门铃响起优美的音乐,让人心情舒畅,同时也会提醒你客人已经来了,需要你开门迎接。快看看你家的门上是否有电子门铃,如果没有,赶快自己动手来完成一个电子门铃电路的制作吧。

任务布置:

(1) 外观设计:打开电子门铃套装,会看到各种元器件,每个都是电子门铃的组成部分,缺

学习笔记

一不可。利用万用表对各个器件进行测量和检测。根据电路板上的标识放置元器件,各元器件的高低要一致,引脚要对称。对布局好的元器件进行焊接,每个焊点要平滑美观,不出现虚焊、脱焊等现象。

(2)功能设计:基于仪器、仪表对电路进行测试、查错,实现门铃功能。发挥你的想象力和创造力,还可以制作音乐门铃、声控门铃等有趣的门铃。

相关知识

一、安全用电

1. 电流对人体的危害

电气危害有两个方面:一方面是对系统自身的危害,如短路、过电压、绝缘老化等;另一方面是对用电设备、环境和人员的危害,如用电设备损坏、电气火灾、触电等,其中触电和电气火灾危害最为严重。触电可导致人员伤残、死亡。另外,静电的危害也不能忽视,它对电子设备的危害也很大,也是电气火灾的原因之一。

电流对人体的伤害程度取决于通过人体的电流强度、持续时间、路径、类型及人体的身体状况等因素。

(1)电流强度对人体的伤害

一般来说,通过人体的电流越大,人的生理反应越明显,感应越强烈,引起心室颤动所需时间就越短,危害性就越大。

(2)电流持续时间对人体的伤害

电流通过人体时间越长,越容易引起心室颤动,危害性越大。触电时间超过人的心脏搏动周期(约为 750 ms),或者触电正好开始于搏动周期的易损伤期时,危害最大。

(3)电流路径对人体的伤害

人体的不同部位对电流的耐受能力不同,因而电流通过人体的路径不同时,其后果也不相同。由左手到脚是最为危险的电流路径,从手到手、从手到脚也是很危险的路径,从脚到脚是危险性较小的电流路径。

(4)电流类型及频率对人体的危害

工频交流电的危害性比直流电大,电流频率在 40~60 Hz 对人体的伤害最大。随着频率的增加,危害性降低。当电源频率大于 2 000 Hz 时,所产生的危害明显减小,但高频高压电流对人体仍然十分危险。

(5)人体的身体状况对危害程度的影响

通过人体电流的大小取决于触电电压和人体电阻。人体电阻是不确定的电阻,人体电阻不仅与身体自然状况和人体部位有关,还与环境条件等因素以及接触电压有很大关系。通常人体电阻为 1 000~2 000 Ω,人体电阻越大,受电流伤害越轻。皮肤干燥在低压下,人体电阻为 1 000~5 000 Ω;皮肤潮湿,人体电阻降至 200~800 Ω;有伤口的皮肤,人体电阻为 500 Ω 以下。

人体电阻不同,对电流的敏感程度不同。儿童较老年人敏感,女性较男性敏感,身体健壮的人受电流伤害的程度相对要轻一些。

以工频电流为例,引起人的感觉的最小电流为 1~3 mA,会使人体产生麻刺等不舒服的感觉;人体触电后能够自行摆脱的最大电流为 10 mA,人体可以忍受,一般不会造成不良后果;在较短时间内危及生命的最小电流为 30 mA,会使人体产生麻痹、剧痛、痉挛、血压升高、呼吸困难等症状,触电者已不能自主摆脱带电体,但通常不致有生命危险;电流达到 50 mA 以上,就会引起触电者心室颤动而有生命危险;100 mA 以上的电流,足以致命。

2. 安全电压

电流通过人体时,人体承受的电压越低,触电伤害越轻。当电压低于某一定值后,就不会造成触电,这种不带任何防护设备,对人体不造成伤害的电压值,称为安全电压。安全电压指的是 50 V 以下特定电源供电的电压系列,分为 42 V、36 V、24 V、12 V 和 6 V 五个等级,按照不同的作业条件,选用不同的安全电压等级。建筑施工现场常用的安全电压有 12 V、24 V、36 V。在湿度大、狭窄、行动不便、周围有大面积接地导体的场所(如金属容器内、矿井内、隧道内等)使用的手提照明,应采用 12 V 安全电压。凡手提照明器具,在危险环境、特别危险环境的局部照明,若无特殊的安全防护装置或安全措施,均应采用 24 V 或 36 V 安全电压。

3. 静电的产生、危害及防护

(1)静电的产生

静电并非绝对静止的电,其电荷存在形式是相对静止的。相对静止就是电荷有时是静止的,有时也是运动的,但这种运动和交流电、直流电电荷的运动不同,一般是没有固定路径的,也不遵从欧姆定律。在宏观范围内,暂时失去平衡的相对静止的正、负电荷。

静电是由两种不同的物体(物质)互相摩擦,或物体与物体紧密接触后又分离而产生的。此外,由于物体受热、受压、撕裂、剥离、拉伸、撞击、电解,以及物体受到其他带电体的感应等,也可能产生静电。不管物体的种类和性质如何,均能产生静电。

固体、液体甚至气体都会因接触分离而带上静电。因为气体也是由分子、原子组成,当空气流动时,分子、原子也会发生接触分离而起电。所以,在我们周围的环境,甚至我们的身上,都会带有不同程度的静电,当静电积累到一定程度时就会发生放电。

(2)静电的危害

①静电在生产中的危害:

在塑料壳生产线上,由于静电造成塑壳喷漆和电镀时,表面粗糙、沙眼多、手感差。

在卷筒纸、皮革、塑料、化工布膜等生产线上,由于材料绝缘性高,运转速度快,表面电荷不易散失,静电极高,当操作人员触及时会有触电感,更能使材料层间击穿,影响产品质量。

在电子行业,IC、LCD、LED 等精细组装线,静电给电子器件制造业每年造成大量的经济损失。

在印刷包装企业,静电会造成设备控制失灵、进纸不稳、收纸不齐;在传输印刷中,更会造成套印精度低,严重影响产品品质。

爆炸和火灾是静电最大的危害。静电能量虽然不大,但因其电压很高而容易发生放电,出现火花放电,如果所在场所有易燃物品,又有由易燃物品形成的爆炸性混合物,包括爆炸性气体和蒸气,以及爆炸性粉尘等,极可能由静电火花引起爆炸或火灾。

②静电对人体的危害。静电不仅对工业生产危害很大,而且对人体也是有害无益。长期在静电辐射下,会使人焦躁不安、头痛、胸闷、呼吸困难、咳嗽。

在家庭生活当中,化纤衣服、地毯、塑料用具、油漆家具及各种家电均可能出现静电现象。静电可吸附空气中大量的尘埃,带电性越大,吸附尘埃的数量就越多。而尘埃中往往含有多种有毒物质和病菌,轻则刺激皮肤,影响皮肤的光泽和细嫩,重则使皮肤起癣生疮,更严重的还会引发支气管哮喘和心律失常等病症。

(3)静电的防护

静电防护的主要措施有静电的泄漏和耗散、静电中和、静电屏蔽与接地、增湿等。

①电子产品的静电防护。静电放电引起的元器件击穿损害是电子工业最普遍、最严重的静电危害,它分硬击穿和软击穿。硬击穿是一次性造成元器件介质击穿、烧毁或永久性失效;软击穿则是造成器件的性能劣化或参数指标下降。

在生产工序之间的传递和储存时,静电敏感元器件和印制电路板,必须使用防静电上料箱、元件盒、周转箱、周转托盘等,以防止静电积累造成危害。

在成品进行包装时,电敏感元器件和印制电路板,必须采用防静电屏蔽袋、包装袋、包装盒、条、筐等,避免运输过程中的静电损害。

在与设备工具等发生接触分离时,静电敏感元器件和印制电路板,必须使用防静电坐垫、周转小车、维修包、工具、工作椅(凳)等,并通过适当的接地,使静电迅速泄放。

②其他需要注意事项。摩擦起电和人体静电是电子、微电子工业中的两大危害源,但产生静电并非危害所在,危害在于静电积累及由此产生的静电电荷放电,因此必须予以控制。

带静电的物体,在其周围形成静电场,会产生力学效应、放电效应和静电感应效应。由于静电的力学效应,空气中浮游的尘粒会吸附到硅片等电子元器件上,严重影响电子产品的质量,因此,对净化工作空间必须采取防静电措施。

净化室的墙壁、天花板和地板等都应采用防静电不易发尘的材料,对操作人员及工件、器具也应采取一系列的静电防护措施。

静电防护工作是一项系统工程,任何环节的疏漏或失误,都将导致静电防护工作的失败,必须时时防范,人人防范。

二、常见电子测量仪器、仪表

电子测量仪器和仪表是专业技术人员从事科研和生产活动的重要工具,也是学生进行专业技能实训必不可少的设备。

1. 万用表

万用表又称多用表、三用表和复用电表,是一种多功能、多量程、用途广泛的便携式测量仪表,常用来测量直流电流、交流电流、直流电压、交流电压、电阻、二极管和三极管等,可以检验电源或仪器的好坏,检查线路的通断和故障,判别元器件的好坏及数值等。它的种类很多,主要有指针式万用表和数字式万用表两大类。

(1)指针式万用表的结构

指针式万用表具有指示直观、测量速度快等优点,但它的输入电阻小、误差较大。指针式万用表一般用于测量电阻、电压、电流值,也可通过观察表头指针的摆动来看电阻、电压、电流的变化范围。指针式万用表和数字式万用表相比,其优点是如果测试脉冲数据,或者需要极短时间测试,还是指针式万用表会好一些,数字式万用表反应太慢。指针式万用表的指针摆动,能够非常直观地体现被测量物的属性变化。下面简单介绍常用指针式万用表的使用方法和注意事项。

指针式万用表由表头(刻度盘、指针等)、测量线路板(万用表内部)、转换开关(功能旋

指针式万用表介绍

钮)、面板等及几个部分组成,详细结构如图 1-2-1 所示。

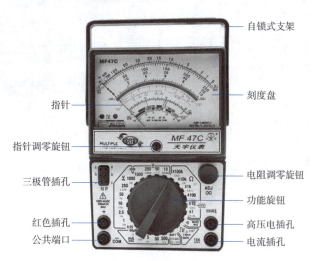

图 1-2-1 指针式万用表的结构

指针式万用表的种类很多,不同万用表的结构和功能略有不同,最基本的功能可测量直流电流、直流电压、交流电压、电阻。有的万用表可以测量交流电流、电容、电感、音频电平及三极管的放大系数等。由于功能不同,万用表的结构布局也有差异。

①表头。指针式万用表主要性能指标基本上取决于表头的性能,它是一块高灵敏度的磁电式微安级直流电流表,如图 1-2-2(a)所示。

表头上的表盘印有符号,符号 A、V、Ω 分别表示可以测量电流、电压、电阻。表盘上印有多条刻度线,其中最上面第一条右端标有"Ω"的是电阻刻度线,指示电阻值,右端为零,左端为∞,刻度值分布是不均匀的。第二条左端标有"ACV、DCV"符号,右端标有"DCA"符号,指示的是交、直流电压和直流电流值。下面数值表示不同量程,根据量程的选择,读出相应刻度线,可以准确地计算出电阻、电压和电流值。

注意:万用表有多条刻度线,一定要认清对应的读数刻度线,选择合适的测量量程。

②测量线路板。测量线路是万用表实现多种电量、多量程变换的电路。测量电路把各种被测的量转换到适合表头测量的直流微小电流,它由电阻、半导体元件及电池组成。它将各种不同的被测电量、不同的量程,经过一系列的处理,如整流、分流等,统一变成一定量限的直流电流后送入表头进行测量。

③转换开关。转换开关的作用是用来选择各种不同测量挡位,以实现不同种类和不同量程的测量要求。

转换开关旋转至 Ω 挡位,测量电阻;转换开关旋转至 mA 挡位,测量直流电流;转换开关旋转至 V̰ 挡位,测量交流电压;转换开关旋转至 V̠ 挡位,测量直流电压;转换开关旋转至"•))"蜂鸣挡位,用来测量线路是否导通。在断电的情况下,将红、黑表笔笔头分别搭接在测试点,有蜂鸣声表明电路导通,无蜂鸣声表明电路不通,如图 1-2-2(b)所示。

④表笔插孔。万用表有红、黑两种表笔。一般红表笔为"+",黑表笔为"-"。表笔插入万用表插孔时一定要严格按颜色和正、负插入。测直流电压或直流电流时,一定要注意直流电压或直流电流的正、负极性。

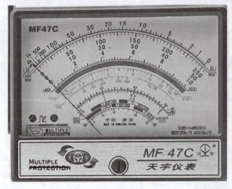 

（a）表头　　　　　　　　　　　　（b）转换开关

图 1-2-2　指针式万用表的表头和转换开关

测量电阻、电压和电流时，万用表红表笔插入"+（VΩmA）"插孔，黑表笔插入"-（COM）"插孔。

如果测量大电压，则红表笔插入"2500 ⊻"插孔，黑表笔插入"-（COM）"插孔。

如果测量大电流，则红表笔插入"10A"插孔，黑表笔插入"-（COM）"插孔。

⑤机械调零。机械调零的目的是让万用表指针初始值与零刻度线重合。万用表使用前应检查指针是否在零位上，如不指零位，可调整表盖上的机械调节器，调至零位。方法是首先断开两个表笔，用一字槽螺丝刀调整位于表盘中间的机械调零螺钉，直到指针与零刻度线重合。

（2）指针式万用表的使用方法

虽然万用表的种类和结构很多，但使用时，只要掌握正确的方法，就能确保测试结果的准确性。

在使用万用表时，应先熟悉仪表板上各种符号的含义及各个旋钮和选择开关的主要作用，应检查指针是否指在零位上，如不在零位，可以调节表盖上的机械零位调整器，使指针恢复零位。然后根据被测量种类和大小，将选择开关旋转到相应的挡位上，并找出指针表盘上对应的标尺。万用表同一测量项目有多个量程，量程选择应使指针在满刻度的 2/3 附近。测电阻时，应使指针指向中心电阻值附近，这样才能使测量准确。

①电阻的测量。测量电阻阻值步骤：

a. 确定表笔插孔：测量电阻前，确定万用表红表笔插入"+（VΩmA）"插孔，黑表笔插入"-（COM）"插孔。

b. 选择电阻"Ω"挡位：测量电阻时，万用表挡位的选择应尽量使指针偏转在表盘刻度线较稀的部分，即刻度向右偏转 2/3 的量程。指针越接近标度尺的中间，读数越准确；越往左，刻度线越紧密，读数准确度越差。

c. 欧姆挡调零：用万用表测量电阻阻值时，首先将两个表笔碰触在一起短接，指针会向右偏转，调整电阻调零旋钮，使指针与最右侧欧姆刻度线"0"刻度重合，调零完成。测电阻每次换挡之后都需重新调零，这是保证测量准确必不可少的步骤。如果指针不能调到零位，说明电池电压不足或仪表电路有问题。

d. 测量阻值：用万用表的两个表笔分别接电阻两端的两个引脚，根据选择的挡位对应的刻度线读出表头的数值,按照式(1-2-1)计算被测电阻阻值。

$$被测电阻阻值 = 倍率 \times 指针读数 \qquad (1-2-1)$$

例如:在 100 倍率挡位上读出刻度线读数为 30,那么被测电阻阻值为 $30 \times 100\ \Omega$ = 3 000 Ω。

e. 关闭电源:测量完毕,应将转换开关调到"OFF"挡或者最大交流电压挡,防止下次开始测量时不慎烧坏设备。

练一练: 指针式万用表的欧姆挡选择是×10k,刻度线读数为 26,计算被测电阻阻值。

②交、直流电压的测量。测量交、直流电压步骤:

a. 确定表笔插孔:测量电压前,确定万用表红表笔插入"+(VΩmA)"插孔,黑表笔插入"-(COM)"插孔。

如果测量大电压,则红表笔插入"2500 V"插孔,黑表笔插入"-(COM)"插孔。

b. 选择电压挡位:测量电压时,先确定是测直流电压 V (DCV) 还是交流电压 V (ACV),估计待测电压的大小范围,选择表头指针接近满刻度偏转 2/3 的挡位。如果电路上的电压大小估计不出来,先选择大的量程,粗略测量后逐步减小量程,选择合适的量程,得出准确读数。这样做是为了防止电压过高损坏万用表。

c. 测量电压值:把万用表并联在被测电路上,在测量直流电压时,要把万用表的红表笔触在被测电压正极,黑表笔触在被测电压负极,根据指针偏转的刻度,读出刻度值,按照式(1-2-2)计算被测电压值。

$$被测电压值 = 指针读数 \times 量程/满偏刻度 \qquad (1-2-2)$$

例如:选择直流电压 50 V 挡位,满偏刻度 50 刻度线上读出数值为 30,则被测电压值 = $30 \times 50\ V/50 = 30\ V$。

d. 关闭电源:测量完毕,将转换开关调到 OFF 挡或者最大交流电压挡。

练一练: 指针式万用表的直流电压挡位选择是 10 V,指针在满偏刻度为 10 的表头上读出数值为 6,计算被测电压值。

③直流电流的测量。测量直流电流步骤:

a. 确定表笔插孔:测量电流前,确定万用表红表笔插入"+(VΩmA)"插孔,黑表笔插入"-(COM)"插孔。

如果测量大电流,则红表笔插入"10A"插孔,黑表笔插入"-(COM)"插孔。

b. 选择电流挡位:测量电流时,先估计待测电流的大小范围,选择表头指针接近满刻度偏转 2/3 的挡位。如果电路上的电流大小估计不出来,先选择大的量程,粗略测量后逐步减小量程,得出准确读数。

c. 测量电流值:测量时候把万用表串联在被测电路上,在测量直流电流时,要把万用表的红表笔接在电流流入端,而把黑笔接在电流流出端,根据指针偏转的刻度,读出刻度值,按照式(1-2-3)计算被测电流值。

$$被测电流值 = 指针读数 \times 量程/满偏刻度 \qquad (1-2-3)$$

例如:选择直流电流 50 mA 挡位,满偏刻度 50 刻度线上读出数值为 20,则被测电流值 = $20 \times 50\ mA/50 = 20\ mA$。

d. 关闭电源：测量完毕，将转换开关调到 OFF 挡或者最大交流电压挡。

✎ 练一练：用指针式万用表测一直流电流，量程为 500 mA，指针在满偏刻度为 50 刻度线上读出数值为 20，计算被测电流值。

（3）指针式万用表使用注意事项

①指针式万用表使用前要进行机械调零。

②测电阻每次换挡之后都需重新进行欧姆挡调零，测量电流和电压不需要重新调零。

③测量电阻阻值时，两手手指不要接触表笔与电阻的引脚，否则会造成读数误差。

④测量电流时，万用表串联在线路中；测量直流电流时，红表笔接电流流入端，黑表笔接电流流出端，一定不能接反。

⑤测量电压时，万用表并联在线路两端；测量直流电压时，红表笔接电路的正极，黑表笔接电路的负极，一定不能接反。

⑥测量较大电流和电压时，一定要注意安全，双手不要触碰表笔笔头和线路，避免触电。

（4）数字式万用表的结构

目前数字式万用表已成为主流，有取代指针式万用表的趋势。与指针式万用表相比，数字式万用表灵敏度高、准确度高、显示清晰、过载能力强、便于携带、使用简单。下面简单介绍常用数字式万用表的使用方法和注意事项。

数字式万用表由液晶显示屏、电源开关、三极管 hFE 测试插孔、转换开关、表笔插孔等几部分组成，如图 1-2-3 所示。

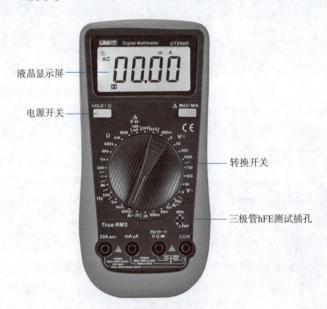

图 1-2-3 数字式万用表的结构

数字式万用表的种类很多，所以不同万用表的结构和功能略有不同，最基本的功能是测量交、直流电流，交、直流电压，电阻，二极管，三极管。由于功能的不同，万用表的结构布局也有差异，测量时可以通过旋转转换开关选择不同测量参数。

①液晶显示屏。液晶显示屏用来显示测量数值。如果被测信号为负值，显示数值前面会出现"-"；如果被测信号为正值，显示数值前面不出现任何符号；如果测量值超出测量范围，

显示值前面会出现"1."或者".OL"。

②电源开关。数字式万用表类型多样,所以电源开关也有些差别,有的电源开关是按钮型的,按钮上标注是"POWER";有的电源开关在转换开关处,用"OFF"表示,转换开关旋转至此,即可关闭万用表电源。

③三极管 hFE 测试插孔。三极管 hFE 测试插孔用来测量 NPN 和 PNP 型三极管的电流放大倍数。将待测三极管按照型号插入对应的插孔,由液晶显示屏读出 hFE 数值。

④转换开关。转换开关的作用是用来选择各种不同测量挡位。转换开关旋转至"Ω"挡位,测量电阻值;转换开关旋转至"A ="挡位,测量直流电流;转换开关旋转至"A ~"挡位,测量交流电流;转换开关旋转至"V ~"挡位,测量交流电压;转换开关旋转至"V ="挡位,测量直流电压;转换开关旋转至"F"挡位,测量电容值;转换开关旋转至"•))"蜂鸣挡位,用来测量线路是否导通。在断电的情况下,将红、黑表笔笔头分别搭在测试点,有声音表明电路导通,无声音表明电路不通;也可以将表笔两端放在二极管两端,测试二极管的极性和正向压降。

⑤表笔插孔。万用表有红、黑两种表笔。一般红表笔为" + ",黑表笔为" - "。表笔插入万用表插孔时,一定要严格按颜色和正、负插入。数字式万用表有 4 个表笔插孔,分别为"VΩ ⊢"、"COM"、"mA"和"20A"。测量电阻、电压和二极管时,将万用表两表笔放置被测量两端,万用表红表笔插入"VΩ ⊢"插孔,黑表笔插入"COM"插孔。测量电流时,根据待测电流范围,万用表红表笔插入"mA"或者"20A"插孔,黑表笔插入"COM"插孔。

(5) 数字式万用表的使用方法

①电阻的测量。测量电阻阻值步骤:

a. 确定表笔插孔:测量电阻前,确定万用表红表笔插入"VΩ ⊢"插孔,黑表笔插入"COM"插孔。

b. 选择电阻"Ω"挡位:测量电阻时,根据估计的电阻值范围,选择合适的欧姆挡位。如果估计不出来阻值,先选择大的量程,粗略测量后逐步减小量程,选择合适的量程,得出准确读数。

c. 测量阻值:用万用表的两表笔分别接电阻的两个引脚,读出液晶显示屏显示出的数值,再加上选择量程的单位(Ω、kΩ 或 MΩ)即为电阻值,不需要任何倍率的换算,这是数字式万用表比指针式万用表方便之处。

例如:转换开关选择的量程为 20k,液晶显示屏显示的数字是 15.6,那么电阻阻值为 15.6 kΩ。

d. 关闭电源:测量完毕,将转换开关调到"OFF"挡或者按"POWER"按钮,关闭数字式万用表。

练一练:试用数字式万用表测量某个电阻的阻值。

②交、直流电压的测量。测量交、直流电压步骤:

a. 确定表笔插孔:测量电压前,确定万用表红表笔插入"VΩ ⊢"插孔,黑表笔插入"COM"插孔。

b. 选择电压挡位:根据测量电压是交流还是直流选择挡位。如果电路上的电压大小估计不出来,先选择大的量程,粗略测量后逐步减小量程,选择合适的量程,得出准确读数。

c. 测量电压值:测量时,把万用表并联在被测电路上,读出液晶显示屏电压数值。如果万用表显示的是正值,那么红表笔接的是电路的正极,黑表笔接的是负极;如果万用表显示的是

视频
数字式万用表测电阻

负值,那么红表笔接的是电路的负极,黑表笔接的是正极。

d. 关闭电源:测量完毕,将转换开关调到"OFF"挡或者按"POWER"按钮,关闭数字式万用表。

练一练:试用数字式万用表测某电路的电压。

③交、直流电流的测量。测量交、直流电流步骤:

a. 确定表笔插孔:测量电流前,确定万用表红表笔插入"mA"或"10A"插孔,黑表笔插入"COM"插孔。

b. 选择电流挡位:根据测量电流是交流还是直流选择挡位。如果电路上的电流大小估计不出来,先选择大的量程,粗略测量后逐步减小量程,选择合适的量程,得出准确读数。

c. 测量电流值:测量时,把万用表串联在被测电路上,读出液晶显示屏电流数值。如果万用表显示的是正值,那么红表笔接的是电流的流入端,黑表笔接的是电流的流出端;如果万用表显示的是负值,那么红表笔接的是电流的流出端,黑表笔接的是电流的流入端。

d. 关闭电源:测量完毕,将转换开关调到"OFF"挡或者按"POWER"按钮,关闭数字式万用表。

练一练:试用数字式万用表测某电路的电流。

④电容的测量。数字式万用表可测电容的范围是 1 pF ~ 20 μF,测量时,将转换开关置于电容测量的适当挡位,将红、黑表笔搭在电容的两端,如果是电解电容,要注意正、负极,红表笔接正极,黑表笔接负极,由液晶显示屏读出电容数值。

练一练:试用数字式万用表测某电容的电容值。

(6)数字式万用表使用注意事项

①如果无法预先估计被测电压或电流的大小,则应先拨至最高量程挡测量一次,再视情况逐渐把量程减小到合适位置。测量完毕,应将量程开关拨到最高电压挡,并关闭电源。

②满量程时,仪表仅在最高位显示数字"1."或者".OL",其他位均消失,这时应选择更高的量程。

③测量电压时,应将数字式万用表与被测电路并联。测电流时应与被测电路串联。

④当误用交流电压挡去测量直流电压,或者误用直流电压挡去测量交流电压时,显示屏将显示"000",或低位上的数字出现跳动。

⑤禁止在测量高电压(220 V 以上)或大电流(0.5 A 以上)时换量程,以防止产生电弧,烧毁开关触点。

⑥当无显示或显示电池符号时,表示电池电压低于工作电压,应更换万用表的电池。

2. 信号发生器

信号发生器又称信号源,按照产生信号类型可分为正弦信号发生器、函数信号发生器、脉冲信号发生器等。函数信号发生器可以产生各种函数波形信号,典型的有方波、正弦波、三角波等,为电子电路提供测试信号。

信号发生器所产生的信号在电路中用来代替前端电路的实际信号,为后端电路提供一个理想信号。下面简单介绍一下函数信号发生器。

(1)函数信号发生器的结构

函数信号发生器主要由电源、频率范围(Hz)、显示屏、函数信号输出(0.1 Hz ~ 3 MHz)和扫描/计数区、点频输出组成,如图1-2-4所示。

视频
信号发生器介绍

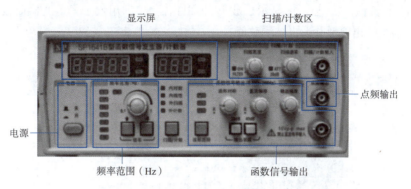

图 1-2-4　信号发生器

（2）函数信号发生器的使用方法

①将函数信号发生器的表笔连接端接到"50Ω"处。

②打开电源：按下"开、关"按钮，接通电源。

③频率选择：根据测试要求，在"频率范围"区域按下"倍率"按钮，选择频率范围，再旋转"频率调节"旋钮调至所需要的频率，此时显示器上显示频率数值和单位。

④波形选择：根据测试要求，按下"波形选择"按钮，可以依次选择正弦波、三角波和方波。

⑤输出电压幅度调节：调节"输出衰减"按钮和"输出幅度"旋钮可得到所需要的电压值，此时显示器上显示频率数值和单位。

⑥将表笔探头夹子端夹在电路的地线，钩子端勾在电路需要输入信号端，完成信号发生器的接入。

练一练：试用信号发生器调出频率为 10 Hz，输出幅值为 2 V 的方波。

3. 示波器

示波器是电子科学领域的重要测量工具之一，同时也是其他许多领域广泛使用的测量仪器。示波器不仅能观察电压、电流的波形，还可以测量电压、频率、相位、功率等参数，也可以利用换能器将各种非电量变换为电量，然后再进行观察和测量。

示波器可分为两大类：模拟式示波器和数字式示波器。模拟式示波器以连续方式将被测信号显示出来。数字式示波器首先将被测信号抽样和量化，变为二进制信号存储起来，再从存储器中取出信号的离散值，通过算法将离散的被测信号以连续的形式在屏幕上显示出来。下面简单介绍一下数字式双踪示波器的结构和使用方法。

（1）示波器的结构

数字式双踪示波器主要由 LED 显示屏、选项按钮、垂直控制、菜单和控制按钮、触发控制、探头信号补偿输出、水平控制、输入连接和 USB 移动存储盘端口组成，如图 1-2-5 所示。

（2）示波器的使用方法

①打开电源：该示波器的电源在示波器的顶部，按下按钮，打开电源。

②检查示波器：将示波器探笔一端接到"输入连接"端口一端，探笔另一端的夹子夹到"探头信号补偿输出"的"⊥"符号，钩子钩到方波信号端"⊓"。按下示波器"AutoSet"按钮，示波器显示屏上显示方波，表示示波器和探头都是好的。

③测量数据：将示波器探头一端探夹接在待测电路地线上，探针插入待测位置进行测量。

按下"AutoSet"按钮,LED显示屏显示出波形,再根据需要,利用数字式示波器面板上的按钮调整波形,观察输出波形并读出被测数值。

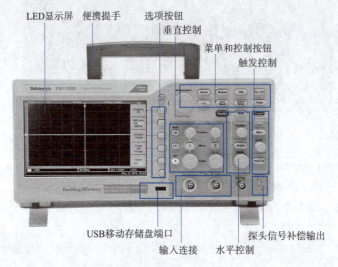

图 1-2-5　示波器

④关闭电源:示波器使用完毕后关闭电源即可。

练一练:用信号发生器调出频率为 10 Hz,输出幅值为 2 V 的方波,并用示波器进行观察。

三、常用电子元件

电子元件是电子产品的重要组成部分,作为电子工程技术人员,要熟悉各类电子元件的性能、特点和用途,才能更好地设计、安装和调试电子设备。下面简单介绍几种常用的电子元件。

1. 电阻器

(1) 电阻器的分类

电子在物体内做定向运动时会遇到阻力,这种阻力称为电阻。具有一定电阻数的元件称为电阻器,简称电阻。电阻是电子线路中应用最为广泛的元件之一,分为固定电阻和可变电阻(电位器)。常见电阻的图形符号如图 1-3-1 所示。

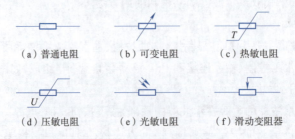

图 1-3-1　常见电阻的图形符号

固定电阻按材料和结构的不同,可分为碳膜电阻器、金属膜电阻器、氧化膜电阻器、合成膜电阻器、有机合成实心电阻器、玻璃釉电阻器、线绕电阻器、片状电阻器等。

项目 1　电子门铃电路的焊接与调试

电阻器在电路中一般用字母"R"表示,其上标注的电阻值称为标称阻值,电阻的电阻值基本单位为欧姆,简称欧,用 Ω 来表示。除欧姆外,电阻的单位还有千欧(kΩ)和兆欧(MΩ)等,其换算关系见表 1-3-1。

表 1-3-1　电阻单位换算关系

数量级	10^{12}	10^{9}	10^{6}	10^{3}	1
单位	太欧	吉欧	兆欧	千欧	欧
字母	TΩ	GΩ	MΩ	kΩ	Ω

(2)电阻器的标识

①直标法。直标法是将阿拉伯数字、单位符号和允许误差直接标注在电阻器的表面。额定功率较大的电阻器其额定功率也会标注在上面。如图 1-3-2 所示,电阻器阻值为 1.8 Ω。

②文字符号法。文字符号法是将数字和符号按一定规律组合来表示阻值及允许误差的方法。

文字符号法通常使用字母符号(R、K、M、G、T)表示小数点的位置和阻值单位,字母符号之前的数字表示整数电阻值,字母符号之后的数字表示小数点后阻值数值。后面的文字符号(B、C、D、F、G、J、K、M、N)表示该电阻的允许误差。其中 B 为 ±0.1%,C 为 ±0.25%,D 为 ±0.5%,F 为 ±2%,G 为 ±2%,J 为 ±5%,K 为 ±10%,M 为 ±20%,N 为 ±30%。

如 5R2 表示 5.2 Ω,46k 表示 46 kΩ,R15 表示 0.15 Ω,7M2 表示 7.2 MΩ 等。

练一练:试读出 5k6 和 R22 的阻值。

③色标法。色标法是用不同颜色的色环代替数字标出标称阻值和允许误差的方法。

四色环色标法:第一条色环为最靠近电阻端部的色环,四色环的前两条色环表示阻值的有效数字,第三条色环表示阻值倍率,第四条色环表示阻值允许误差范围,如图 1-3-3 所示。色环颜色与数值对照表见表 1-3-2。

图 1-3-2　直标法

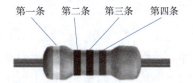

图 1-3-3　四色环色标法

表 1-3-2　四色环电阻色环颜色与数值对照表

色环颜色	第一条色环	第二条色环	第三条色环	第四条色环
	第一位有效数字	第二位有效数字	阻值倍率	允许误差范围
黑	—	0	10^{0}	—
棕	1	1	10^{1}	—
红	2	2	10^{2}	—
橙	3	3	10^{3}	—
黄	4	4	10^{4}	—
绿	5	5	10^{5}	—

13

续表

色环颜色	第一条色环	第二条色环	第三条色环	第四条色环
	第一位有效数字	第二位有效数字	阻值倍率	允许误差范围
蓝	6	6	10^6	—
紫	7	7	10^7	—
灰	8	8	10^8	—
白	9	9	10^9	—
金	—	—	10^{-1}	±5%
银	—	—	10^{-2}	±10%
无色				±20%

五色环色标法：五色环的前三条色环表示阻值的有效数字，第四条色环表示阻值倍率，第五条色环表示允许误差范围。精密电阻器大多用五色环色标法来标注，如图 1-3-4 所示。色环颜色与数值对照表见表 1-3-3。

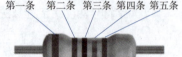

图 1-3-4　五色环色标法

表 1-3-3　五色环电阻色环颜色与数值对照表

色环颜色	第一条色环	第二条色环	第三条色环	第四条色环	第五条色环
	第一位有效数字	第二位有效数字	第三位有效数字	阻值倍率	允许误差范围
黑	—	0	0	10^0	—
棕	1	1	1	10^1	±1%
红	2	2	2	10^2	±2%
橙	3	3	3	10^3	—
黄	4	4	4	10^4	—
绿	5	5	5	10^5	±5%
蓝	6	6	6	10^6	±0.25%
紫	7	7	7	10^7	±0.1%
灰	8	8	8	10^8	
白	9	9	9	10^9	
金	—	—	—	10^{-1}	
银	—	—	—	10^{-2}	

利用四色环读值法，图 1-3-5 所示的电阻阻值和误差分别为 27 kΩ、±5%。

练一练：读出图 1-3-6 所示电阻的阻值和误差。

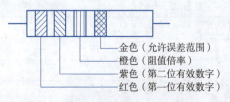

图 1-3-5　四色环电阻读值

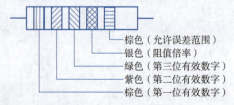

图 1-3-6　五色环电阻读值

注意,在识别色环电阻的第一条色环时,四色环电阻的偏差环一般是金或银,一般不会识别错误,而五色环电阻则不同,其偏差环颜色非金、银,有可能是其他颜色,如果读反,识读结果将完全错误,正确识别第一条色环就非常重要。

常用的识别色环电阻的第一条色环的方法:

 a. 偏差环与相邻环的间隔比其他环之间的间隔大。

 b. 偏差环较宽。

 c. 第一条色环距端部较近。

 d. 有效数字环无金色、银色。

 e. 偏差环无橙色、黄色。

④数码法。在电阻器上用三位数码表示标称值的标识方法。数码从左到右,第一、二位为有效值,第三位为指数,即 0 的个数,单位为欧。偏差通常采用文字符号表示,如图 1-3-7 所示,473 表示 $47 \times 10^3 \, \Omega = 47\,000 \, \Omega$。例如 102 表示 $10 \times 10^2 = 1\,000 \, \Omega$,即 1 kΩ。

练一练:电阻器上标出的数字为 221,试读出其阻值。

(3)常见电位器

①电位器的作用及符号。电位器是一种可变电阻,其主要作用一是用作变阻器,二是用作分压器。电位器对外有三个引出端,图形符号如图 1-3-8 所示,符号上左右两端为固定端,中间为滑动端,如图 1-3-9 所示。

图 1-3-7 数码法标称电阻阻值

图 1-3-8 电位器图形符号

图 1-3-9 电位器引脚

②电位器的种类及参数。电位器的种类很多,可以按照电阻体材料、调节方式、电阻值变化规律等进行分类。图 1-3-10 为电位器的分类及外形图。

(a)半可调式电位器　　(b)旋转式电位器　　(c)直滑式电位器

(d)推拉式电位器　　(e)绕线电位器　　(f)同轴双联电位器

图 1-3-10 电位器的分类及外形图

电位器的主要参数有标称阻值、额定功率、阻值变化规律、分辨率、最大工作电压及噪声等。

对电位器的要求是接触良好,动噪声和静噪声应尽量小。对带开关的电位器,其开关部分应动作准确、可靠。

③电位器的检测。电位器检测步骤:

a. 外观观察:转动电位器旋柄,查看旋柄转动是否平滑,如有较响的声音,则说明质量欠佳。旋柄转动时应稍微有些阻力,不能太死,也不能太灵活。

b. 固定端测量:根据被测电位器标称阻值的大小,选择万用表合适欧姆挡位,将万用表的红、黑表笔分别接在电位器的两个固定端,万用表读数应为电位器的标称阻值。若万用表读数与标称阻值相差很多,则该电位器已损坏。

c. 滑动端测量:当电位器的标称阻值正常时,测量其阻值变化是否良好。此时将万用表的一个表笔接在滑动端引脚,另一个表笔接在某一个固定端引脚,万用表显示阻值应为标称阻值以内,再将电位器旋柄旋转,万用表显示的阻值应该有连续的变化。在电位器的旋柄转动过程中,若万用表测得的数值变化均匀,则说明电位器良好;否则,说明电位器有不良故障。

2. 电感器

(1)电感器分类

电感器简称电感,是根据电磁感应原理用绝缘导线绕制而成的线圈,是一种储存磁场能的元件。一般由骨架、绕组、屏蔽罩、封装材料、磁芯或铁芯等组成,线圈圈数的多少由电感量的大小决定,一般电感量越大,线圈圈数就越多。

电感在电路中有通直流、阻交流的作用,在交流电路中起阻流、降压、负载等作用,与电容器配合可用于调谐、振荡、耦合、滤波、分频等电路中。电感器实物图如图1-3-11所示。

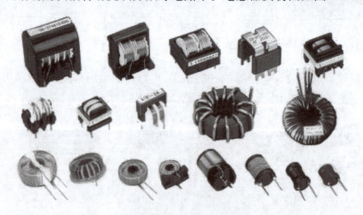

图1-3-11 电感器实物图

电感器的种类和形式各种各样,许多线圈可以根据使用者实际需求自行绕制。电感器的具体分类如下:

①按电感形式分类:可分为固定电感和可调电感。

②按导磁体性质分类:可分为空芯线圈、铁氧体线圈、铁芯线圈等。

③按工作性质分类:可分为天线线圈、振荡线圈、扼流线圈、陷波线圈、偏转线圈等。

④按结构特点分类:可分为磁芯线圈、可变电感线圈、色码电感线圈、无磁芯线圈等。

⑤按绕线结构分类:可分为单层线圈、多层线圈、蜂房式线圈。

⑥按照工作频率分类:可分为高频线圈、低频线圈。

(2) 电感器的标识

电感器用电感量来表示电感器产生自感应能力,电路中一般用字母"L"表示。电感的基本单位是亨利,简称亨,用 H 表示,常用单位还有 mH(毫亨)、μH(微亨)。

$$1\ H = 1\ 000\ mH,\quad 1\ mH = 1\ 000\ \mu H$$

常见电感器的图形符号、外形图见表1-3-4。

表 1-3-4　常见电感器的图形符号、外形图

类型	图形符号	外形图	类型	图形符号	外形图
色码电感器			空芯线圈电感器		
带磁芯可变电感器			铁芯线圈电感器		
			磁芯线圈电感器		

电感器的标识方法与电阻器的标识方法一样,有直标法、文字符号法、色标法和数码法四种,此处不再细讲。

(3) 电感器的检测

由于电感线圈铜线的直流阻抗很小,基本上接近直通,所以可根据这个特点检测电感器好坏。

① 选择挡位:将数字式万用表拨到蜂鸣器的量程挡。

② 检测操作:在电路断电的状态下,用数字式万用表的两表笔分别去接触电感器两端,由于电感器没有正负极之分,所以表笔也就不分正负。在这一步的操作过程中,表笔接触电感器两端焊点的时间不能太短,否则容易引起错误判断。

③ 观察结果:如果万用表上显示的读数为"0"或者很接近"0",并且蜂鸣器一直响,说明电感器是好的;如果读数为溢出符号"1.",则说明该电感器损坏。

(4) 电感器的参数

① 电感量 L。电感量 L 又称自感系数,是表示电感器自感应能力的一种物理量。其大小与线圈的匝数、尺寸和导磁材料有关。

② 额定电流。额定电流是电感线圈中允许通过的最大电流。额定电流大小与绕制线圈的线径大小有关。国产色码电感器通常在电感器体上印刷字母来表示最大直流工作电流,字母 A、B、C、D、E 分别表示最大工作电流为 50 mA、150 mA、300 mA、700 mA、1 600 mA。

③ 品质因数 Q。品质因数是表示线圈质量的一个参数,它是指线圈在某一频率的交流电压工作时,线圈所呈现的感抗和线圈的直流电阻之比,即

$$Q = \frac{2\pi f L}{R} = \frac{\omega L}{R}$$

式中,Q 为线圈的品质因数;ω 为工作角频率;R 为线圈的等效电阻;L 为线圈的电感量。

当 ω 和 L 一定时,品质因数仅与线圈的等效电阻有关,电阻越大,Q 值越小。在谐振回路中,线圈的 Q 值越高,回路的损耗就越小,效率就越高,滤波性能就越好。

④感抗 X_L。电感线圈对交流电流阻碍作用的大小称为感抗,用 X_L 表示,单位是欧姆。电感器上电压与电流的有效值满足"ωL"倍关系,感抗与频率的关系是 $X_L = 2\pi f L = \omega L$,感抗 X_L 与电感 L 及频率 f 成正比,因此频率越高,电感器对电流的阻碍作用越大。对于直流来讲,由于频率 $f = 0$,感抗 $X_L = 0$,电感器相当于短路。

3. 电容器

(1) 电容器分类

电容器简称电容,是用来储存电荷(电能)的元件。将两个相互靠近的导体之间覆一层绝缘介质即可构成电容器。在电路中用于耦合、滤波、调谐和能量转换,具有充电、放电和通交流、阻直流的特性。常见电容器实物图如图 1-3-12 所示。

①根据其极性,可分为有极性电容器和无极性电容器。

②根据电容的容量是否可调,分为固定电容器、半可变电容器和可变电容器。

③根据电容器所用绝缘介质种类,分为空气介质电容器、云母电容器、纸介电容器、小型金属化纸介电容器、瓷介电容器和电解电容器等。

④根据作用及用途的不同,分为高频电容器、低频电容器、高压电容器、低压电容器、耦合电容器、旁路电容器、滤波电容器等。

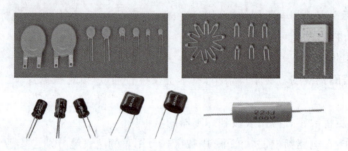

图 1-3-12 常见电容器实物图

(2) 电容器的标识

在电路中,电容器常用字母"C"表示,电容的基本单位是法拉,简称法,用 F 表示,常用单位还有 mF(毫法)、μF(微法)、nF(纳法)、pF(皮法)。其换算关系为

$$1\ F = 1\ 000\ mF,\quad 1\ mF = 1\ 000\ \mu F,\quad 1\ \mu F = 1\ 000\ nF,\quad 1\ nF = 1\ 000\ pF$$

电容器的图形符号如图 1-3-13 所示。

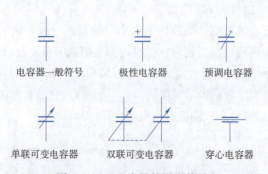

图 1-3-13 电容器的图形符号

电容器的标识方法与电阻器的标识方法一样,有直标法、文字符号法、色标法和数码法四种,此处不再细讲。

(3)电容器的检测

①电容放电:将电容器两端短接,对电容器进行放电,确保数字式万用表的安全。

②选择挡位:将功能转换开关旋至电容(C)测量挡"F",选择合适的量程。

③测试结果:将万用表红表笔更换至"mA"插孔,即 Cx 插孔。如果电容有极性,将红表笔接电容器的正极,黑表笔接电容器的负极,读出 LCD 显示屏上数字。

(4)电容器的参数

①电容器的容量。容量是电容器的基本参数,反映了电容器外加电压后储存电荷的能力。数值标在电容器上,不同类别的电容器有不同系列的标称值。

②额定电压。额定电压指在规定的环境温度下,电容器连续长期工作所能承受的最高电压值。所有的电容器都有额定电压参数,如果施加的电压大于额定电压,将损坏电容器。

③绝缘电阻和漏电流。电容器两极之间的电阻称为绝缘电阻。当电容器加上直流工作电压时,电容器介质总会导电使电容器有漏电流产生,若漏电流太大,电容器就会发热损坏。

④频率特性。电容器的电参数随电场频率而变化的特性称为频率特性。在高频条件下工作的电容器,由于介电常数在高频时比低频时小,电容量也相应减小,损耗会随频率的升高而增加。不同的电容器,最高使用频率是不同的。

四、手工焊接工艺

1. 装接工具

电子产品装配过程中离不开手工工具。在简易电子产品的制作过程中,手工工具非常重要。所以,作为电子技术工作人员,必须掌握各种常用手工工具的基本操作方法。下面介绍几种常用的手工工具。

(1)钳子

根据钳子的用途和形式的不同,钳子的种类很多,常用的钳子如图 1-4-1 所示。

①尖嘴钳用于夹小螺母、小零件,也可以用于弯折、加工细导线和夹元器件的引脚等。

②斜口钳用于剪细小导线、元器件的引脚,修整印制电路板。

③平口钳主要用于夹持和折断金属薄板和金属丝。

④剥线钳用于剥掉导线端部绝缘层。

(a)尖嘴钳　　　　　(b)斜口钳　　　　　(c)平口钳　　　　　(d)剥线钳

图 1-4-1　常用钳子的形状

(2)镊子

在焊接过程中可以用镊子夹导线和元器件,有助于元器件的固定,有利于焊接;拆卸小元器件时,也可以用镊子夹住元器件,使拆卸操作方便,防止烫伤。

(3) 螺丝刀

螺丝刀用于紧固螺钉,调整可调元器件。按照头部形状可以分为一字槽和十字槽。

2. 焊接工具

常用的手工焊接工具是电烙铁,其作用是加热焊料和被焊金属,使熔融的焊料润湿被焊金属表面并生成合金,如图1-4-2所示。

(1) 电烙铁种类

常用的电烙铁有外热式电烙铁、内热式电烙铁、恒温电烙铁、吸锡电烙铁。

①外热式电烙铁。由烙铁头、烙铁芯、外壳、手柄、电源引线、插头等组成,由于烙铁头安装在烙铁芯里面,故称为外热式电烙铁。烙铁头是用紫铜材料制成的,作用是存储热量和传导热量,其温度必须比被焊接器件的温度高很多。

②内热式电烙铁。由手柄、连接杆、弹簧夹、烙铁芯、烙铁头组成。由于烙铁芯安装在烙铁头里面,因而发热快、热利用率高。

③恒温电烙铁。由于恒温烙铁头内装有带磁铁式的温度控制器,控制通电时间而实现温控,即给电烙铁通电时,电烙铁温度上升,当达到预定温度时,停止向电烙铁供电;当温度低时,继续向电烙铁供电,从而实现控制温度的目的。

④吸锡电烙铁。吸锡电烙铁是将活塞式吸锡器与电烙铁融为一体的拆焊工具。使用方便、灵活,使用范围广。

(2) 电烙铁的使用方法

①焊接操作姿势。电烙铁拿法有三种,如图1-4-3所示。

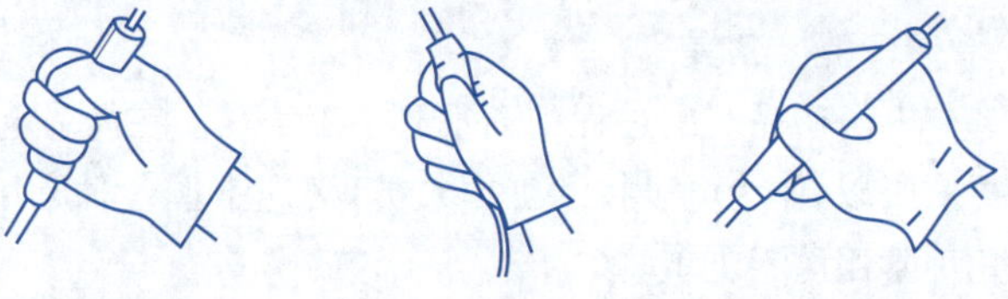

(a) 反握法　　(b) 正握法　　(c) 握笔法

图1-4-2 电烙铁　　　　图1-4-3 电烙铁拿法示意图

反握法适于大功率电烙铁的操作,其动作稳定,长时间操作不易疲劳;正握法适于中等功率电烙铁或带弯头电烙铁的操作;握笔法适用于在操作台上焊印制板等焊件。

②电烙铁使用注意事项。新买的电烙铁在使用之前必须先给它蘸上一层锡(给电烙铁通电,然后在电烙铁加热到一定的时候就用锡条靠近烙铁头)。对于使用久了的电烙铁,应用细纹锉刀将烙铁头部锉亮,然后通电加热升温,并将烙铁头蘸上一点松香,待松香冒烟时再上锡。

电烙铁通电后温度高达250 ℃以上,不用时应放在烙铁架上,但较长时间不用时应切断电源,防止高温"烧死"烙铁头(被氧化)。要防止电烙铁烫坏其他元器件,尤其是电源线,若其绝缘层被电烙铁烧坏而不注意便容易引发安全事故。

不要将电烙铁猛力敲打,以免震断电烙铁内部电热丝或引线而产生故障。

电烙铁使用一段时间后,可能在烙铁头部留有锡垢,在电烙铁加热的条件下,可以用湿布轻擦。如出现凹坑或氧化块,应用细纹锉刀修复或者直接更换烙铁头。

3. 焊接材料

（1）焊锡

焊锡是焊接电子元器件的重要原料，是一种熔点较低的金属焊料，主要指用锡基合金做的焊料。焊锡加热挥发出的化学物质对人体是有害的，操作时不宜距离烙铁头太近，一般电烙铁离开鼻子的距离应不小于 30 cm，通常以 40 cm 为宜。

常用的焊锡有管状焊锡丝、含银焊锡丝和焊膏。管状焊锡丝将焊锡制成管状，在管中充满固体松香助焊剂；含银焊锡丝是在锡铅焊料中加入少量的金属银，可降低焊料的熔点；焊膏由焊料合金粉末和助焊剂组成，制成糊状。焊锡丝外形如图 1-4-4 所示。

（2）助焊剂

助焊剂通常是以松香为主要成分的混合物，是焊接时使用的辅料，如图 1-4-5 所示。助焊剂主要作用是清除焊料和被焊电路板表面的氧化物，使金属表面达到必要的清洁度，防止焊接时表面的再次氧化，降低焊料表面张力，提高焊接性能。

4. 焊接方法

（1）焊锡丝的拿法

焊锡丝一般有两种拿法，如图 1-4-6 所示。焊接时，一般左手拿焊锡丝，右手拿电烙铁。进行连续焊接时采用图 1-4-6（a）所示的拿法，自然收掌，用拇指、食指和小指夹住焊锡丝，另外两个手指进行配合。如果只焊接一个焊点，可采用图 1-4-6（b）所示的拿法，此种拿法不适合连续焊接。

图 1-4-4　焊锡丝

图 1-4-5　松香

（a）　　　（b）

图 1-4-6　焊锡丝的基本拿法

（2）焊接操作方法

正确的焊接操作方法应该采用"五步焊接法"：

①准备施焊：准备好焊锡丝和电烙铁，将电烙铁和焊锡丝靠近被焊工件，准备焊接，如图 1-4-7（a）所示。

②加热焊件：将电烙铁放在焊接点上，如图 1-4-7（b）所示。

③熔化焊料：将焊锡丝放在焊接点上，焊料开始熔化并润湿焊点，如图 1-4-7（c）所示。

④移开焊锡：当熔化一定量的焊锡后，迅速将焊锡丝移开，如图 1-4-7（d）所示。

⑤移开焊铁：当焊锡完全润湿焊点后移开电烙铁，注意移开电烙铁的速度要快，方向应该是大致 45°的方向，如图 1-4-7（e）所示。

对于热容量较小的焊点，如印制电路板上的小焊盘，有时用"三步焊接法"即可，即将上述步骤②和③同时进行，合为一步，④和⑤同时进行，合为一步。

焊接技术是一项电工电子从业者必须掌握的基本技术。焊接过程中要特别注意各步骤之间停留的时间,这对保证焊接质量至关重要。只有通过不断实践才能熟练掌握。

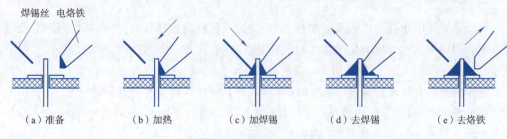

(a) 准备　　(b) 加热　　(c) 加焊锡　　(d) 去焊锡　　(e) 去烙铁

图 1-4-7　焊接操作方法

5. 焊点的质量标准

①焊点应具有足够的机械强度,以保证元件在受到冲击时不会脱落和松动。

②焊接要可靠,保证导电性能。

③焊点表面应该整齐、美观,如图 1-4-8 所示。焊锡充满整个焊盘,形成对称的焊角;焊点外观光滑、圆润,对称于元件的引线,无针孔、无砂眼、无气孔;焊点上没有拉尖、裂纹和杂质;焊点上的焊锡适量,焊点大小与焊盘相适应;同样尺寸的焊盘,其焊点的大小和形状要均匀、一致。

④焊接操作结束后,应去掉多余引线,检查印制电路板上元器件引线焊点,修补缺陷;选择合适的清洗液清洗印制电路板,如果选用松香助焊剂,则不用清洗。

  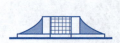

图 1-4-8　合格焊点的形状

6. 防止焊接不良的方法及注意事项

①选用合适的焊锡丝。应选用焊接电子元件用的低熔点焊锡丝。

②助焊剂:用 25% 的松香溶解在 75% 的酒精(质量比)中作为助焊剂。

③电烙铁使用前要上锡,具体方法是:将电烙铁烧热,待刚能熔化焊锡时,涂上助焊剂,再用焊锡均匀地涂在烙铁头上,使烙铁头均匀涂上一层锡。

④焊接方法:把焊盘和元器件的引脚用细砂纸打磨干净,涂上助焊剂。用烙铁头蘸取适量焊锡,接触焊点,待焊点上的焊锡全部熔化并浸没元件引线头后,电烙铁头沿着元器件的引脚轻轻往上一挑,离开焊点。

⑤焊接时间不宜过长,否则容易烫坏元件,必要时可用镊子夹住引脚帮助散热。

⑥焊点应呈正弦波峰形状,表面应光亮圆滑,无锡刺,锡量适中。

⑦焊接完成后,要用酒精把线路板上残余的助焊剂清洗干净,以防炭化后的助焊剂影响电路正常工作。

⑧集成电路应最后焊接,电烙铁要可靠接地,或断电后利用余热焊接。或者使用集成电路专用插座,焊好插座后再把集成电路插上去。

⑨电烙铁应放在烙铁架上。

项目 1　电子门铃电路的焊接与调试

项目实施

步骤一　准备工作

(1) 项目分组,沟通讨论后确定小组长;

(2) 进行理论学习,并利用网络、相关论坛、图书馆等资源进行资料收集与整理;

(3) 小组长组织组员讨论并进行任务分工。

步骤二　元器件测试与安装接线图

(1) 请扫码获取文档资源,根据文档给定的接线图准备相应电子元器件并测试元器件好坏;

(2) 自主进行元器件布局。

文档●

电子门铃焊接与测试

步骤三　电路焊接与调试

(1) 根据步骤二元器件的布局进行电子元器件的焊接;

(2) 硬件调试。

注意事项:

① 焊接电路时注意规范操作电烙铁,防止因为操作不当导致受伤;

② 上电前一定要进行电路检测,将桌面清理干净,防止桌面残留的焊锡、剪掉的元器件引脚引起电路板短路,特别是防止电源与地短路导致电子元器件损坏;

③ 上电后不要用手随意触摸芯片,防止芯片受损;

④ 规范操作万用表、示波器等检测设备,防止因为操作不当损坏仪器。

注:本书后续任务凡涉及焊接部分,需要注意的安全事宜与此处一致,不再赘述。

项目验收

整个项目完成之后,下面来检测一下完成的效果。具体的测评细则见下表。

项目完成情况测评细则

评价内容	分值	评价细则	量化分值	得分
信息收集与自主学习	20 分	(1) 明确任务	3 分	
		(2) 制订合适的学习计划	3 分	
		(3) 独立进行信息收集	3 分	
		(4) 充分利用现有的学习资源	3 分	
		(5) 使用不同的行动方式学习	4 分	
		(6) 排除学习干扰,自我监督与控制	4 分	
元器件测试与安装接线图	30 分	(1) 电子元器件准备	5 分	
		(2) 电子元器件测试	15 分	
		(3) 电路布局合理性与美观度	10 分	
电路焊接与调试	40 分	(1) 电路焊接质量	25 分	
		(2) 硬件电路调试情况	15 分	

23

学习笔记

续表

评价内容	分值	评价细则	量化分值	得分
职业素养与职业规范	10 分	(1)材料利用效率,耗材的损耗	2 分	
		(2)工具、仪器、仪表使用情况,操作规范性	5 分	
		(3)团队分工协作情况	3 分	
总计	100 分			

巩固与拓展

文档

参考答案

一、知识巩固

1. 填空题

(1)电烙铁拿法有________、________、________。

(2)指针式万用表的欧姆挡位选择是×100k,刻度线读数为2,电阻阻值为________。

(3)指针式万用表的直流电压挡位选择是50 V,在满偏刻度为50的表头上读出数值为24,被测线路电压值为________。

(4)用指针式万用表测一直流电流,量程为50 mA,在满偏刻度为50的表头上读出数值为14,被测线路电流值为________。

(5)电感器是通________阻________,电容器是隔________通________。

(6)焊接所需要的材料有________、________、________、________、________、________。

(7)常用的电烙铁有________、________、________、________。

(8)电阻阻值的标识方法有________、________、________、________。

(9)数字式万用表测电解电容器,红表笔接________,黑表笔接________。

(10)指针式万用表在使用前需要进行________。

2. 选择题

(1)下面(　　)是电位器的图形符号。

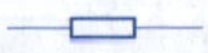

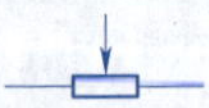

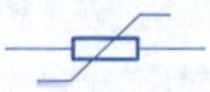

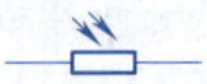

A. B. C. D.

(2)下面(　　)不是电容器的图形符号。

A. B. C. D.

(3)下面(　　)是电感器的图形符号。

A. B. C. D.

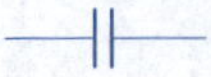

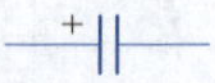

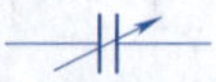

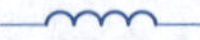

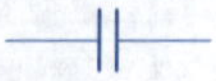

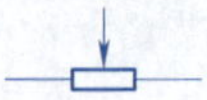

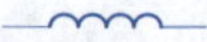

(4)22R4表示的电阻的阻值是(　　)Ω。

A. 224　　B. 220 000　　C. 2.2　　D. 22.4

(5)333表示的电容值是(　　)pF。

A. 33 000　　B. 333　　C. 33.3　　D. 3 300

(6)下面(　　)是不合格焊点。

A. B.

C. D.

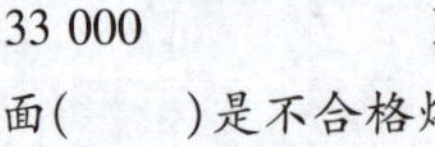

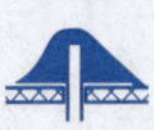

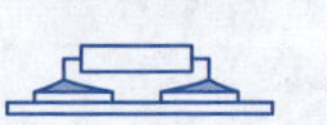

3. 判断题

(1) R22 的阻值是 22 Ω。　　　　　　　　　　　　　　　　　　　　　(　　)

(2) 电容器的标识方法有直标法、文字符号法、色标法和数码法四种。　　(　　)

(3) 松香是助焊剂,是焊接时使用的辅料。　　　　　　　　　　　　　　(　　)

(4) 焊接时,先将焊锡放到元器件上,再放电烙铁加热熔融。　　　　　　(　　)

4. 简答题

(1) 电路的焊接操作"五步焊接法"有哪五个步骤?

(2) 常用的识别色环电阻的第一条色环的方法有哪些?

二、实践拓展

通过本项目的学习,对电路的焊接操作"五步焊接法"有了深入的了解。然而,在实际焊接过程中会出现各种各样焊点问题和仪器、仪表使用的问题,因此,请利用网络资源和图书馆资源,收集和整理有关不合格焊点的相关知识,并进行相互探讨和学习。在学习的过程中,要完成以下内容:

(1) 总结自己在焊接过程中出现的问题,并分析原因;

(2) 总结仪器、仪表在使用过程中的问题,并分析原因。

项目 2
电路基本定律的仿真与验证

项目目标

知识目标：
(1) 了解 Multisim 电路仿真软件相关基础知识和基本使用方法；
(2) 掌握使用 Multisim 电路仿真软件绘制并仿真调试电路的方法；
(3) 了解电路的基本概念，熟悉电路中的基本物理量的定义；
(4) 掌握常用电路中基本物理量的分析计算以及实际测量方法。

技能目标：
(1) 能够绘制直流电路的仿真电路，并能够对电路参数进行仿真测量；
(2) 能够利用基本定理对实际电路的物理参数进行分析、计算与测量；
(3) 能够根据实际需求，对电路的参数进行修改调整。

素质目标：
(1) 团队协作，共同解决设计和制作过程中的问题，强调团队协作和沟通能力培养；
(2) 培养创新思维和问题解决能力，鼓励学生在直流电路分析和设计过程中尝试新的思路和方法；
(3) 培养职业道德和社会责任感，强调技术创新和发展对社会的影响，使学生具备专业素养和社会担当。

项目描述

我们的生活中离不开电。各种各样的用电器里都有着各种不同的电路。手电筒是日常生活中最常用的照明工具，手电筒电路就是一个最简单的实际电路。手电筒中的灯泡为何能点亮？它是如何工作的？能否调节手电筒的亮度？手电筒不亮了，到底是哪里出了问题？手电筒没那么亮了，是电池没电了吗？怎么判断电池有没有电呢？手电筒的亮度可以调节吗？

通过相关知识的学习，改造项目电路，首先对项目电路进行测量，对电路里的关键物理量进行测量，同时，用仿真软件绘制项目电路的仿真图，对电路进行验证，也尝试用电路分析的方法，对电路里的关键物理量进行计算；最后，搭建原电路的等效简化模型，同时对新电路的实际功能进行测试。

任务布置：
(1) 基于现有的电路模型，测量指定位置的物理参数；
(2) 能够对电路模型进行仿真验证，确定电路是否正常工作；
(3) 能够对现有电路进行修改、安装、调试，使电路符合不同的要求。

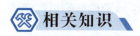

一、Multisim 电路虚拟仿真技术

1. Multisim 用户界面

在众多的 EDA(电子设计自动化)仿真软件中,Multisim 软件界面友好、功能强大、易学易用,受到设计开发人员的青睐。Multisim 用软件方法虚拟电子元器件和仪器仪表,将电子元器件和仪器仪表集合为一体,是原理图设计、电路测试的虚拟仿真软件。

Multisim 来源于加拿大图像交互技术公司(Interactive Image Technologies,IIT)推出的以 Windows 为基础的仿真工具,原名 EWB。IIT 公司于 1988 年推出了一个用于电子电路仿真和设计的 EDA 工具软件 Electronics Work Bench(电子工作台),简称 EWB,以界面形象直观、操作方便、分析功能强大、易学易用而得到迅速推广使用。

1996 年 IIT 推出了 EWB 5.0 版本,在 EWB 5.x 版本之后,从 EWB 6.0 版本开始,IIT 对 EWB 进行了较大变动,名称改为 Multisim(多功能仿真软件)。IIT 后被美国国家仪器(National Instruments,NI)公司收购,软件更名为 NI Multisim,Multisim 经历了多个版本的升级,已经有 Multisim 2001、Multisim 7、Multisim 8、Multisim 9、Multisim 10 等版本,9 版本之后增加了单片机和 LabVIEW 虚拟仪器的仿真和应用。

下面以 Multisim 14 为例介绍其基本操作。图 2-1-1 是 Multisim 14 的用户界面,包括菜单栏、标准工具栏、主工具栏、虚拟仪器工具栏、元器件工具栏、仿真按钮、状态栏、电路图编辑区等部分。

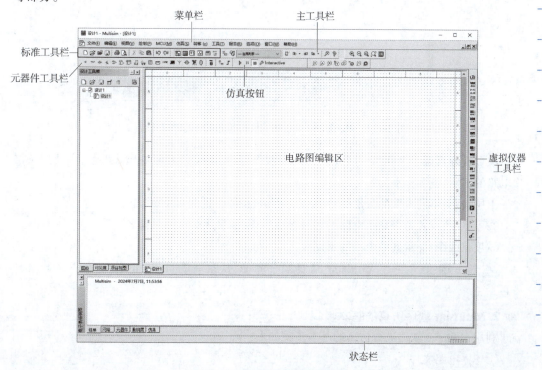

图 2-1-1　Multisim 14 用户界面

菜单栏的各项如图 2-1-2 所示,其中的 MCU 是指单片机仿真子菜单。"选项"菜单下的

"全局偏好"命令下的"元器件"选项可进行个性化界面设置。Multisim 14 提供两套电气元器件符号标准,如图 2-1-3 所示。

①ANSI:美国国家标准学会,美国标准,默认为该标准,本项目采用默认设置。

②DIN:德国国家标准学会,欧洲标准,与中国国家标准符号标准一致。

图 2-1-2　Multisim 14 菜单栏

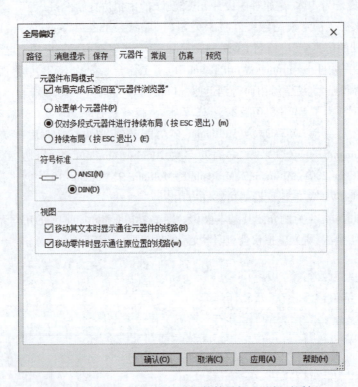

图 2-1-3　Multisim 14 电气元器件符号标准选择对话框

项目管理器位于 Multisim 14 工作界面的左半部分,电路以分层的形式展示,主要用于层次电路的显示,三个标签为:

①层级:对不同电路的分层显示,单击"新建"按钮将生成 Circuit2 电路。

②可见度:设置是否显示电路的各种参数标识,如集成电路的引脚名。

③项目视图:显示同一电路的不同页。

练一练:熟悉一下 Multisim 14 的操作界面,认识一下 Multisim 14 的各个工具栏和窗口。

2. Multisim 软件仿真的基本步骤

利用 Multisim 软件进行仿真的基本步骤如下:

①建立电路文件。

②放置元器件和仪表。

③元器件编辑。

④连线和进一步调整。
⑤电路仿真。
⑥输出分析结果。

具体介绍如下：

（1）建立电路文件

①打开 Multisim 时自动打开空白电路文件设计1，保存时可以重新命名。
②选择菜单栏中"文件"→"设计"命令。
③单击工具栏中的"设计"按钮。
④快捷键【Ctrl + N】。

（2）放置元器件和仪表

Multisim 14 的元件数据库有：主元件库、企业元件库和用户元件库。后两个库由用户或合作人创建，新安装的 Multisim 14 中这两个数据库是空的。

放置元器件的方法有：

①选择菜单栏中"绘制"→"元器件"命令。
②直接通过"元件"工具栏放置。
③在绘图区右击，利用弹出菜单选择放置元器件。
④快捷键【Ctrl + W】。

放置仪表可以单击虚拟仪器工具栏相应按钮，或者使用菜单方式。

以电阻基本网络测量电路放置 +12 V 直流电源为例，单击元器件工具栏中的"放置电源"按钮，弹出如图 2-1-4 所示界面。

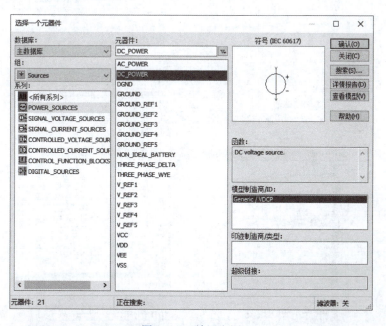

图 2-1-4 放置电源

修改电压值为 12 V，如图 2-1-5 所示。

同理，放置接地端和电阻，如图 2-1-6 所示。

视频●

Multisim电路
虚拟仿真软件
的基本使用

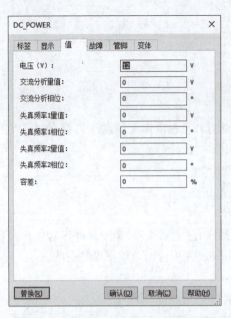

图 2-1-5 修改电压源的电压值

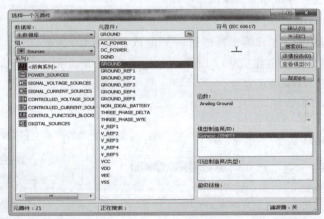

（a）放置接地端

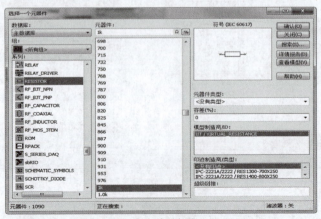

（b）放置电阻

图 2-1-6 放置接地端和电阻

图 2-1-7 为放置了元器件和仪器仪表的效果图,其中左下角是直流电源,右上角是万用表。

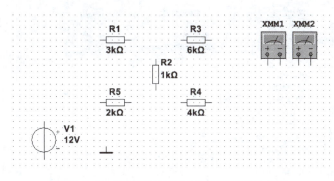

图 2-1-7 放置了元器件和仪器仪表的效果图

(3)元器件编辑

①元器件参数设置。双击元器件,弹出相关对话框,选项卡包括:

标签:标签内的编号,由系统自动分配,可以修改,但须保证编号唯一性。

显示:可以对电路图或者元器件的可见选项进行设置。

数值:可以设置元器件的电气参数。

故障:可以人为对元器件进行故障设置,包括:无、打开、短、泄漏。

引脚:各引脚编号、类型、电气状态。

②元器件向导。对特殊要求,可以用元器件向导编辑自己的元器件,一般是在已有元器件基础上进行编辑和修改。方法是:选择菜单中的"工具"→"元器件向导"命令,按照规定步骤编辑,将元器件向导编辑生成的元器件放置在用户数据库中。

(4)连线和进一步调整

①连线:

自动连线:单击起始引脚,鼠标指针变为"+"字形,移动鼠标至目标引脚或导线,单击,则连线完成,当导线连接后呈现丁字交叉时,系统自动在交叉点放节点。

手动连线:单击起始引脚,鼠标指针变为"+"字形后,在需要拐弯处单击,可以固定连线的拐弯点,从而设定连线路径。

关于交叉点,Multisim 14 默认丁字交叉为导通,十字交叉为不导通,对于十字交叉而希望导通的情况,可以分段连线,即先连接起点到交叉点,然后连接交叉点到终点;也可以在已有连线上增加一个节点,从该节点引出新的连线,添加节点可以选择菜单中的"绘制"→"节点"命令,或者使用快捷键【Ctrl + J】。

②进一步调整:

调整位置:单击选定元件,移动至合适位置。

改变标号:双击进入属性对话框更改。

显示节点编号以方便仿真结果输出:选择菜单中的"选项"→"电路图属性"命令,在弹出的对话框中选择"电路图可见性"选项卡,"网络名称"选择"全部显示",如图 2-1-8 所示。

导线和节点删除:右击,在弹出的快捷菜单中选择"删除"命令,或者单击选中,按【Delete】键。

图 2-1-9(a)是连线和调整后的电路图,图 2-1-9(b)是显示节点编号后的电路图。

图 2-1-8 "电路图属性"对话框

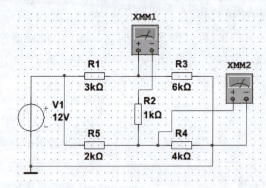

(a) 连线和调整后的电路图

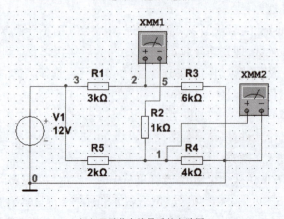

(b) 显示节点编号后的电路图

图 2-1-9 电路图

(5)电路仿真

基本方法：

①单击"仿真"按钮，电路开始工作，Multisim 界面的状态栏右端出现仿真状态指示；

②双击虚拟仪器，进行仪器设置，获得仿真结果。

仿真运行效果如图 2-1-10 所示。

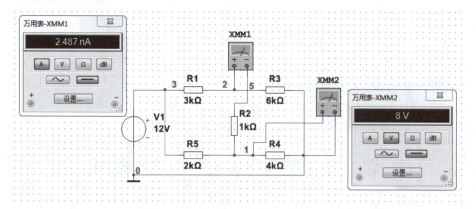

图 2-1-10　仿真运行效果图

(6)输出分析结果

图 2-1-11 是万用表界面，双击万用表，进行仪器设置，可以单击 ▭▭ 中的直线按钮设置测量直流电，使用 ▭▭▭▭ 中的"A"选项测量电流，"V"选项测量电压，显示区给出对应位置的电压或者电流数值。

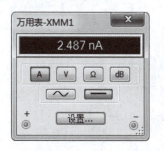 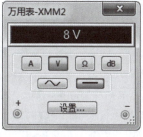

图 2-1-11　万用表界面

例 2-1-1　使用 Multisim 电路仿真软件绘制如图 2-1-12 所示仿真电路，练习设置不同元件属性的设置方法及导线的连接方法。为仿真图添加节点编号，按照要求，测量中间支路上的电流大小。

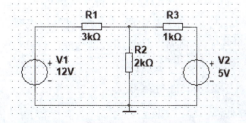

图 2-1-12　例 2-1-1 电路图

解 按照图 2-1-12 所示,分别在电源库及基本元件库中找到相关元件,将元件修改相关属性值后,按照要求摆放并进行连线,最后显示电路中的节点编号。

练一练：请针对以下几个方面进行有针对性的练习。

① 练习电路元件的操作及原理图的连接。

② 设置元件的属性。

③ 设置元件符号标准。

④ 在电路工作区放置一个 10 kΩ 的电位器,设置其控制按键为"R",调整率为 5%。调整其阻值,观察其变化。

3. Multisim 电路仿真软件的元件库

电子仿真软件 Multisim 14 的元件库中把元件分成了 17 个大的类别,以便使用者在创建仿真电路时能够快速找到对应元件。这 17 个类别如图 2-1-13 所示。

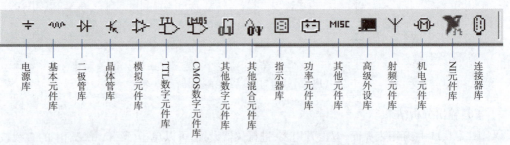

图 2-1-13　Multisim 14 中的元件库大类组成

例 2-1-2　在例 2-1-1 的电路图基础上,按照要求在图中增加万用表,用来测量中间支路上的电流大小。具体电路如图 2-1-14 所示。

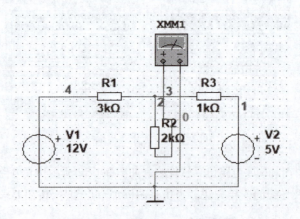

图 2-1-14　例 2-1-2 电路仿真图

解 由于要测量的未知量为中间支路上电流,故放置万用表时首先得将中间支路断开,然后将万用表串联进该支路来进行测量。仿真图绘制完成后,可以在万用表设置界面读取测量结果。

练一练：请根据以下几方面进行练习。

(1) 重新设置元件的属性。

(2) 显示电路原理图的节点。

（3）分别将直流电压源、交流电压源、直流电流源、交流电流源放入电路工作区，并练习设置其参数的大小。

4. 使用 Multisim 电路仿真软件的分析仪器

（1）仪器工具栏

Multisim 的仪器工具栏提供了常用的各种仿真的测量仪器和仪表，使用简单方便。仪表工具栏如图 2-1-15 所示。仪表工具栏一般是竖条显示在屏幕的右边，也可以单击工具栏左边的双竖线，然后拖到想放置的位置后松开鼠标左键的方式改变位置。

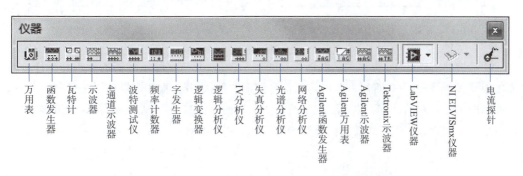

图 2-1-15　Multisim 的仪表工具栏

（2）常用虚拟仪器的使用说明

①万用表。Multisim 提供的万用表外观和操作与实际的万用表相似，可以测电流 A、电压 V、电阻 Ω 和分贝值 dB，测直流或交流信号。万用表有正极和负极两个引线端。

万用表图标及设置对话框如图 2-1-16 所示。

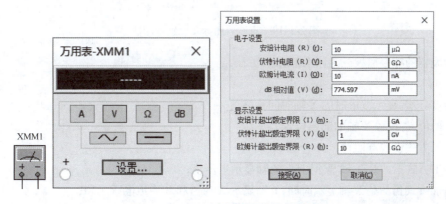

图 2-1-16　万用表图标及设置对话框

②函数发生器。Multisim 提供的函数发生器可以产生正弦波、三角波和矩形波，信号频率可在 1 Hz 到 999 MHz 范围内调整。信号的幅值以及占空比等参数也可以根据需要进行调节。信号发生器有三个引线端口：负极、正极和公共端。

函数发生器图标及设置对话框如图 2-1-17 所示。

③瓦特计。Multisim 提供的瓦特计用来测量电路的交流或者直流功率，瓦特计有四个引线端口：电压正极和负极、电流正极和负极。

瓦特计图标及设置对话框如图 2-1-18 所示。

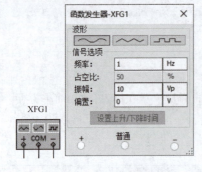
图 2-1-17　函数发生器图标及设置对话框

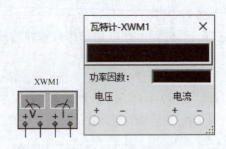
图 2-1-18　瓦特计图标及设置对话框

④示波器。Multisim 提供的示波器为双通道示波器,其与实际示波器的外观和操作方法基本相同,该示波器可以观察一路或两路信号波形的形状,分析被测周期信号的幅值和频率,时间基准可在秒至纳秒范围内调节。示波器图标有四个连接点:A 通道输入、B 通道输入、外触发端 T 和接地端 G。示波器图标及设置对话框如图 2-1-19 所示。

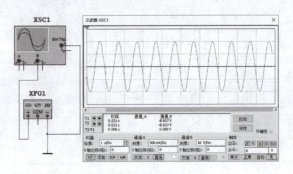
图 2-1-19　示波器图标及设置对话框

示波器的控制面板分为四个部分:

a. 时基:

标度:设置显示波形时的 X 轴时间基准。

X 轴位置:设置 X 轴的起始位置。

显示方式设置有四种:

Y/T 方式指的是 X 轴显示时间,Y 轴显示电压值;

添加方式指的是 X 轴显示时间,Y 轴显示 A 通道和 B 通道电压之和;

A/B 或 B/A 方式指的是 X 轴和 Y 轴都显示电压值。

b. 通道 A:

刻度:通道 A 的 Y 轴电压刻度设置。

Y 轴位移(格):设置 Y 轴的起始点位置,起始点为 0 表明 Y 轴和 X 轴重合,起始点为正值表明 Y 轴原点位置向上移,否则向下移。

触发耦合方式:AC(交流耦合)、0(0 耦合)或 DC(直流耦合),交流耦合只显示交流分量,直流耦合显示直流和交流之和,0 耦合在 Y 轴设置的原点处显示一条直线。

c. 通道 B:

通道 B 的 Y 轴量程、起始点、耦合方式等项内容的设置与通道 A 相同。

d. 触发:

触发方式主要用来设置 X 轴的触发信号、触发电平及边沿等。

边沿:设置被测信号开始的边沿,设置先显示上升沿或下降沿。

水平:设置触发信号的电平,使触发信号在某一电平时起动扫描。

触发信号选择:自动、通道 A 和通道 B 表明用相应的通道信号作为触发信号;ext 为外触发;单次为单脉冲触发;正常为一般脉冲触发。

⑤波特图仪。波特图仪是测量电路、系统或放大器频幅特性和相频特性的虚拟仪器,类似实验室的频率特性测试仪(或扫描仪),利用波特图仪可以方便地测量和显示电路的频率特性,适用于分析滤波电路,特别易于观察截止频率。图 2-1-20 中的 XBP1 是波特图仪的图标。双击波特图仪的图标将显示其面板,控制面板分为模式区、水平区(横轴)、垂直(纵轴)区、控件(控制)区。

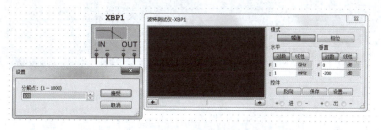

图 2-1-20　波特图仪图标及设置对话框

连接规则:波特图仪的图标包括四个连接端,左边 IN 是输入端口,其"＋""－"分别与电路输入端的正负端子相连;右边 OUT 是输出端口,其"＋""－"分别与电路输出端的正负端子相连。由于波特图仪本身没有信号源,所以在使用时,必须在电路的输入端口示意性地接入一个交流信号源(或函数信号发生器),且无须对其参数进行设置。

面板操作:

a. 模式区:

幅值:选择它显示屏里展开幅频特性曲线。

相关:选择它显示屏里展开相频特性曲线。

b. 水平区。确定波特图仪显示的 X 轴频率范围。为了清楚地显示某一频率范围的频率特性,可将 X 轴频率范围设定得小一些。

选择"对数",则标尺用 log(f) 表示;若选用"线性",即坐标标尺是线性的。当测量信号的频率范围较宽时,用"对数"标尺为宜。

F 和 I 分别是频率的最终值(final)和初始值(initial)的英文缩写。

c. 垂直区。设定波特图仪显示的 Y 轴的刻度类型。测量幅频特性时,若单击"对数"按钮,Y 轴的刻度单位为 dB(分贝);单击"线性"按钮后,Y 轴是线性刻度。测量相频特性时,Y 轴坐标表示相位,单位是度,刻度是线性的。F 栏用以设置 Y 轴最终值,I 栏用以设置初始值。

需要指出的是:若被测电路是无源网络(谐振电路除外),由于频幅特性 A(f) 的最大值是 1,所以 Y 轴坐标的最终值应设置为 0 dB,初始值为负值。对于含有放大环节的网络,A(f) 值可大于 1,最终值设为正值(＋dB)为宜。

d. 控件区:

反向:改变屏幕背景颜色。

保存:以 BOD 格式保存测量结果。

设置:设置扫描的分辨率。

在"分解点"栏中选定扫描的分辨率,数值越大读数精度越高,但将增加运行时间,默认值是 100。

⑥其他示波器:

a. 四通道示波器。Multisim 14 的仪器库中提供的一台四通道示波器,通道数由常见的 2 变为 4,使用方法与 2 通道的示波器相似。

b. Agilent 示波器。仪器库中有 Agilent 示波器,该仪器的图标和面板如图 2-1-21 所示。操作方法与实际 Agilent 示波器相同,使用时要先用鼠标左键单击 Power 按钮。

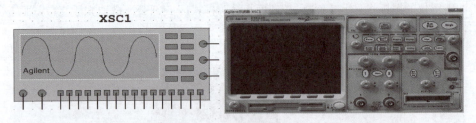

图 2-1-21　Agilent 示波器的图标和面板

⑦Tektronix 示波器。Multisim 14 的仪器库中还包括 Tektronix 示波器,该仪器的图标和面板如图 2-1-22 所示。该示波器的操作方法与实际 Tektronix 示波器相同。

图 2-1-22　Tektronix 示波器的图标和面板

例 2-1-3　绘制如图 2-1-23 所示仿真电路图,使用虚拟示波器查看相关输出波形。

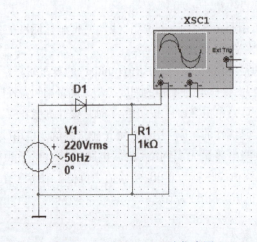

图 2-1-23　例 2-1-3 电路仿真图

解 仿真电路绘制完成后,单击"仿真运行"按钮,双击示波器图标打开示波器属性对话框,参考图 2-1-23 所示设置相关参数,观察示波器输出波形。

练一练: 尝试用 Multisim 14 仪器仪表中的信号发生器和示波器,将信号发生器产生的波形在示波器上显示出来。

二、直流电路基本知识

1. 电路的作用与组成

所谓的电路,就是人们为了某种需要,将某些电气设备和元器件按照一定方式连接起来的整体,它提供了电流流过的路径。

(1) 电路的作用

电路在我们的实际生活中无处不在,而且其种类繁多,但按照电路的基本功能,大致可以把电路分为两大类:

① 能够实现能量的传输和转换,如电力系统的发电、传输等。

② 能够实现信号的传递和处理的功能的总体,如电视机、通信电路等。

(2) 电路的基本组成

一个完整的电路一般由三部分组成:

① 电源:是将机械能、化学能等其他形式的能转化为电能的设备或元件,如电路中的蓄电池。常用的电源还有发电机等。

② 负载:即用电设备,是将电能转化为其他形式能的设备或元件,如电路中的电阻,以及电灯、电动机和电炉等设备。

③ 中间环节:是指连接导线以及控制、保护和测量的电气设备和元件,它将电能安全地输送和分配到负载,如电路中的开关和导线。

(3) 电路模型与电路图

实际电路在运行过程中的表现相当复杂,如制作一个电阻器是要利用它对电流呈现阻力的性质,然而当电流通过时还会产生磁场。要在数学上精确描述这些现象相当困难。为了用数学的方法从理论上判断电路的主要性能,必须对实际器件在一定条件下,忽略其次要性质,按其主要性质加以理想化,从而得到一系列理想化元件。

这种理想化元件称为实际器件的"器件模型"。

电路中常见的理想化元件主要有:

① 理想电阻元件:只消耗电能,如电阻器、灯泡、电炉等,可以用理想电阻来反映其消耗电能的这一主要特征。

② 理想电容元件:只储存电能,如各种电容器,可以用理想电容来反映其储存电能的特征。

③ 理想电感元件:只储存磁能,如各种电感线圈,可以用理想电感来反映其储存磁能的特征。

电路模型是由若干理想化元件组成的;将实际电路中各个器件用其模型符号表示,这样画出的图称为实际电路的电路模型图,常简称为电路图,如图 2-2-1 所示。

描述实际电路的电路模型图,应注意:

① 实际器件在不同的应用条件下,其模型可以有不同的形式;

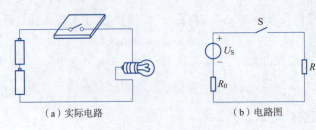

(a)实际电路 (b)电路图

图 2-2-1　实际电路与电路图

②不同的实际器件只要有相同的主要电气特性,在一定的条件下可用相同的模型表示。如灯泡、电炉等在低频电路中都可统一用理想电阻表示。

2. 电路的基本物理量

(1)电流

电荷的定向移动形成电流。电流的方向习惯上指正电荷定向移动的方向,电流的大小常用电流强度来衡量。人们把单位时间内通过导体横截面的电荷量定义为电流强度,简称电流,用符号 i 表示。

设在极短的时间 dt 内,通过导体横截面的电荷量为 dq,则电流为

$$i = \frac{dq}{dt} \tag{2-2-1}$$

在国际单位制中,电流的单位是安培,简称"安",符号是 A。此外,常用的电流单位还有千安(kA)、毫安(mA)和微安(μA),各单位之间的换算关系如下:

$$1\ kA = 10^3\ A, \quad 1\ mA = 10^{-3}\ A, \quad 1\ \mu A = 10^{-6}\ A$$

一般情况下,电流 i 是时间 t 的函数。如果 dq/dt 不随时间变化,即任意时刻,通过导体横截面的电荷量,其大小和方向都不随时间发生变化,则这种电流称为恒定直流,简称直流,常简写为 dc 或 DC,用符号 I 表示。若电流的大小和方向随时间的变化而产生变化,则这种电流称为交变电流,简称交流,常简写为 ac 或 AC,用符号 i 表示。

很显然,对直流电流来说,有

$$I = \frac{q}{t} \tag{2-2-2}$$

习惯上,规定正电荷定向移动的方向(或负电荷定向移动的相反方向)为电流的方向,它在电路中是客观存在的,但在分析复杂的直流电路时,某条支路上的电流的实际方向难以事先确定,或者分析交流电路时,电流的方向会随着时间的变化而产生变化,此时也无法使用一个简单的箭头来表示电流的实际方向。为此,引入了电流的参考方向这一概念,来解决这个问题。人为规定,若电流的参考方向与电流的实际方向一致,则电流为正值;反之,若电流的参考方向与电流的实际方向相反,则电流为负值。因此,在电流的参考方向确定之后,电流的数值才有了正负之分,如图 2-2-2 所示。

(a) $I > 0$ (b) $I < 0$

图 2-2-2　电流的实际方向和参考方向

在这里,要注意区分这两个方向,电流的实际方向指的是正电荷定向移动的方向,是客观存在的;而电流的参考方向是人为假定的正电荷定向移动的方向,它在客观上是不存在的。

对电流的参考方向进行假设时,需要说明的是:原则上电流的参考方向可任意设定,但在习惯上,凡是一眼可看出电流方向的,一般将此方向设为电流的参考方向;而对于看不出具体电流方向的,可以任意设定。

电流总结:

①今后,电路图上只标参考方向。电流的参考方向是任意指定的,一般用箭头在电路图中标出,也可以用双下标表示,如 I_{ab} 表示电流的参考方向是由 a 到 b,I_{ba} 表示电流的参考方向是由 b 到 a,两者之间相差一个负号,即 $I_{ab} = -I_{ba}$。

②电流是个既具有大小又有方向的代数量。在没有设定参考方向的情况下,讨论电流的正负毫无意义。

图 2-2-3 中,给出了几种不同的电流形式,试分析每种电流的特点,并指出它们的类型。

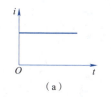
(a)
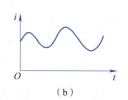
(b)
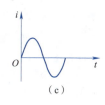
(c)

图 2-2-3　不同形式的电流

(2)电压

在电路分析中用到的另一个物理量是电压。直流电压用符号 U 表示,交流电压用符号 u 表示。那么什么是电压呢?下面来看图 2-2-4 所示电路。

当开关 S 闭合,发现电阻 R 中有电流流过,若电阻 R 代表的是白炽灯,则 S 闭合时灯泡就会发光。灯泡发光的过程中,在电源 E 的作用下,在正电极 a 和负电极 b 之间产生电场,其方向由 a 指向 b,在这个电场的作用下,正电荷从电极 a 经过灯泡流向电极 b,这就是电场力对电荷做了功,为了衡量这个功的大小,引入了电压的概念。电压又称电位差,是衡量电场力做功本领大小的物理量。a、b 两点之间的电压 U_{ab} 在数值上等于电场力把单位正电荷从 a 点移动到 b 点所做的功,记作:

$$U_{ab} = \frac{W_{ab}}{Q} \quad (2\text{-}2\text{-}3)$$

式中,Q 为由 a 点移动到 b 点的电荷量;W_{ab} 为电场力所做的功。

习惯上,规定 a 点为高电位端,记作电压 U_{ab} 的"+"极;b 点为低电位端,记作电压 U_{ab} 的"-"极。两点电位降低的方向称为电压的方向。电场力做功示意图如图 2-2-5 所示。

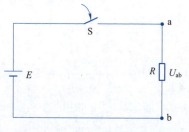

图 2-2-4　白炽灯电路模型

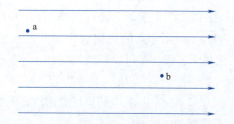

图 2-2-5　电场力做功示意图

在国际单位制中,电压的单位是伏特,简称"伏",符号是 V。此外,常用的电压单位还有千伏(kV)、毫伏(mV)等,各单位之间的换算关系如下:

$$1\ \text{kV} = 10^3\ \text{V}, \quad 1\ \text{mV} = 10^{-3}\ \text{V}$$

类似地,在分析复杂直流电路时,电路中任意两点间电压的实际方向难以事先确定,或者分析交流电路时,电压的方向也会随着时间的变化而产生变化,此时也无法使用一对"+"极、"-"极来表示电压的实际方向。为此,引入了电压的参考方向这一概念,来解决这个问题。人为规定,若电压的参考方向与电压的实际方向一致,则电压为正值,反之,若电压的参考方向与电压的实际方向相反,则电压为负值,如图2-2-6所示。因此,在电压的参考方向确定了之后,电压的数值才有了正负之分。

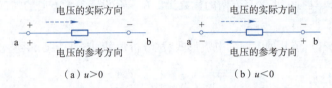

图 2-2-6　电压的实际方向和参考方向

电压总结:

①今后,电路图上只标参考方向。电压的参考方向是任意指定的,一般用"+"极、"-"极在电路图中标出,也可以用双下标表示,如 U_{ab} 表示电压的参考方向是 a 点作为"+"极,b 点作为"-"极;U_{ba} 表示电压的参考方向是 b 点作为"+"极,a 点作为"-"极,两者之间相差一个负号,即 $U_{ab} = -U_{ba}$。

②电压是个既具有大小又有方向的代数量。在没有设定参考方向的情况下,讨论电压的正负毫无意义。

(3) 电动势

电动势是衡量电源转换本领大小的物理量。

在电源内部,非静电力(电源力)做功,不断将正电荷由负极送到正极。电动势的表达式为

$$E = \frac{W}{Q} \tag{2-2-4}$$

式中,E 为电场中某点的电动势;W 为点电荷电势能;Q 为点电荷电量。

电动势方向:在电源内部由负极指向正极。电动势只存在于电源内部。

(4) 电位

物理学中的电位又称电势。

在电路中任选一点为参考点,则某点的电位就为该点到参考点之间的电压,如图2-2-7所示。

在图2-2-7中选取 b 点作为参考点,常用接地符号"⊥"来表示,则 a 点的电位就为 a、b 两点之间的电压 U_{ab},记作 V_a。很容易可以得到:

$$U_{ab} = V_a - V_b \tag{2-2-5}$$

式(2-2-5)也说明,电路里任意两点之间的电压等于这两点之间的电位差。

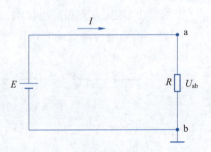

图 2-2-7　电路中的参考点表示方法

(5) 功率

电路分析中常用到的一个复合物理量是电功率,简称功率,用 p 或 P 表示。功率反映的是电能对时间的变化率,数值上等于单位时间内所做的功。

功率的表达式为

$$p = \frac{dw}{dt} \tag{2-2-6}$$

式中,dw 为 dt 时间内电路元件吸取(或消耗)的电能。

在国际单位制中,电压的单位是瓦特,简称"瓦",符号是 W。此外,常用的功率单位还有千瓦(kW)、毫瓦(mW)等,各单位之间的换算关系如下:

$$1 \text{ kW} = 10^3 \text{ W}, \quad 1 \text{ mW} = 10^{-3} \text{ W}$$

下面讨论一段电路中功率与电压、电流的关系。对于二端元件而言,电压的参考极性和电流参考方向的选择有四种可能的方式,如图 2-2-8 所示。其中,图 2-2-8(a)、(b)为关联参考方向,图 2-2-8(c)、(d)为非关联参考方向。

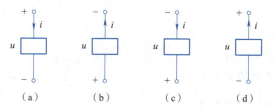

图 2-2-8 二端元件电流、电压参考方向

为了电路分析和计算的方便,常采用电压、电流的关联参考方向,也就是说,当电压的参考极性已经规定时,电流参考方向从"+"指向"-";当电流参考方向已经规定时,电压参考极性的"+"号标在电流参考方向的进入端,"-"号标在电流参考方向的流出端。

若元件上电压与电流的参考方向为关联参考方向,则功率表达式为

$$P = UI \tag{2-2-7}$$

若元件上电压与电流的参考方向为非关联参考方向,则功率表达式为

$$P = -UI \tag{2-2-8}$$

功率 P 表示元件吸收的功率。当 $P > 0$ 时,表示元件实际上是吸收或消耗电能;当 $P < 0$ 时,表示元件实际上释放或提供电能。

3. 直流电路的三种工作状态

电路在工作时,会出现几种不同的工作状态,下面主要讨论电路在开路、短路和在额定状态工作时的特征。

(1) 开路

要保证电路正常工作,要求电路必须构成一个闭合路径,然而闭合路径中的任何一处都有可能断开,从而导致电路无法工作,这种情况称为开路状态。也就是说,电源与负载未构成闭合路径,此时电流 $I = 0$,断开处的电压称为开路电压,用 U_{OC} 来表示。开路有时也称为断路。

在实际生活中,用开关控制电灯的亮与灭,当合上开关后灯泡不亮,说明电路中有开路(断路),即电路中某一处断开了,没有电流通过。

开路特点:开路状态电流为零,负载不工作 $U = IR = 0$,而开路处的端电压 $U_0 = U_S$。

(2) 短路

电路中的某两点没有经过负载而直接由导线连在一起时的状态,称为短路状态。此导线称为短路线,流过短路线的电流称为短路电流,用 I_{SC} 表示。

短路可分为有用短路和故障短路。例如,在测量电路中的电流时常将电流表串联到电路中,为了保护电流表,在不需要用电流表测量时,用闭合开关将电流表两端短路,这种做法称为有用短路;由于接线不当,或线路绝缘老化损坏等情况,使电路中本不应该连接的两点相连,造成电路故障的情况称为故障短路,其中最为严重的是电源短路。

如实际生活中用开关控制电灯的亮与灭时,当合上开关时,电源熔丝马上被烧坏,这是因为电路中有短路(即日常所说的电线相碰),造成电流急剧增大,从而烧毁了熔丝。

电路在短路时,由于电源内阻很小,此时电流 I_{SC} 将很大,瞬间释放热量很大,从而大大超过线路正常工作时的发热量,不仅能烧毁绝缘层,而且有可能使金属熔化,引起可燃物燃烧进而发生火灾。因此,在实际工作中,要经常检查电气设备的使用情况和导线的绝缘情况,避免短路故障的发生。

(3) 额定工作状态

实际的电路元件和电气设备所能承受的电压和电流都有一定的限度,其工作电压、电流、功率都有一个正常的使用数值,这一数值常被称为设备的额定值。

电气设备在额定值时的工作状态称为额定工作状态。在电气设备的铭牌上都有额定值,如额定电压(U_N)、额定电流(I_N)、额定功率(P_N)、额定容量(S_N)等。如一盏电灯上标注的电压是 220 V,功率是 100 W,这就是额定值,也就是说电灯在电压为 220 V(额定电压)下工作,电灯的额定功率为 100 W。若电压低于 220 V,则电灯的功率达不到 100 W,这也就不是额定功率。若电压高于 220 V,则电灯的功率会超出 100 W,如果超出最大功率,则电灯就会烧坏。所以,对于电气设备来说,电压、电流过高,都会使设备烧坏,而电压、电流过低,设备无法发挥自己的能力。最为合理地使用电气设备,就是让其工作在额定工作状态。

例 2-2-1 计算图 2-2-9 所示电路中各元件的功率,指出该元件是吸收电能还是释放电能。

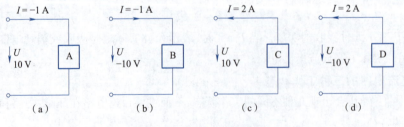

图 2-2-9 例 2-2-1 电路图

解 图 2-2-9(a)中电压、电流为关联参考方向,所以

$P = UI = 10 \times (-1)$ W $= -10$ W < 0 元件 A 产生电能,为电源。

图 2-2-9(b)中电压、电流为关联参考方向,所以

$P = UI = (-10) \times (-1)$ W $= 10$ W > 0 元件 B 吸收电能,为负载。

例 2-2-2 在图 2-2-10 中,方框代表电源或电阻,各电压、电流的参考方向均已设定。已知 $I_1 = 2$ A, $I_2 = 1$ A, $I_3 = -1$ A, $U_1 = 7$ V, $U_2 = 3$ V, $U_3 = -4$ V, $U_4 = 8$ V, $U_5 = 4$ V。求各元件消

耗或向外提供的功率。

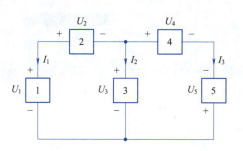

图 2-2-10　例 2-2-2 电路图

解　元件 1、3、4 的电压、电流为关联方向,所以

$$P_1 = U_1 I_1 = 7 \times 2 \text{ W} = 14 \text{ W}(消耗)$$
$$P_3 = U_3 I_2 = -4 \times 1 \text{ W} = -4 \text{ W}(提供)$$
$$P_4 = U_4 I_3 = 8 \times (-1) \text{ W} = -8 \text{ W}(提供)$$

元件 2、5 的电压、电流为非关联方向,所以

$$P_2 = -U_2 I_1 = -3 \times 2 \text{ W} = -6 \text{ W}(提供)$$
$$P_5 = -U_5 I_3 = -4 \times (-1) \text{ W} = 4 \text{ W}(消耗)$$

电路向外提供的总功率为

$$(4 + 8 + 6) \text{ W} = 18 \text{ W}$$

电路消耗的总功率为

$$(14 + 4) \text{ W} = 18 \text{ W}$$

计算结果说明符合能量守恒原理,因此是正确的。

例 2-2-3　有一只额定值为 5 W,500 Ω 的电阻,求其额定电压和额定电流。

解　由 $P = UI = I^2 R$ 得

$$I = \sqrt{\frac{P}{R}} = \sqrt{\frac{5}{500}} \text{ A} = 0.1 \text{ A}$$
$$U = IR = 0.1 \times 500 \text{ V} = 50 \text{ V}$$

在电路分析时,也会用到过载和欠载。当实际电流或功率大于额定值称为过载;小于额定值称为欠载。

例 2-2-4　如图 2-2-11 所示电路,XMM1 表所示为 R1 电阻两端的电压,XMM3 表所示为 R2 电阻两端的电压,XMM4 表所示为 R3 电阻两端的电压,XMM2 表所示为整个电路中的电流。根据每个万用表的方向及数值,指出每个电压和电流的实际方向,计算图中所有元件的功率,指出该元件是消耗电能还是提供电能,并用是否满足能量守恒原理来验证答案。

解　由图 2-2-11 所示,万用表 XMM2 的读数为 -1 mA,万用表 XMM2 上的参考电流方向为从右到左,则推出整个电路中的实际电流大小为 1 mA,实际电流方向为逆时针方向。根据三个电阻两端万用表的连接方向和表头数值,可以得到三个电阻两端参考电压方向及参考电压值。最后根据各元件参考电压的方向和参考电流的方向,图中取关联参考方向的元件为 V2,图中取非关联参考方向的元件为 V1、R1、R2、R3,故

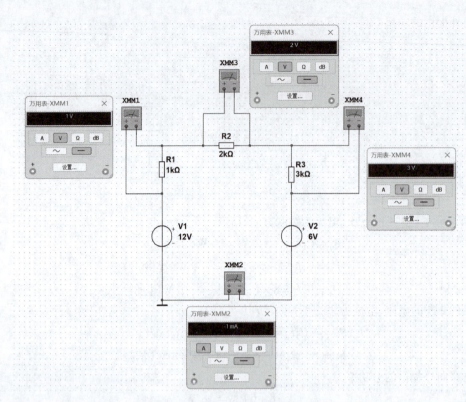

图 2-2-11 例 2-2-4 仿真电路

$$P_{V1} = -U_{V1}I = -6 \times (-1) \text{ mW} = 6 \text{ mW}(消耗)$$
$$P_{R1} = -U_{R1}I = -1 \times (-1) \text{ mW} = 1 \text{ mW}(消耗)$$
$$P_{R2} = -U_{R2}I = -2 \times (-1) \text{ mW} = 2 \text{ mW}(消耗)$$
$$P_{R3} = -U_{R3}I = -3 \times (-1) \text{ mW} = 3 \text{ mW}(消耗)$$
$$P_{V2} = U_{V2}I = 12 \times (-1) \text{ mW} = -12 \text{ mW}(提供)$$

总功率全部加起来结果为 0,满足能量守恒原理。

练一练:(1)如图 2-2-12 所示,已知 $I_1 = 10$ A, $I_2 = -2$ A, $I_3 = 8$ A。试确定 I_1、I_2、I_3 的实际方向。

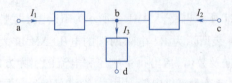

图 2-2-12 练一练(1)电路图

(2)图 2-2-13 所示的各元件均为负载(消耗电能),其电压、电流的参考方向如图中所示。已知各元件端电压的绝对值为 5 V,通过的电流绝对值为 4 A。要求:①若电压参考方向与实际方向相同,判断电流的正负;②若电流的参考方向与实际方向相同,判断电压的正负。

(3)若图 2-2-13 中各元件电压、电流为参考方向,已知图 2-2-13(a) $U = 10$ V, $I = 2$

A;图 2-2-13(b) $U = -10$ V, $I = -2$ A;图 2-2-13(c) $U = -10$ V, $I = 2$ A;图 2-2-13(d) $U = 10$ V, $I = -2$ A。求各元件的功率,并判断它们分别是电源还是负载。

(4)在图 2-2-14 所示电路中,已知 $U_1 = 1$ V, $U_2 = -6$ V, $U_3 = -4$ V, $U_4 = 5$ V, $U_5 = -10$ V, $I_1 = 1$ A, $I_2 = -3$ A, $I_3 = 4$ A, $I_4 = -1$ A, $I_5 = -3$ A。求各元件消耗或向外提供的功率,并验证能量守恒原理。

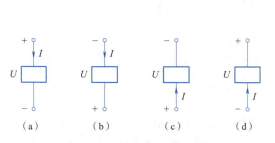

图 2-2-13 练一练(2)电路图

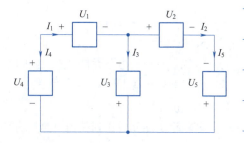

图 2-2-14 练一练(3)电路图

4. 电阻元件与欧姆定律

(1)欧姆定律

对于任何元件,加在元件上的电压和流过元件的电流必然存在一定的函数关系。德国科学家欧姆通过科学实验总结出:二端耗能元件(如电炉、白炽灯)上的电压 $u(t)$ 与电流 $i(t)$ 成正比,即

$$u(t) = Ri(t) \tag{2-2-9}$$

式中,R 是比例常数。这一规律称为欧姆定律。

式(2-2-9)为电压与电流关联参考方向下(即电压和电流的参考方向一致的条件下)欧姆定律的表达式。

若电阻元件上电压、电流为非关联参考方向,则欧姆定律的表达式为

$$u(t) = -Ri(t) \tag{2-2-10}$$

式中,比例常数 R 就是表征导体对电流呈现阻碍作用的电路参数,称为电阻。具有电阻性质的二端元件称为电阻元件,简称电阻。因此,"电阻"这一名词有时指元件,有时指元件的参数。电阻的单位是欧姆,简称"欧",符号是 Ω。

$$欧姆(\Omega) = \frac{伏特(V)}{安培(A)} \tag{2-2-11}$$

式(2-2-11)说明:当电阻元件上的电压为 1 V,通过电阻的电流为 1 A 时,该电阻元件的电阻值便是 1 Ω。对大电阻常用千欧(kΩ)或兆欧(MΩ)作为单位。

改写式(2-2-11),可得

$$i(t) = \frac{u(t)}{R} \tag{2-2-12}$$

式(2-2-12)说明:流过电阻的电流与加在电阻上的电压成正比,与电阻的阻值成反比。

式(2-2-12)中电阻的倒数称为电导,是表征元件导电能力强弱的电路参数,用符号 G 表示,即

$$G = \frac{1}{R} \tag{2-2-13}$$

电导的单位是西门子,简称"西",用符号 S 表示。

(2) 电阻元件的伏安特性

在电路分析中,往往通过元件(或部件)上的电压 $u(t)$ 与电流 $i(t)$ 的函数关系来描述元件的特性,这一关系称为伏安特性,又称伏安关系,用 VAR 表示。对于电阻元件,如果其阻值大小与所加的电压大小和流过的电流大小无关,其伏安关系必然符合欧姆定律,这种电阻称为线性电阻。线性电阻的伏安关系曲线如图 2-2-15 所示。图中直线的斜率就等于电阻值,即

$$\tan \alpha = R = \frac{u(t)}{i(t)} \tag{2-2-14}$$

5. 电源元件

电源是有源的电路元件,它是各种电能量(电功率)产生器的理想化模型。电源又可以分为电压源和电流源。

(1) 电压源

若一个二端元件接到任何电路后,该元件两端电压总能保持给定的时间函数 $u_S(t)$,与通过它的电流大小无关,则此二端元件称为电压源。电源在产生电能的同时,也有能量的消耗,例如干电池有电流输出时电池本身发热,这时电池的端电压小于输出电流为零时的端电压,这种电源称为实际电源。在理想状态下,电源产生电能时不消耗电能,这种电源称为理想电源。理想电源是不存在的,只是在理论分析中抽象化的电源。

① 理想电压源。理想电压源电路模型及伏安特性图如图 2-2-16 所示。

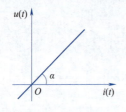
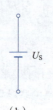
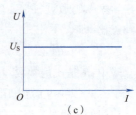

图 2-2-15　线性电阻的伏安关系曲线　　　图 2-2-16　理想电压源电路模型及伏安特性图

图 2-2-17(a)、(b) 表示电压源未接外电路,即开路状态,$i=0$。图 2-2-17(c) 表示电压源接通外电路,且外电路电流为 i_1。

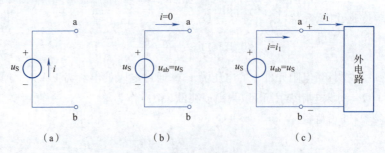

图 2-2-17　理想电压源外特性模型

② 实际电压源。实际的电压源,其端电压随着电流变化而变化。例如,当电池接上负载后,通过电压表来测量电池两端的电压,发现其电压会降低,这是由于电池内部有电阻的缘故,所以电池不是一个理想的电压源。可以用图 2-2-18 所示的方法来表示实际的电压源,即用一个电阻与电压源串联组合来表示,这个电阻称为电源内阻,其电压与电流的关系可以用

$U = U_S - Ir$ 来表示。

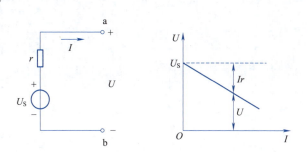

图 2-2-18 实际电压源电路模型图及外特性曲线图

③电压源的性质：

a. 电压源端电压是定值或是一定的时间函数，与流过的电流无关，当 $U_S = 0$，电压源相当于短路。

b. 电压源的电压是由它本身决定的，流过它的电流则是任意的，由电压源与外电路共同决定。

注意：理想电压源在现实中是不存在的；实际电压源不能随意短路。

（2）电流源

①理想电流源。电源除了用电压源模型表示外，还可以用电流源模型来表示。理想电流源也是一个二端理想元件，简称电流源。电流源具有以下两个特点：

a. 通过电流源的电流是定值或者是时间 t 的函数 $i(t)$，与外电路无关；

b. 电流源的端电压取决于外电路。

理想电流源电路模型及伏安特性图如图 2-2-19 所示。图 2-2-19（a）中，I_S 表示电流源的电流大小，箭头所指方向为 I_S 的参考方向。

在工程实际中，电流源不允许断路。

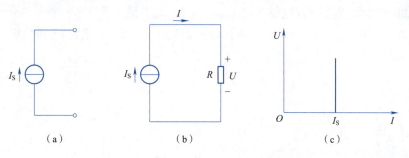

图 2-2-19 理想电流源电路模型及伏安特性图

②实际电流源。理想电流源是一种理想元件。一般实际电源的输出电流是随着端电压的变化而变化的。例如，实际的光电池即使没有与外电路接通，还是有电流在内部流动。可见，实际电流源可以用一个理想电流源 I_S 和内阻 r 相并联的模型来表示，如图 2-2-20 所示。

6. 电路中电位的定义与计算

（1）电位的定义

在电路中任选一点作为参考点，当电路中零电位点（参考点）规定之后（通常设参考点的电位为零,记为"$V_0 = 0$"),电路中任一点与零电位点之间电压(电位差),就是该点的电位,记为"V_X"。

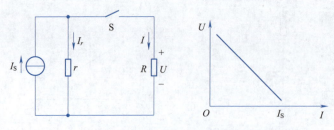

图 2-2-20　实际电流源电路模型图及外特性曲线图

电位参考点的选择方法:
①在工程中常选大地作为电位参考点;
②在电子线路中,常选一条特定的公共线或机壳作为电位参考点。
例如:有些设备的机壳是需要接地的,这时凡与机壳连接的各点均为零电位。有些设备的机壳虽然不一定真的和大地连接,但很多元件都要汇集到一个公共点,为了方便,可规定这一公共点为零电位。
在电路中,通常用符号"⊥"标出电位参考点。
电路中某一点 M 的电位 V_M 就是该点到电位参考点 A 的电压,也即 M、A 两点间的电位差,即 $V_M = U_{MA}$。

注意:某点电位为正,说明该点电位比参考点高;某点电位为负,说明该点电位比参考点低。

电位定义的补充:电位的定义是电荷在电场中某一点位置所具有的电位能,其大小等于电荷从该点移到参考点时电场力所做的功。

(2)电位的分析和计算
下面通过例题说明如何用电位形式简化电路图和电位的各种计算方法。
如图 2-2-21 所示,图 2-2-21(a)可简化为图 2-2-21(b)所示的电路,不画电源,各端标以该点的电位值。

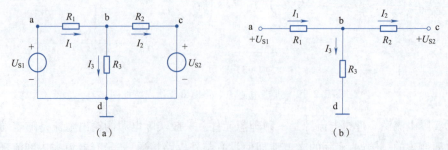

图 2-2-21　电位形式简化电路图

例 2-2-5　图 2-2-21 所示电路中以 c 点作为参考点时,电路中 $U_{ab} = 1\ \text{V}$,$U_{bc} = 1\ \text{V}$,求 V_a、V_b、V_c 和 U_{ac}。若以 b 点为参考点,则 V_a、V_b、V_c 和 U_{ac} 又为多少?

解　以 c 点为参考点,则 $V_c = 0\ \text{V}$,

又 $U_{bc} = V_b - V_c$，得 $V_b = U_{bc} - V_c = 1$ V，
同理，$U_{ab} = V_a - V_b$，得 $V_a = U_{ab} - V_b = 2$ V，
而 $U_{ac} = V_a - V_c = 2$ V。

若以 b 点为参考点，则 $V_b = 0$ V，
而 $U_{ab} = V_a - V_b$，得 $V_a = U_{ab} - V_b = 1$ V，
又 $U_{bc} = V_b - V_c$，得 $V_b = U_{bc} - V_c = -1$ V，
而 $U_{ac} = V_a - V_c = 2$ V。

电路中参考点的位置可以任意设定，当参考点选定后，电路当中各点的电位也就随之确定了，若参考点的位置发生了变化，电路中各点的电位也会随之发生改变，但电路中任意两点之间的电压始终不变。即电路中两点间的电位差(即电压)是绝对的，不随电位参考点的变化发生变化，即电压值与电位参考点无关；而电路中某一点的电位则是相对电位参考点而言的，电位参考点不同，该点电位值也将不同。

例 2-2-6 对图 2-2-22 所示电路，求 S 断开和闭合两种情况下，a 点的电位 V_a。

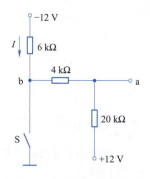

图 2-2-22　例 2-2-6 电路图

解 ①当 S 断开时，电路为单一支路，三个电阻上流过同一电流，因此可得下式：

$$\frac{-12 - V_a}{(6+4) \times 10^3} = \frac{V_a - 12}{20 \times 10^3}$$

$$V_a = -4 \text{ V}$$

②当 S 闭合时，则 $V_b = 0$ V，4 kΩ 和 20 kΩ 电阻上流过同一电流，因此

$$\frac{V_b - V_a}{4 \times 10^3} = \frac{V_a - 12}{20 \times 10^3}$$

$$V_a = 2 \text{ V}$$

练一练：

(1)如图 2-2-23 所示电路，在指定的电压 U 和电流 I 参考方向下，写出各元件 U 和 I 的约束方程。

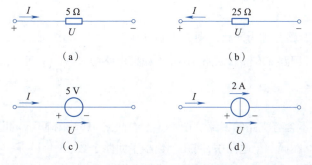

图 2-2-23　练一练(1)电路图

练一练参考答案

(2)求图 2-2-24 所示电路中的电压 U 和电流 I。

(3)在图 2-2-25 所示电路中，求 a、b、c 各点的电位。

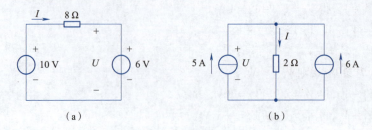

图 2-2-24　练一练(2)电路图

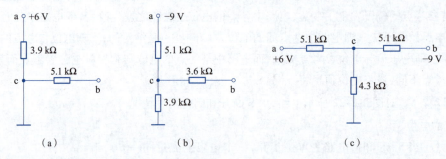

图 2-2-25　练一练(3)电路图

三、基尔霍夫定律

在介绍基尔霍夫定律之前,先介绍电路中几个常用的名词术语：

(1) 支路

电路中能通过同一电流的每个分支称为支路。如图 2-3-1 中 a1b、a2b 和 a3b 都是支路。其中,支路 a1b 和 a2b 中含有电源,称为有源支路(或含源支路)；支路 a3b 中没有电源,称为无源支路。

(2) 节点

电路中三条或三条以上支路的连接点称为节点。图 2-3-1 中有两个节点,即节点 a 和节点 b。

(3) 回路

电路中任一闭合路径称为回路。图 2-3-1 中有三个

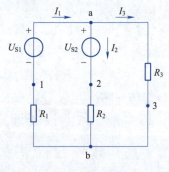

图 2-3-1　基尔霍夫定律电路示意图

回路,即回路 a1b2a、回路 a2b3a 和回路 a1b3a。如果电路中只有一个回路,这样的电路称为单回路电路。

(4) 网孔

网孔是指其中不含有支路的回路。图 2-3-1 中回路 a1b2a 和回路 a2b3a 是网孔,而回路 a1b3a 则不是网孔。在同一个电路中,网孔个数小于回路个数。

1. 基尔霍夫电流定律(KCL)

基尔霍夫电流定律是指在电路中任一时刻流入一个节点的电流之和等于从该节点流出的电流之和。它的依据是电流连续性原理,也就是说,在电路中任一点上,任何时刻都不会产生电荷的堆积或减少现象。

对图 2-3-1 中节点 a,根据 KCL 可得

$$I_1 = I_2 + I_3 \quad \text{或} \quad I_1 - I_2 - I_3 = 0$$

写成一般形式,即

$$\sum I = 0 \qquad (2\text{-}3\text{-}1)$$

对于交变电流则有

$$\sum i = 0 \qquad (2\text{-}3\text{-}2)$$

如图 2-3-2 所示电路图,是截取某一电路中的一个节点,在给定的电流参考方向下,已知 $I_1 = 1$ A,$I_2 = -2$ A,$I_3 = 4$ A,试求出 I_4。根据 KCL,写出方程 $-I_1 + I_2 + I_3 - I_4 = 0$,代入已知数据 $-1 + (-2) + 4 - I_4 = 0$,得 $I_4 = 1$ A。

如图 2-3-3 所示电路,用点画线线框对三角形电路作一闭合面,根据图上各电流的参考方向,列出 KCL 方程,则有 $I_1 + I_2 + I_3 = 0$。对电路中 a、b 和 c 三个节点列出 KCL 方程,得 $I_1 - I_a + I_c = 0$,$I_2 + I_a - I_b = 0$,$I_3 + I_b - I_c = 0$,将上述三式相加得 $I_1 + I_2 + I_3 = 0$。可见,将 KCL 推广到电路中任一闭合面时仍是正确的。

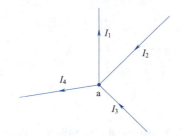

图 2-3-2　基尔霍夫电流定律示意图

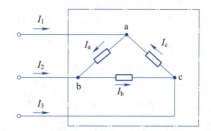

图 2-3-3　基尔霍夫电流定律(推广)示意图

2. 基尔霍夫电压定律(KVL)

基尔霍夫电压定律确定了电路中回路内各段电压之间的关系。KVL 指出:任一时刻,电路中任一回路内,各段电压的代数和等于零,即

$$\sum U = 0 \qquad (2\text{-}3\text{-}3)$$

对于交变电压有

$$\sum u = 0 \qquad (2\text{-}3\text{-}4)$$

图 2-3-4 给出某电路中的一个回路,其电流、电压的参考方向及回路绕行方向在图上已标出。

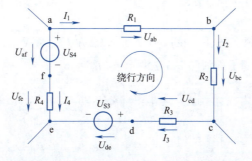

图 2-3-4　基尔霍夫电压定律示意图

根据 KVL 可列出下列方程：

$$U_{ab} + U_{bc} + U_{cd} + U_{de} - U_{fe} - U_{af} = 0$$

或

$$U_{ab} + U_{bc} + U_{cd} + U_{de} = U_{fe} + U_{af} \qquad (2\text{-}3\text{-}5)$$

上式表明，电路中两点间（例如，a 点和 e 点）的电压值是确定的。不论沿哪条路径，两节点间的电压值是相同的。所以，基尔霍夫电压定律实质上是电压与路径无关性质的反映。如果把各元件的电压和电流约束关系代入，对于图 2-3-4 所示电路，可以写出 KVL 的另一种表达式。如将 $U_{ab} = I_1 R_1, U_{bc} = I_2 R_2, U_{cd} = I_3 R_3, U_{de} = U_{S3}, U_{fe} = I_4 R_4, U_{af} = U_{S4}$ 代入式(2-3-5)并整理可得

$$I_1 R_1 + I_2 R_2 + I_3 R_3 - I_4 R_4 = U_{S4} - U_{S3}$$

或

$$\sum_{k=1}^{n} I_k R_k = \sum_{k=1}^{n} U_{Sk} \qquad (2\text{-}3\text{-}6)$$

基尔霍夫电压定律不仅可以用在任一闭合回路，还可推广到任一不闭合的电路上，但要将开口处的电压列入方程。

如图 2-3-5 所示电路，在 a、b 点处没有闭合，沿绕行方向一周，根据 KVL 则有

$$I_1 R_1 + I_2 R_2 + U_{S1} - U_{S2} - U_{ab} = 0$$

或

$$U_{ab} = I_1 R_1 + I_2 R_2 + U_{S1} - U_{S2}$$

由此可得到任何一段含源支路的电压和电流的表达式。

如图 2-3-6 所示电路，a、b 两端的电压，其实就相当于一个不闭合电路开口处的电压，根据 KVL 可得

$$U_{ab} = IR + U_S \qquad (2\text{-}3\text{-}7)$$

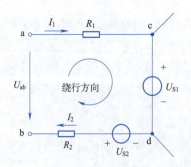

图 2-3-5　基尔霍夫电压定律（推广）示意图

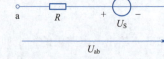

图 2-3-6　任意含源支路电路图

例 2-3-1　一段有源支路 ab，如图 2-3-7 所示，已知 $U_{S1} = 6\text{ V}, U_{S2} = 14\text{ V}, U_{ab} = 5\text{ V}, R_1 = 2\ \Omega, R_2 = 3\ \Omega$，设电流参考方向如图 2-3-7 所示，求 I。

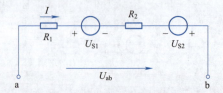

图 2-3-7　例 2-3-1 电路图

解 这一段有源支路可看成是一个单回路电路,开口 a、b 处可看成是一个电压大小为 U_{ab} 的电压源,那么根据 KVL,选择顺时针绕行方向可得

$$IR_1 + U_{S1} + IR_2 - U_{S2} - U_{ab} = 0$$

$$I = \frac{U_{ab} + U_{S2} - U_{S1}}{R_1 + R_2} = \frac{5 + 14 - 6}{2 + 3} \text{A} = 2.6 \text{A}$$

通过求解本题可知,从 a 到 b 的电压降 U_{ab} 应等于由 a 到 b 路径上全部电压降的代数和。

练一练:

(1) 求图 2-3-8 中各有源支路中的未知量。图 2-3-8(d) 中 P_{IS} 表示电流源的功率。

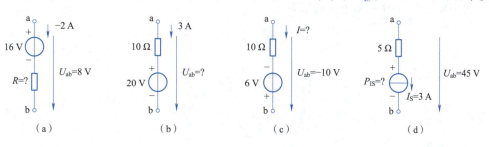

图 2-3-8 练一练(1)电路图

(2) 求图 2-3-9 中 a、b 两点间的电压 U_{ab}。

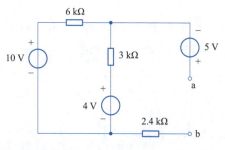

图 2-3-9 练一练(2)电路图

四、电阻、电源等效定理

1. 电阻等效定理

(1) 电阻的串联电路

图 2-4-1 所示为电阻 R_1、R_2 和 R_3 相串联的电路,a、b 两端外加电压 U,各电阻上流过同一电流 I,其参考方向如图 2-4-1 所示。

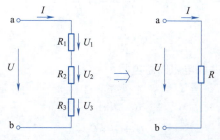

图 2-4-1 串联电阻模型

根据 KVL,可列出:
$$U = U_1 + U_2 + U_3 = IR_1 + IR_2 + IR_3 = IR$$
式中,R 称为串联等效电阻,又称串联电阻的总电阻。
$$R = R_1 + R_2 + R_3$$
其一般形式为
$$R = \sum_{k=1}^{n} R_k \tag{2-4-1}$$
可见电阻串联时其等效电阻等于各个电阻之和。

电阻串联时,各个电阻上的电压为
$$\begin{cases} U_1 = IR_1 = \dfrac{U}{R} \cdot R_1 = \dfrac{R_1}{R} U \\ U_2 = IR_2 = \dfrac{U}{R} \cdot R_2 = \dfrac{R_2}{R} U \\ U_3 = IR_3 = \dfrac{U}{R} \cdot R_3 = \dfrac{R_3}{R} U \end{cases} \tag{2-4-2}$$

其一般形式为
$$U_k = \frac{R_k}{R} U \quad (k = 1, 2, \cdots, n) \tag{2-4-3}$$

(2)电阻的并联电路

图 2-4-2 所示为电阻 R_1、R_2 和 R_3 相并联的电路。a、b 两端外加电压 U,总电流为 I,各支路电流分别为 I_1、I_2 和 I_3,其参考方向如图 2-4-2 所示。

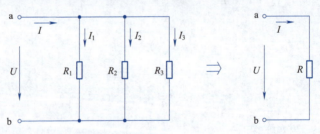

图 2-4-2 并联电阻模型

根据 KCL,可列出:
$$I = I_1 + I_2 + I_3 = \frac{U}{R_1} + \frac{U}{R_2} + \frac{U}{R_3}$$
$$= U \left(\frac{1}{R_1} + \frac{1}{R_2} + \frac{1}{R_3} \right) \tag{2-4-4}$$
$$= U \cdot \frac{1}{R}$$

式中,R 为并联等效电阻或并联电阻的总电阻。
$$\frac{1}{R} = \frac{1}{R_1} + \frac{1}{R_2} + \frac{1}{R_3} \tag{2-4-5}$$
$$G = G_1 + G_2 + G_3$$

其一般形式为

$$G = \sum_{k=1}^{n} G_k \qquad (2\text{-}4\text{-}6)$$

可见几个电阻并联时,其等效电导等于各个电导之和。

电导与电阻的关系式为

$$R = \frac{1}{G} \qquad (2\text{-}4\text{-}7)$$

对于两个电阻的并联,其等效电阻为

$$R = \frac{R_1 R_2}{R_1 + R_2} \qquad (2\text{-}4\text{-}8)$$

对于两个电阻的并联,通过各个电阻的电流为

$$I_1 = \frac{U}{R_1} \qquad (2\text{-}4\text{-}9)$$

$$I_2 = \frac{U}{R_2} \qquad (2\text{-}4\text{-}10)$$

而

$$U = IR = I \frac{R_1 R_2}{R_1 + R_2} \qquad (2\text{-}4\text{-}11)$$

同理,可得

$$\begin{cases} I_1 = I \times \dfrac{R_2}{R_1 + R_2} = \dfrac{R}{R_1} I \\ I_2 = I \times \dfrac{R_1}{R_1 + R_2} = \dfrac{R}{R_2} I \end{cases} \qquad (2\text{-}4\text{-}12)$$

式(2-4-12)说明,电阻并联电路中各支路电流反比于该支路的电阻。式(2-4-12)称为电阻并联电路的分流公式。

(3)电阻的混联电路

在电路中,电阻的连接有时既不是串联也不是并联,如图 2-4-3(a)所示,R_1、R_2 和 R_3 及 R_1、R_2 和 R_4 这两组电阻的连接就不能用串、并联来等效。把电阻 R_1、R_2 和 R_3 的连接方式称为星形联结或丫联结,这三个电阻的一端接在同一点(c 点),另一端分别接到三个不同的端钮上(a,d,b)。把 R_1、R_2 和 R_4 的连接方式称为三角形联结或△联结。

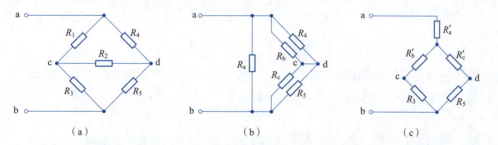

图 2-4-3 电阻的星形联结与三角形联结

当电路中出现电阻的丫联结或△联结时,就不能用简单的串、并联来等效。如果把图 2-4-3(a)中按星形联结的 R_1、R_2 和 R_3 这三个电阻等效变换按三角形联结的 R_a、R_b 和 R_c 时,如图 2-4-3(b)所示,则端钮 a、b 之间的等效电阻就可以用串联、并联公式求得。同样,若把图 2-4-3(a)中 R_1、R_2 和 R_4 等效变换成图 2-4-3(c)中 R'_a、R'_c 和 R'_b,那么 a、b 间的等效电阻

R_{ab} 也就不难求出了。

现以图 2-4-4 为例,若将电阻三角形联结等效互换为星形联结,其等效变换公式如下:

$$\begin{cases} R_1 = \dfrac{R_{12}R_{31}}{R_{12}+R_{23}+R_{31}} \\ R_2 = \dfrac{R_{23}R_{12}}{R_{12}+R_{23}+R_{31}} \\ R_3 = \dfrac{R_{31}R_{23}}{R_{12}+R_{23}+R_{31}} \end{cases} \qquad (2\text{-}4\text{-}13)$$

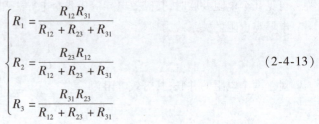
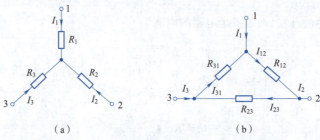

(a) (b)

图 2-4-4 电阻的星形联结与三角形联结的等效变换

若将电阻的星形联结等效互换为三角形联结,其等效变换公式如下:

$$\begin{cases} R_{12} = \dfrac{R_1R_2+R_2R_3+R_3R_1}{R_3} = R_1+R_2+\dfrac{R_1R_2}{R_3} \\ R_{23} = \dfrac{R_1R_2+R_2R_3+R_3R_1}{R_1} = R_2+R_3+\dfrac{R_2R_3}{R_1} \\ R_{31} = \dfrac{R_1R_2+R_2R_3+R_3R_1}{R_2} = R_1+R_3+\dfrac{R_1R_3}{R_2} \end{cases} \qquad (2\text{-}4\text{-}14)$$

若星形联结的三个电阻相等,即 $R_1 = R_2 = R_3 = R_Y$,则等效互换为三角形联结的电阻也相等,即

$$R_{12} = R_{23} = R_{31} = R_\triangle = 3R_Y \qquad (2\text{-}4\text{-}15)$$

反之,若三角形联结的三个电阻相等,即 $R_{12} = R_{23} = R_{31} = R_\triangle$,则等效互换为星形联结的三个电阻也相等,即

$$R_1 = R_2 = R_3 = R_Y = \dfrac{1}{3}R_\triangle \qquad (2\text{-}4\text{-}16)$$

星形网络与三角形网络的等效互换,在后面的三相电路中有着重要的应用。

例 2-4-1 设 $R_1 = R_4 = 3\ \Omega$,$R_2 = R_3 = 6\ \Omega$,分别计算图 2-4-5(a)中开关 S 打开与闭合时的等效电阻 R_{ab}。

解 由图 2-4-5(b)可知,S 闭合时,可将 c 与 d 视为同一点,故等效电阻为

$$R_{ab} = R_1 /\!/ R_2 + R_3 /\!/ R_4 = \dfrac{R_1R_2}{R_1+R_2} + \dfrac{R_3R_4}{R_3+R_4},\text{代入数值后得 } R_{ab} = 4\ \Omega。$$

由图 2-4-5(c)可知,S 断开后,R_1 和 R_3 串联,R_2 和 R_4 串联,然后再并联,故等效电阻为

$$R_{ab} = (R_2+R_4)/\!/(R_1+R_3) = \dfrac{(R_1+R_3)\times(R_2+R_4)}{(R_1+R_3)+(R_2+R_4)},\text{代入数值后得 } R_{ab} = 4.5\ \Omega。$$

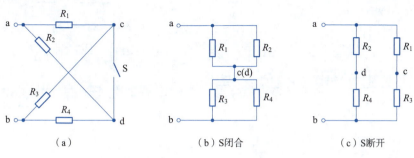

(a)　　　　　　　(b) S闭合　　　　　(c) S断开

图 2-4-5　例 2-4-1 电路图

例 2-4-2 对图 2-4-6(a)所示桥式电路,求 1、2 两端的等效电阻 R_{12}。

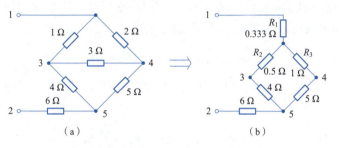

(a)　　　　　　　　　　　(b)

图 2-4-6　例 2-4-2 电路图

解 ①将图 2-4-6(a)中 1 Ω、2 Ω、3 Ω 构成的三角形网络用等效星形网络代替得

$$R_1 = \frac{1 \times 2}{1+2+3} = \frac{1}{3} = 0.333 \ \Omega$$

$$R_2 = \frac{1 \times 3}{1+2+3} = \frac{1}{2} = 0.5 \ \Omega$$

$$R_3 = \frac{2 \times 3}{1+2+3} = 1 \ \Omega$$

相应的等效电路如图 2-4-6(b)所示,然后用电阻的串、并联方法求得

$$R_{12} = \left(0.333 + \frac{4.5 \times 6}{4.5+6} + 6\right) \Omega = 8.9 \ \Omega$$

②另一种方法是把Y联结用等效△联结替代。

先把图 2-4-6(a)中 1 Ω、3 Ω、4 Ω 构成的Y联结变换成△联结。

$$R_{14} = \left(1 + 3 + \frac{1 \times 3}{4}\right) \Omega = 4.75 \ \Omega$$

$$R_{45} = \left(3 + 4 + \frac{3 \times 4}{1}\right) \Omega = 19 \ \Omega$$

$$R_{51} = \left(1 + 4 + \frac{1 \times 4}{3}\right) \Omega = 6.33 \ \Omega$$

再利用电阻串、并联公式化简求得

$$R_{12} = \left[6 + \frac{6.33 \times (1.4+3.96)}{6.33+(1.4+3.96)}\right] \Omega = 8.9 \ \Omega$$

练一练:求图 2-4-7 中的等效电阻 R_{ab}。

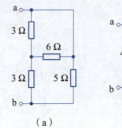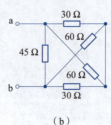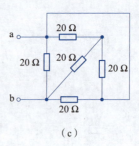

图 2-4-7 练一练电路图

2. 电源模型的等效变换

（1）电压源、电流源的串联和并联

在电路中经常会遇到电源的串联或并联。当几个电压源串联时，可以用一个电压源来等效替代，如图 2-4-8(a)所示，其等效电压源的电压为

$$U_S = U_{S1} + U_{S2} + \cdots + U_{Sn} = \sum_{k=1}^{n} U_{Sk} \tag{2-4-17}$$

当 n 个电流源并联时，则可以用一个电流源来等效替代，如图 2-4-8(b)所示，这个等效的电流源的电流为

$$I_S = I_{S1} + I_{S2} + \cdots + I_{Sn} = \sum_{k=1}^{n} I_{Sk} \tag{2-4-18}$$

图 2-4-8(a)中，若某个电压源方向改变，按式(2-4-17)计算时，其符号也要由正变负，对电流源并联时也有类似的结论。

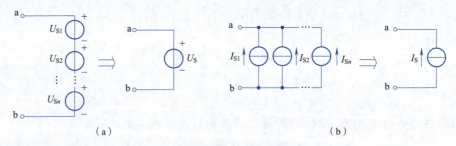

图 2-4-8 电压源的串联和电流源的并联等效图

（2）实际电压源和实际电流源的外部等效

所谓外部等效，就是要求当与外电路相连的端钮 a、b 之间具有相同的电压时，端钮上的电流必须大小相等，参考方向相同，如图 2-4-9 所示。

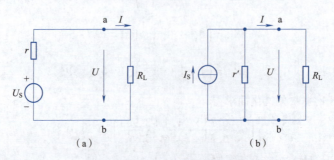

图 2-4-9 电源等效变换电路图

图 2-4-9（a）中，电压源的外特性为

$$U = U_S - Ir \tag{2-4-19}$$

即

$$I = \frac{U_S}{r} - \frac{U}{r} \tag{2-4-20}$$

图 2-4-9（b）中，电流源的外特性为

$$U = I_S r' - Ir' \tag{2-4-21}$$

根据等效的要求，只要满足 $U_S = I_S r'$ 以及 $r = r'$，则图 2-4-9 所示两外电路的特性就完全相同，即它们对外电路是等效的，两者可以互相置换。因此，当已知电压源的 U_S 和 r 时，可等效为 $I_S = \dfrac{U_S}{r}$ 和 $r' = r$ 的电流源；反之，已知电流源的 I_S 和 r' 时，也可以用 $U_S = I_S r'$ 和 $r = r'$ 的电压源来等效。

（3）理想电压源并联二端元件等效电路

如图 2-4-10 所示，理想电压源与任何二端元件（或支路）并联可等效为该理想电压源，即与理想电压源并联的二端元件（或支路）对外电路来说不起作用。

图 2-4-10　理想电压源并联二端元件等效电路

（4）理想电流源串联二端元件等效电路

如图 2-4-11 所示，理想电流源与任何二端元件（或支路）串联可等效为该理想电流源，即与理想电流源串联的二端元件（或支路）对外电路来说不起作用。

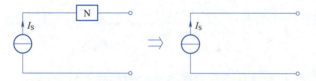

图 2-4-11　理想电流源串联二端元件等效电路

例 2-4-3　画出图 2-4-12 所示电路的等效电源图。

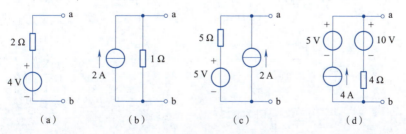

图 2-4-12　例 2-4-3 电路图

解　①图 2-4-12（a）所示为一电压源，可等效变换为如图 2-4-13 所示的电流源。
②图 2-4-12（b）所示为一电流源，可等效变换为如图 2-4-14 所示的电压源。

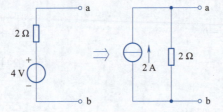 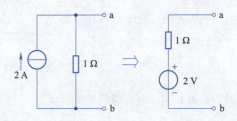

图 2-4-13　例 2-4-3(a)等效图　　　　图 2-4-14　例 2-4-3(b)等效图

③先将图 2-4-12(c)中电压源变换为电流源,再与 2 A 电流源并联成一个电流源,如图 2-4-15 所示。

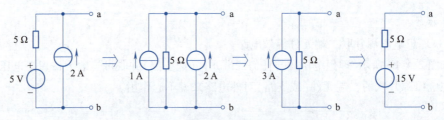

图 2-4-15　例 2-4-3(c)等效图

④将图 2-4-12(d)中 5 V 电压源用短路线代替,不影响它所在这段电路的电流大小,因此图 2-4-12(d)所示电路可等效为图 2-4-16 所示电路。

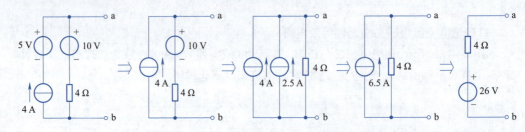

图 2-4-16　例 2-4-3(d)等效图

练一练：请画出图 2-4-17 所示电路中的等效电压源。

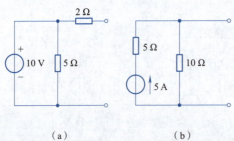 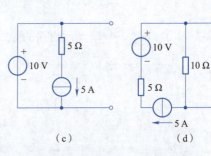

(a)　　　　　　(b)　　　　　　(c)　　　　　　(d)

图 2-4-17　练一练电路图

五、叠加定理

在线性电阻电路中,任一支路电流(或支路电压)都是电路中各个独立电源单独作用时在该支路产生的电流(或电压)的叠加。这一规律称为叠加定理。

例 2-5-1 图 2-5-1(a)所示电路中,有电压源和电流源共同作用。已知 $U_S = 10$ V, $I_S = 1$ A, $R_1 = 2$ Ω, $R_2 = 3$ Ω, $R = 1$ Ω, 试用叠加定理求各支路电流。

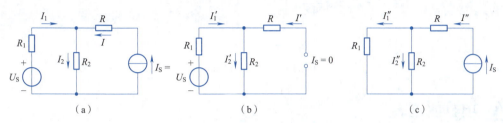

图 2-5-1 例 2-5-1 电路图

解 ①首先将原电路分解成每一个电源单独作用时的电路模型。图 2-5-1(b)为电压源 U_S 单独作用时的电路模型。由于电流源不作用,即令 $I_S = 0$,所以电流源开路。图 2-5-1(c)为电流源单独作用时的电路模型。此时电压源 U_S 不作用,令 $U_S = 0$,所以电压源短路。图 2-5-1(a)所示电路中任一支路的电流(或电压)是图 2-5-1(b)、(c)中相应支路电流(或电压)的叠加,并且要把待求量的参考方向标在图上,以便于叠加。

②按每一个电源单独作用时的电路模型求出每条支路的电流或电压。

由图 2-5-1(b)求出电压源单独作用时各支路电流:

因为电流源开路,所以

$$I' = 0$$

由图 2-5-1(c)求出电流源单独作用时各支路电流:

$$I'' = I_S = 1 \text{ A}$$

又因为 R_1 和 R_2 并联,利用分流公式得

$$I_1'' = \frac{R_2}{R_1 + R_2} I_S = \frac{3}{2+3} \times 1 \text{ A} = 0.6 \text{ A}$$

$$I_2'' = \frac{R_1}{R_1 + R_2} I_S = \frac{2}{2+3} \times 1 \text{ A} = 0.4 \text{ A}$$

③各电源单独作用时电流或电压的代数和就是各支路的电流或电压值。

$$I = I' + I'' = (0 + 1) \text{A} = 1 \text{ A}$$

$$I_1 = I_1' - I_1'' = (2 - 0.6) \text{A} = 1.4 \text{ A}$$

$$I_2 = I_2' + I_2'' = (2 + 0.4) \text{A} = 2.4 \text{ A}$$

使用叠加定理时,应注意以下几点:

①该定理只能用来计算线性电路的电流和电压,对非线性电路不适用。
②电压源不作用时要短路,电流源不作用时要开路。
③在分解的电路模型中,若电流或电压的参考方向与原电路中电流或电压的参考方向相同,则叠加时电流或电压取正号,否则取负号。
④该定理不能用来计算功率。因为电功率与电压或电流不成线性关系。

练一练:请应用叠加定理求图 2-5-2 所示电路中的电压 U。

练一练参考答案

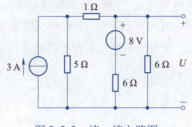

图 2-5-2 练一练电路图

项目实施

步骤一 准备工作

(1) 项目分组,沟通讨论后确定小组长;
(2) 收集项目电路的相关资料,包括电路图、设计文档、工作原理等;
(3) 整理所需的测量工具,如万用表、示波器、电流表、电压表等;
(4) 熟悉 Multisim 仿真软件的操作过程。

步骤二 电路测量

(1) 根据电路图,确定需要测量的关键物理量,如电压、电流等;
(2) 使用测量工具,对指定位置的物理参数进行测量,并记录数据;
(3) 分析测量结果,判断电路是否处于正常工作状态。

步骤三 电路仿真

(1) 使用仿真软件,根据电路图绘制项目电路的仿真图;
(2) 根据测量数据,为仿真电路中的相关元件设置合适的参数值;
(3) 运行仿真,观察电路的行为,并与实际测量结果进行比较;
(4) 如果发现不符,调整仿真参数或电路图,并重新进行仿真。

步骤四 等效简化模型构建

(1) 根据电路的功能,使用简化的方法构建等效电路模型;
(2) 使用仿真软件,对等效电路模型进行验证,确保其功能与原电路一致。

注意事项:
(1) 在进行电路测量和改造时,必须注意安全,遵守相关规定;
(2) 确保所有工具和设备均正确使用和维护,以免造成不必要的损坏或风险;
(3) 保持记录和沟通的及时性,以便于在实施过程中发现问题并进行调整。

项目验收

整个项目完成之后,下面检测一下完成的效果。具体的测评细则见下表。

项目完成情况测评细则

评价内容	分值	评价细则	量化分值	得分
信息收集与自主学习	20 分	(1) 是否制订合适的学习计划	5 分	
		(2) 是否整理了相关的电路设计标准、规范和安全要求	5 分	

续表

评价内容	分值	评价细则	量化分值	得分
信息收集与自主学习	20 分	(3)是否对改造项目的技术难点和创新点进行了深入研究	5 分	
		(4)排除学习干扰,自我监督与控制	5 分	
原理图设计与仿真验证	40 分	(1)仿真软件使用的熟练度	10 分	
		(2)成功绘制相关电路的仿真图	10 分	
		(3)仿真图设计的合理性	10 分	
		(4)软件仿真结果的正确性	10 分	
等效简化模型构建	30 分	(1)能否完成等效简化模型构建	5 分	
		(2)等效简化模型是否准确反映原电路性能	5 分	
		(3)是否对等效简化模型进行功能测试,并记录测试数据	5 分	
		(4)测试结果是否与预期相符,是否满足任务要求	15 分	
职业素养与职业规范	10 分	(1)是否能够与其他团队成员有效沟通,共同完成任务	2 分	
		(2)是否尊重他人意见,并在必要时给予帮助和支持	5 分	
		(3)在电路测量过程中,是否严格遵守安全操作规程	3 分	
总计		100 分		

巩固与拓展

一、知识巩固

1. 填空题

(1)大小和方向均不随时间变化的电压和电流称为_____电,大小和方向均随时间按照正弦规律变化的电压和电流称为_____电。

(2)电流与电压为关联参考方向是指电流从标电压_____极的一端流入,从标电压_____极的另一端流出。

(3)基尔霍夫定律是:对任意节点有_____,对任意回路有_____。

(4)某一元件,在关联的参考方向下,已知 $I = -2$ A,$U = -10$ V,它的功率是_____W,它是什么元件?(填电源或负载)_____。

(5)电流 I 与电压 U 为关联参考方向时,功率 P 为_____;电流 I 与电压 U 为非关联参考方向时,功率 P 为_____。

(6)下图所示电路中理想电流源的功率为_____,理想电压源的功率为_____。

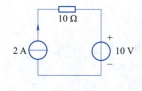

题(6)图

(7) 下图所示电路中电流 I 为_____。

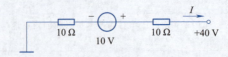

题(7)图

(8) 下图所示电路中电流 U 为_____。

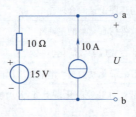

题(8)图

(9) 下图所示电路中,若 $I_1 = 2$ A,$I_2 = 1$ A,$I_3 = 4$ A,$I_4 = 2$ A,则 $I_5 = $_____。

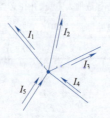

题(9)图

(10) 在下图所示电路中,当开关 S 打开时,A 点的电位 V_A 为_____。

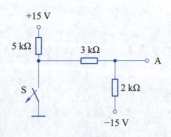

题(10)图

2. 选择题

(1) 如右图所示电路,开关闭合后电路与断开时比较(　　)。

　　A. I_0 改变,其余支路变量不变
　　B. I_0 不变,其余支路变量有改变
　　C. 各支路电压与电流都会改变
　　D. 电路中各支路电压与电流都不变

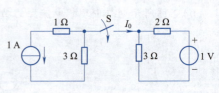

题(1)图

(2) 下列叙述正确的是( )。
　　A. 电压源和电流源不能等效变换
　　B. 电压源和电流源变换前后内部不等效
　　C. 电压源和电流源变换前后对外不等效
　　D. 理想电压源与理想电流源存在等效变换
(3) 当外电路闭合时,测得端电压为0,这说明( )。
　　A. 外电路短路　　　　　　　　　B. 外电路断路
　　C. 电路电流比较小　　　　　　　D. 电源内阻为0
(4) 应用叠加定理时,理想电压源不作用时视为( ),理想电流源不作用时视为( )。
　　A. 短路;开路　　B. 短路;短路　　C. 开路;开路　　D. 开路;短路
(5) 叠加定理不可以用来求电路中的( )。
　　A. 电流　　　　B. 电压　　　　C. 电位　　　　D. 功率
(6) 电流与电压为关联参考方向是指( )。
　　A. 电流参考方向与电压降参考方向一致
　　B. 电流参考方向与电压升参考方向一致
　　C. 电流实际方向与电压升实际方向一致
　　D. 电流实际方向与电压降实际方向一致
(7) 某节点A为三条支路的连接点,其电流分别为 $I_1 = 2$ A, $I_2 = 4$ A,则 I_3 为( )(设电流参考方向都指向节点A)。
　　A. -2 A　　　　B. -4 A　　　　C. -6 A　　　　D. -1 A
(8) 理想电流源向外电路提供的( )是一常数。
　　A. 电压　　　　B. 电阻　　　　C. 电流　　　　D. 功率
(9) 如右图所示电路, U_{ab} 的表达式为( )。
　　A. $U_{ab} = -IR - U_S$
　　B. $U_{ab} = -IR + U_S$
　　C. $U_{ab} = IR - U_S$
　　D. $U_{ab} = IR + U_S$
(10) 如右图所示电路,A点的电位为( )。
　　A. -1 V
　　B. 1 V
　　C. 3 V
　　D. 5 V

题(9)图　　题(10)图

3. 判断题

(1) 电阻的串联实现分压,电阻的并联实现分流。　　　　　　　　　　( )
(2) 电阻串联时,各电阻上的电压与电阻值成正比,其功率与电阻值成反比。　( )
(3) 利用叠加定理求电路中某一个电流或电压时,各独立电源单独作用时的值,一定小于所有独立电源共同作用时的值。　　　　　　　　　　　　　　　　　( )
(4) 对于理想电流源,只有电流流向一致的多个电流源并联,才可以等效为一个电流源。
　　　　　　　　　　　　　　　　　　　　　　　　　　　　　　　　( )

(5) 两种电源模型等效时,对电源内部及内部功率是不等效的。　　　　　(　)

(6) 等效变换过程中,待求量所在支路不能参与等效。　　　　　　　　　(　)

(7) 应用等效电源定理的含源网络必须是线性的。　　　　　　　　　　　(　)

(8) 两电压不相等的理想电压源并联没有意义。　　　　　　　　　　　　(　)

(9) 一个有源二端网络对外电路来说,总可以用一个电压源和电阻并联的模型代替。
　　　　　　　　　　　　　　　　　　　　　　　　　　　　　　　　(　)

(10) 日常所说的一度电就是指功率。　　　　　　　　　　　　　　　　(　)

4. 分析与计算题

(1) 电路如下图所示,试求 U_{ab}、V_b。

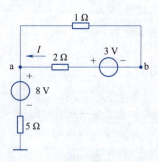

题(1)图

(2) 求下图所示电路的电压 U_{ab}。

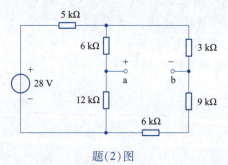

题(2)图

(3) 求下图所示电路的等效电阻 R_{ab}。

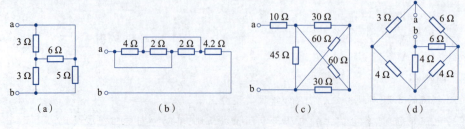

题(3)图

(4) 应用等效变换方法求下图所示电路的 U。

(5) 试用电源模型的等效变换求下图所示电路中电流 I_1、I_2。

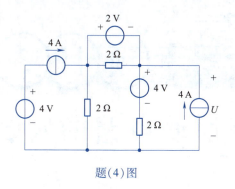

题(4)图

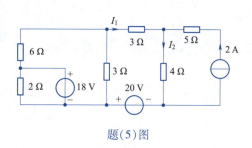

题(5)图

(6)试用叠加定理求下图所示电路中的U。

(7)试用戴维南定理求下图所示电路中的电流I。

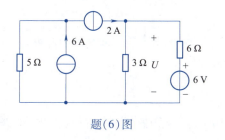

题(6)图

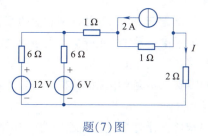

题(7)图

二、实践拓展

通过本项目的理论学习,对常见的电路模型以及电路常用器件和电学基本物理量有了比较详细的了解。同时,也熟悉了一般电路的基本分析方法。然而,实际应用中,你会发现,本书中例题复杂很多的电路比比皆是,利用目前所学到的几种基本分析方法不足以应对实际需求。因此,需要掌握更多的电路分析方法。下面,请利用网络资源和图书馆资源,收集和整理有关直流电路分析方法的相关知识,并进行相互探讨和学习。在学习的过程中,要达到以下目标:

(1)掌握一般电路测试与仿真的方法;

(2)了解使用节点电压法对电路进行分析的方法及其注意事项;

(3)了解使用回路电流法对电路进行分析的方法及其注意事项;

(4)了解使用戴维南定理对电路进行分析的方法及其注意事项。

项目 3

家庭照明电路的安装

项目目标

知识目标：

(1) 了解正弦交流电的特性和对应的相量表示法；

(2) 熟悉单一元件的正弦交流电路的电学特性以及各种基本电路参数的分析、测量方法；

(3) 掌握常见 R、L、C 构成的正弦交流电路的分析方法；

(4) 掌握三相交流电路的分析方法。

技能目标：

(1) 能够设计简单的正弦交流电路，如照明电路、三相电路等，能够计算基本电路参数；

(2) 能够分析常见 R、L、C 构成的正弦交流电路，并对电路进行仿真调试；

(3) 能够分析常见 R、L、C 构成的谐振电路；

(4) 能够分析三相交流电路。

素质目标：

(1) 团队协作，共同解决设计和制作过程中的问题，强调团队协作和沟通能力培养；

(2) 培养创新思维和问题解决能力，鼓励学生在家用照明电路分析和设计过程中尝试新的思路和方法，实际动手前，积极使用仿真软件对电路进行仿真验证；

(3) 培养职业道德和社会责任感，强调安全用电常识，使学生具备专业素养和社会担当。

项目描述

每到黑夜的时候，灯具总是能发挥它的作用，为我们的生活增添不少的光亮。而随着科技的发展，灯具的功能也不仅仅局限于照明这一作用了，各种各样的照明电路已经成为人们生活中不可或缺的一部分。无论是在便携式设备中还是大功率设备中，都能够发挥出它的巨大作用。它将带来更加逼真和清晰的光效，让人们更好地感受到现场所带来的美妙体验。

如今照明灯具的具体作用：第一，照明作用。这是照明灯具的主要作用，也是它被发明出来的初衷。无论是在生活中还是工业作业中，都离不开照明灯具的使用。第二，装饰作用。随着科技的发展，灯具也不仅仅局限于照明这一主要作用了，还同时具有装饰作用，比如欧式吊灯、实木吸顶灯、落地灯等，都可以起到很好的装饰作用。第三，广告作用。只要一到晚上，大街上各种广告品牌都发射出五颜六色的灯光来吸引路过的行人，比如理发店的走马灯、地铁里的广告牌等。

马上又到校园音乐节开幕了，舞台灯光作为音乐节现场的主要照明设备，与音响系统配合起来,其效果直接决定了能否够提供清晰、强劲而又平衡的声光效果。因此,某种意义上,灯光照明设备直接决定了校园音乐节举办的视觉质量。现在邀请你为校园音乐节设计一套高效率的照明电路。

任务布置:
(1)基于现有的照明设备进行改造,设计多路灯光独立控制部分;
(2)要求考虑各路照明电路的功率分配问题来设计电路。

相关知识

一、正弦交流电路

1. 交流电的基本特征

在直流电路中电压和电流,其大小和方向(或极性)都是不随时间变化的,是恒定的,如图3-1-1(a)所示。但是在工业生产和日常生活中广泛应用的一般都是交流电,与直流电不同,交流电的大小和方向是随时间不断变化的,是交变的,这种交变的电压或电流分别称之为交流电压或交流电流,统称为交流电量,其波形如图3-1-1(b)、(c)所示。若电压或电流随时间按正弦规律变化,则该电压或电流统称为正弦交流电。如果没有特别说明,本书所说的交流电都是指正弦交流电。

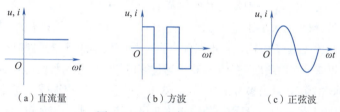

(a)直流量　　　(b)方波　　　(c)正弦波

图3-1-1 几种常见的波形图

2. 正弦量的三要素

大小和方向都随时间按正弦规律变化的电动势、电压和电流称为正弦电动势、正弦电压和正弦电流,统称为正弦量。它们的一般表达式为

$$\begin{cases} u = U_m \sin(\omega t + \varphi_u) \\ i = I_m \sin(\omega t + \varphi_i) \\ e = E_m \sin(\omega t + \varphi_e) \end{cases} \tag{3-1-1}$$

式中,u、i、e 称为正弦量的瞬时值;I_m、U_m、E_m 称为正弦量的幅值;ω 称为正弦量的角频率;φ_u、φ_i、φ_e 称为正弦量的初相位。幅值、频率(或角频率)和初相位,表明了正弦量变化的大小、快慢和初始值,称为正弦量的三要素。

3. 正弦交流电周期、频率和角频率

描述正弦量变化的快慢用周期、频率或角频率。

(1)周期 T

正弦量完整变化一周所用的时间,称为周期,用 T 表示,单位是 s(秒)。

(2)频率 f

正弦量在1 s 内变化的周期数称为频率,用 f 表示,单位为 Hz(赫兹,简称"赫")。在工程中,常用的单位还有 kHz(千赫)、MHz(兆赫)、GHz(吉赫),相邻两个单位之间是 10^3 的倍数关系。

周期和频率二者之间的关系是:

$$f = \frac{1}{T} \tag{3-1-2}$$

(3) 角频率 ω

正弦交流电变化一周期的角度相当于 2π 弧度,每秒内所经历的弧度数就称为角频率,用 ω 表示,单位是 rad/s(弧度/秒)。

角频率、周期、频率三者之间的关系是

$$\omega = \frac{2\pi}{T} = 2\pi f \tag{3-1-3}$$

我国电力系统的交流电频率为 50 Hz,称为工频,则周期为 0.02 s,角频率为 314 rad/s。

4. 正弦交流电相位、初相位和相位差

(1) 相位

正弦量表达式中的角度称为相位角,简称相位,它反映了交流电变化的进程。在式(3-1-1)中,$\omega t + \varphi_u$、$\omega t + \varphi_i$、$\omega t + \varphi_e$ 分别为正弦电压、正弦电流和正弦电动势的相位。相位的单位一般用 rad(弧度),有时为了方便,也可用度作为单位。

(2) 初相位

在 $t = 0$ 时刻的相位称为初相位,简称初相。初相表示交流电在计时零点的瞬时值。单位用 rad(弧度)或 °(度)表示。一般规定其取值范围 $|\varphi| \leq \pi$。

需要注意的是,初相的大小和正负与计时起点(即 $t = 0$ 时刻)的选择有关,选择不同,初相则不同,正弦量的初始值也随着不同。当电路中有多个相同频率的正弦量同时存在时,可根据需要选择其中某一正弦量在由负向正变化过程中通过零值的瞬间作为计时起点,那么这个正弦量的初相就是零,称这个正弦量为参考正弦量。图 3-1-2 所示为三个不同频率的电流和电压波形。现规定:靠近计时起点最近的,并且由负值向正值变化所经过的那个零值称为正弦量的零值,简称正弦零值。正弦量的初相的绝对值就是正弦零值到计时起点(坐标原点)之间的电角度。

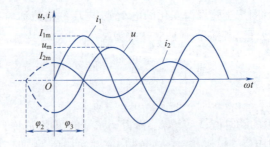

图 3-1-2 正弦波的初相位

初相正负的判断:若正弦零值在计时起点之左,则初相为正;若在右边,则初相为负;若正弦零值与计时起点重合,则初相为零。如图 3-1-2 所示,三个同频率的电流和电压波形,i_1 的坐标原点与零值点重合,则 $\varphi_1 = 0°$,其正弦表达式为 $i_1 = I_{1m} \sin \omega t$;$i_2$ 的零值点在坐标原点左边的 $\frac{\pi}{2}$ 处,则 $\varphi_2 = 90°$,其正弦表达式为 $i_2 = I_{2m} \sin\left(\omega t + \frac{\pi}{2}\right)$;$u$ 的零值点在坐标原点右边的 $\frac{\pi}{2}$ 处,则 $\varphi_3 = -90°$,其正弦表达式为 $u_3 = U_m \sin\left(\omega t - \frac{\pi}{2}\right)$。

（3）相位差

在一个正弦电路中，存在两个以上的正弦信号，但它们的初相并不一定都相同，在分析电路时常常要比较同频率正弦量的相位。两个同频率的正弦量的相位之差称为相位差。

设有两个同频率的正弦量为

$$u = U_\mathrm{m}\sin(\omega t + \varphi_u)$$

$$i = I_\mathrm{m}\sin(\omega t + \varphi_i)$$

则它们的相位差为

$$\Delta\varphi = (\omega t + \varphi_u) - (\omega t + \varphi_i) = \varphi_u - \varphi_i \tag{3-1-4}$$

可见，两个同频率正弦量的相位差等于它们的初相之差，它是一个与时间无关、与计时起点也无关的常数。如果时间的起点选择有所变化，则电压的初相和电流的初相会随之发生改变，但是相位差不变。相位差反映两同频率正弦量在时间上的"超前"和"滞后"关系。一般规定其取值范围$|\Delta\varphi| \leq \pi$。

①当$\Delta\varphi = 0$，即$\varphi_u = \varphi_i$时，两个正弦量的变化进程相同，称这样的两个正弦量为同相。同相的两个正弦量同时达到零值或最大值，如图3-1-3(a)所示。当$\Delta\varphi > 0$（小于180°），即$\varphi_u > \varphi_i$，电压u比电流i先到达零值或正的最大值，称电压u比电流i在相位上超前φ角，反过来也可以称电流i比电压u滞后φ角，如图3-1-3(b)所示。

②当$\Delta\varphi = \pm\dfrac{\pi}{2}$，则一个正弦量较另一个正弦量超前或滞后90°，称这两个正弦量正交，如图3-1-3(c)所示。

③当$\Delta\varphi = \pm\pi$，两个正弦量的变化进程刚好相反，称这两个正弦量反相，如图3-1-3(d)所示。

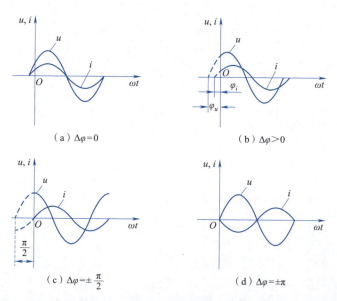

图3-1-3　两个同频率正弦量的相位差

5. 瞬时值、最大值和有效值

描述正弦量大小的量有瞬时值、最大值和有效值。

①瞬时值用来描述交流电在变化过程中任意时刻的值，瞬时值是时间的函数，通常规定

瞬时值用小写字母表示,如式(3-1-1)中 u、i、e。

② 瞬时值中的最大值即幅值,一般用大写字母加脚标 m 表示,如式(3-1-1)中的 U_m、I_m、E_m。

③ 为了确切地反映交流电在能量转换方面的实际效果,工程上常采用有效值来表述正弦量。交流电有效值是根据电流的热效应来规定的,即在相同的电阻 R 中,分别通入直流电和交流电,在经过一个交流周期的时间内,如果它们在电阻上产生的热量相等,则用此直流电的数值表示交流电的有效值。有效值规定用大写字母表示,如 U、I、E。

理论和实验证明,正弦交流电电压、电流、电动势的有效值和最大值之间的关系为

$$\begin{cases} U = \dfrac{U_m}{\sqrt{2}} \approx 0.707 U_m \\ I = \dfrac{I_m}{\sqrt{2}} \approx 0.707 I_m \\ E = \dfrac{E_m}{\sqrt{2}} \approx 0.707 E_m \end{cases} \tag{3-1-5}$$

可见,正弦交流量的最大值是其有效值的 $\sqrt{2}$ 倍。通常所说的交流电压 220 V 是指有效值,其最大值约为 311 V。

6. 正弦交流电的相量表示法

(1) 复数及其运算

在数学中表示复数常用 $A = a + ib$,其中 a 为实部,b 为虚部,$i = \sqrt{-1}$ 称为虚部单位。在电工技术中,虚部单位用 j 表示。例如,$A = 3 + j4$,在复平面上的表示如图 3-1-4 所示。复数 A 在复平面上可用 $\overrightarrow{OA}$ 矢量表示,如图 3-1-5 所示。a 是 A 的实部,b 是 A 的虚部,$\overrightarrow{OA}$ 的长度称为复数模 $|A|$,用 r 表示,即 $r = |A|$,$\overrightarrow{OA}$ 与实轴正方向的夹角称为复数的辐角,用 φ 表示。

$$\begin{cases} r = |A| = \sqrt{a^2 + b^2} \\ \varphi = \arctan \dfrac{b}{a} \ (\varphi \leq 2\pi) \end{cases} \tag{3-1-6}$$

$$\begin{cases} a = r\cos \varphi \\ b = r\sin \varphi \end{cases} \tag{3-1-7}$$

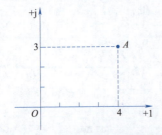
图 3-1-4 复数在复平面上的表示

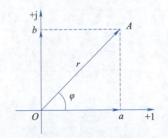
图 3-1-5 复数的矢量表示

代数式:

$$A = a + jb \tag{3-1-8}$$

三角函数式:

由式(3-1-7)和式(3-1-8)可得

$$A = a + jb = r\cos\varphi + jr\sin\varphi \tag{3-1-9}$$

指数式：

由欧拉公式 $e^{j\varphi} = \cos\varphi + j\sin\varphi$，则式(3-1-9)可写成

$$A = re^{j\varphi} \tag{3-1-10}$$

在工程上，常把指数式写成极坐标式：

$$A = r\angle\varphi \tag{3-1-11}$$

(2) 复数的四则运算

设两复数 $A = a_1 + jb_1 = r_1\angle\varphi_1$，$B = a_2 + jb_2 = r_2\angle\varphi_2$。

① 加减运算：利用代数式，将复数的实部和虚部分别相加减，也可利用图解法(平行四边形法则)求解，如图 3-1-6 所示。

$$A \pm B = (a_1 \pm a_2) + j(b_1 \pm b_2) \tag{3-1-12}$$

② 乘除运算：在一般情况下，利用极坐标形式进行运算，将模相乘、除，而辐角相加减。

$$A \cdot B = r_1\angle\varphi_1 \cdot r_2\angle\varphi_2 = r_1 r_2 \angle(\varphi_1 + \varphi_2) \tag{3-1-13}$$

$$\frac{A}{B} = \frac{r_1\angle\varphi_1}{r_2\angle\varphi_2} = \frac{r_1}{r_2}\angle(\varphi_1 - \varphi_2) \tag{3-1-14}$$

(3) 正弦量的相量表示法

在分析正弦交流电路时，除了用解析式和波形图表示外，还可以用相量表示。所谓的相量表示法就是用模值等于正弦量的最大值(或有效值)，辐角等于正弦量的初相位的复数对应地表示相应的正弦量，把这样的复数就称为正弦量的相量。相量的模等于正弦量的有效值时，称为有效值相量，用 $\dot{I}$、$\dot{U}$ 等表示；相量的模等于正弦量的最大值时，称为最大值相量，用 $\dot{I}_m$、$\dot{U}_m$ 等表示。

设正弦电压 $u = U_m\sin(\omega t + \varphi_u)$，可以表示为有效值相量

$$\dot{U} = U\angle\varphi_u \tag{3-1-15}$$

也可以用最大值相量来表示正弦量，即

$$\dot{U}_m = U_m\angle\varphi_u \tag{3-1-16}$$

注意：相量只是表示正弦量，并不等于正弦量；只有正弦量才能用相量表示，非正弦量不能用相量表示。

在复平面上，相量 $\dot{U}$ 可用长度为 U，与实轴正向的夹角为 φ 的矢量表示。这种表示相量的图形称为相量图，如图 3-1-7 所示。只有同频率的正弦量才能画在同一相量图上。

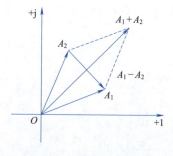

图 3-1-6 复数相加减矢量图

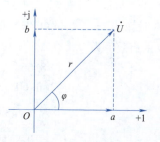

图 3-1-7 电压的相量图

例 3-1-1 已知两个正弦量的解析式为 $u = 311\sin(100t + 100°)$ V, $i(t) = -5\sin(314t + 30°)$ A。试求两个正弦量的三要素。

解 $u = 311\sin(100t + 100°)$ V，从解析式可知电压的幅值 $U_m = 311$ V，角频率 $\omega = 100$ rad/s，初相 $\varphi = 100°$。

$$i(t) = -5\sin(314t + 30°) \text{ A}$$
$$= 5\sin(314t + 30° + 180°) \text{ A}$$
$$= 5\sin(314t + 210°) \text{ A}$$
$$= 5\sin(314t - 150°) \text{ A}$$

所以，电流的幅值 $I_m = 5$ A，角频率 $\omega = 314$ rad/s，初相 $\varphi = -150°$。

例 3-1-2 已知正弦电压、电流的解析式为 $u(t) = 311\sin(70t - 180°)$ V, $i_1(t) = 5\sin(70t - 45°)$ A, $i_2(t) = 10\sin(70t + 60°)$ A。试求电压 $u(t)$ 与电流 $i_1(t)$ 和 $i_2(t)$ 的相位差并确定其超前、滞后关系。

解 电压 $u(t)$ 与电流 $i_1(t)$ 的相位差为 $\Delta\varphi = (-180°) - (-45°) = -135° < 0°$。

因此电压 $u(t)$ 滞后电流 $i_1(t)$ 135°。

电压 $u(t)$ 与电流 $i_2(t)$ 的相位差为 $\Delta\varphi = (-180°) - (-60°) = -240°$。

由于规定 $|\Delta\varphi| \leq \pi$，因此电压 $u(t)$ 与电流 $i_2(t)$ 的相位差应为 $-240° + 360° = 120° > 0$，因此电压 $u(t)$ 超前电流 $i_2(t)$ 120°。

例 3-1-3 已知正弦电压的有效值 $U = 220$ V，初相 $\varphi_u = 30°$；正弦电流的有效值 $I = 10$ A，初相 $\varphi_i = -60°$，它们的频率均为 50 Hz。试分别写出电压和电流的瞬时值表达式。

解 电压的最大值为

$$U_m = \sqrt{2}U = \sqrt{2} \times 220 \text{ V} = 310 \text{ V}$$

电流的最大值为

$$I_m = \sqrt{2}I = \sqrt{2} \times 10 \text{ A} = 14.1 \text{ A}$$

电压的瞬时值表达式为

$$u = U_m\sin(\omega t + \varphi_u) = 310\sin(314t + 30°) \text{ V}$$

电流的瞬时值表达式为

$$i = I_m\sin(\omega t + \varphi_i) = 14.1\sin(314t - 60°) \text{ A}$$

例 3-1-4 已知正弦电压 u 在 $t = 0$ 时的值为 8.66 V，初相 $\varphi_u = 60°$，经过 $t = \dfrac{1}{600}$ s，u 达到第一个正的最大值，试写出该电压的正弦表达式。

解 根据题意，可直接写出该电压的正弦表达式为

$$u = U_m\sin(\omega t + \varphi_u) = \sqrt{2}U\sin(\omega t + 60°) \text{ V}$$

当 $t = 0$ 时，$u(0) = \sqrt{2}U\sin 60° = 8.66$ V。

因此 u 的有效值为

$$U = \frac{8.66}{\sqrt{2}\sin 60°} \text{ V} = 5\sqrt{2} \text{ V}$$

$$u = 5\sqrt{2} \times \sqrt{2}\sin(\omega t + 60°) \text{ V} = 10\sin(\omega t + 60°) \text{ V}$$

因为当 $t = \dfrac{1}{600}$ s 时，$u = U_m = 10$ V，所以 $\dfrac{1}{600}\omega + \dfrac{\pi}{3} = \dfrac{\pi}{2}$。

可计算出角频率 $\omega = \left(\dfrac{\pi}{2} - \dfrac{\pi}{3}\right) \times 600 \text{ rad/s} = 100\pi \text{ rad/s}$。

u 的正弦表达式为

$$u = 10\sin(100\pi t + 60°) \text{ V}$$

例 3-1-5 现有复数 $A_1 = 3 + j4$，$A_2 = 100\angle 45°$，求出它们的其他三种表达式。

解 ① A_1 的模 $r_1 = \sqrt{3^2 + 4^2} = 5$，辐角 $\varphi_1 = \arctan\dfrac{4}{3} = 53°$，

则其三角函数式为

$$A_1 = r_1(\cos\varphi_1 + j\sin\varphi_1) = 5(\cos 53° + j\sin 53°)$$

指数式为

$$A_1 = r_1 e^{j\varphi_1} = 5e^{j53°}$$

极坐标式为

$$A_1 = r_1 \angle \varphi_1 = 5 \angle 53°$$

② 由 $A_2 = 100\angle 45°$ 可知，模 $r_2 = 100$，辐角 $\varphi_2 = 45°$，由式(3-1-7)可知，$a_2 = r_2\cos\varphi_2 = 100\cos 45° = 50\sqrt{2}$，$b_2 = r_2\sin\varphi_2 = 100\sin 45° = 50\sqrt{2}$。

则代数式为

$$A_2 = a_2 + jb_2 = 50\sqrt{2} + j50\sqrt{2}$$

三角函数式为

$$A_2 = r_2(\cos\varphi_2 + j\sin\varphi_2) = 100(\cos 45° + j\sin 45°)$$

指数式为

$$A_2 = r_2 e^{j\varphi_2} = 100 e^{j45°}$$

例 3-1-6 已知复数 $A = 6 + j8$，$B = 4 - j3$，试计算 $A+B$、AB。

解 $A + B = (6 + j8) + (4 - j3) = (6 + 4) + j(8 - 3) = 10 + j5$。

$AB = (6 + j8)(4 - j3) = 10\angle 53.1° \times 5\angle -36.9° = 50\angle 16.2°$。

例 3-1-7 已知同频率的正弦量的解析式分别为 $i = 10\sin(\omega t + 30°)$ A 和 $u = 220\sqrt{2}\sin(\omega t - 45°)$ V，写出电流和电压的相量，并绘出相量图。

解 由式(3-1-15)可得

$$\dot{I} = \dfrac{10}{\sqrt{2}} \angle 30° \text{ A}$$

$$\dot{U} = \dfrac{220\sqrt{2}}{\sqrt{2}} \angle -45° \text{ V}$$

相量图如图 3-1-8 所示。

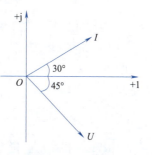

图 3-1-8　例 3-1-7 相量图

例 3-1-8 已知两个同频率正弦电压量 $u_1 = 100\sqrt{2}\sin\omega t$ V 和 $u_2 = 150\sqrt{2}\sin(\omega t - 120°)$ V，求 $u_1 + u_2$，并画出相量图。

解 由式(3-1-15)可得

$$\dot{U}_1 = \dfrac{100\sqrt{2}}{\sqrt{2}} \angle 0° \text{ V} = 100 \text{ V}$$

$$\dot{U}_2 = \frac{150\sqrt{2}}{\sqrt{2}} \angle -120° \text{ V} = 150[\cos(-120°) + j\sin(-120°)] \text{ V}$$

$$= (-75 - j75\sqrt{3}) \text{ V}$$

$$\dot{U}_1 + \dot{U}_2 = [100 + (-75 - j75\sqrt{3})] \text{ V} = (25 - j75\sqrt{3}) \text{ V}$$

$$= 132.3 \angle -79° \text{ V}$$

再将和相量 $\dot{U}_1 + \dot{U}_2$ 还原成对应的正弦量,可得

$$u_1 + u_2 = 132.3\sqrt{2} \sin(\omega t - 79°) \text{ V}$$

相量图如图 3-1-9 所示。

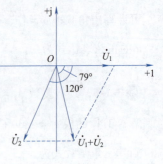

图 3-1-9 例 3-1-8 相量图

练一练:

(1) 写出下列正弦电压和电流的解析式

$$U_m = 311 \text{ V}, \quad \omega = 314 \text{ rad/s}, \quad \varphi = -30°$$

$$I_m = 10 \text{ A}, \quad \omega = 10 \text{ rad/s}, \quad \varphi = 60°$$

(2) 已知电流相量 $\dot{I} = (-4 - j3)$ A,求其瞬时值表达式。

(3) 设电压相量 $\dot{U} = 220\angle -30°$ V,试写出 $j\dot{U}$、$-j\dot{U}$ 和 $-\dot{U}$,并画出它们的相量图。

(4) 已知正弦电压和电流为

$$u(t) = 311\sin\left(314t - \frac{\pi}{6}\right) \text{ V}, \quad i(t) = -10\sqrt{2}\sin\left(50\pi t + \frac{3\pi}{4}\right) \text{ A}$$

① 求正弦电压和电流的振幅、有效值、角频率、频率和初相;
② 画出正弦电压和电流的波形。

(5) 已知电压 $u(t)$ 和电流 $i(t)$ 的瞬时值表达式分别为 $u(t) = U_m\sin(1\,000t + 70°)$ V, $i(t) = I_m\sin(1\,000t + 10°)$ A。试问 $u(t)$ 和 $i(t)$ 哪个超前?

二、单一元件的正弦交流电路

1. 电感元件组成的交流电路

(1) 电感的连接

图 3-2-1(a)所示为电感串联电路,各电压、电流参考方向关联,由电感元件的电压、电流关系知:

$$u_1 = L_1 \frac{di}{dt}, \quad u_2 = L_2 \frac{di}{dt}, \quad u_3 = L_3 \frac{di}{dt}$$

由 KVL 可得端口电压为

$$u = u_1 + u_2 + u_3 = (L_1 + L_2 + L_3)\frac{di}{dt} = L\frac{di}{dt}$$

电感串联后的等效电感为各串联电感之和,即

$$L = L_1 + L_2 + L_3 \tag{3-2-1}$$

电感并联电路如图 3-2-1(b)所示,利用电感元件上电压、电流的积分关系可得,电感并联电路等效电感的倒数等于并联各电感倒数之和,即

$$\frac{1}{L} = \frac{1}{L_1} + \frac{1}{L_2} + \frac{1}{L_3} \tag{3-2-2}$$

项目 3　家庭照明电路的安装

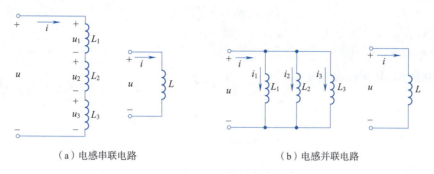

（a）电感串联电路　　　　（b）电感并联电路

图 3-2-1　电感串、并联电路

（2）电感元件的电压、电流关系

单一电感元件组成的交流电路，又称纯电感电路。图 3-2-2 所示为由电感元件构成的正交流电路及其特征。

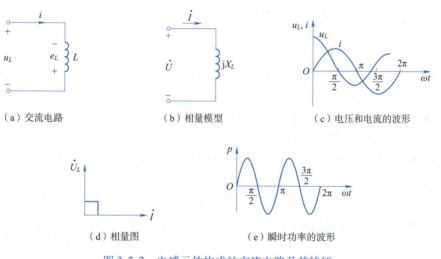

（a）交流电路　　　（b）相量模型　　　（c）电压和电流的波形

（d）相量图　　　　　（e）瞬时功率的波形

图 3-2-2　电感元件构成的交流电路及其特征

由 KVL 可知

$$u_L + e_L = 0$$

$$u_L = -e_L = L\frac{\mathrm{d}i}{\mathrm{d}t} \tag{3-2-3}$$

设 $i = I_m \sin \omega t$，代入上式可得

$$u_L = U_{Lm}\sin(\omega t + 90°) \tag{3-2-4}$$

即 u 和 i 是同频率的正弦量，它们的波形如图 3-2-2(c) 所示。

比较 u 和 i 可知，电压在相位上超前于电流 90°，或者说电流滞后于电压 90°，如图 3-2-2(d) 所示。且电压与电流的大小关系为 $U_{Lm} = \omega L I_m$ 或者 $U_L = X_L I$，式中 $X_L = \omega L = 2\pi f L$。由于 $\dot{I}_L = I_L \angle \varphi_i$，故电压的相量为

$$\dot{U}_L = U_L \angle \varphi_u = X_L I_L \angle \left(\varphi_i + \frac{\pi}{2}\right) = \mathrm{j} X_L I_L \angle \varphi_i$$

即

学习笔记

$$\dot{U}_L = j\omega L \dot{I}_L = jX_L \dot{I}_L \angle \varphi_i \quad (3\text{-}2\text{-}5)$$

电感元件的电压和电流相量之间符合欧姆定律。

（3）电感电路的功率

纯电感电路的瞬时功率为

$$\begin{aligned}
p &= u_L i_L \\
&= U_{Lm}\sin(\omega t + \varphi_i + 90°) \cdot I_{Lm}\sin(\omega t + \varphi_i) \\
&= U_{Lm} I_{Lm}\sin(\omega t + \varphi_i)\cos(\omega t + \varphi_i) \\
&= \frac{1}{2} U_{Lm} I_{Lm}\sin 2(\omega t + \varphi_i) \\
&= U_L I_L \sin 2(\omega t + \varphi_i) \quad (3\text{-}2\text{-}6)
\end{aligned}$$

纯电感电路的瞬时功率 p、电压 u、电流 i 的波形图如图 3-2-2（e）、（c）所示。从图 3-2-2（e）波形图上看出：第 1、3 个 $T/4$ 期间，$p>0$，表示线圈从电源处吸收能量；在第 2、4 个 $T/4$ 期间，$p<0$，表示线圈向电路释放能量。

平均功率（有功功率）：电感元件瞬时功率的平均值为平均功率，即

$$p = \frac{1}{T}\int_0^T p\,dt = \frac{1}{T}\int_0^T U_L I_L \sin 2\omega t\,dt = 0 \quad (3\text{-}2\text{-}7)$$

上式说明，一个周期内电感元件吸收的能量和放出的能量相等，元件本身不消耗电能，即纯电感电路的平均功率为 0。因而电感元件是一种存储电能的元件。

无功功率：电感元件虽然不消耗功率，但与电源之间有能量的交换，要占用电源设备的容量，因此对电源来说是一种负载，用无功功率来衡量电路中能量交换的速率。

纯电感线圈和电源之间进行能量交换的最大速率，称为纯电感电路的无功功率，用 Q_L 表示，无功功率的单位是乏（var）。

$$Q_L = U_L I_L = I_L^2 X_L \quad (3\text{-}2\text{-}8)$$

2. 电容元件组成的交流电路

（1）电容的连接

在实际中，考虑到电容器的容量及耐压，常常要将电容器串联或并联起来使用。

①电容并联。图 3-2-3（a）所示为三个电容并联的情况。所有电容处在同一电压 u 之下，根据电容的定义，各电容极板上的电量为

$$q_1 = C_1 u, \quad q_2 = C_2 u, \quad q_3 = C_3 u$$

三个电容极板上所充的总电量为 $q_1 + q_2 + q_3$。如果有一电容 C 处在同样电压 u 之下，极板上所充的电量为 $q = q_1 + q_2 + q_3$，此电容 C 即为并联三电容的等效电容。根据等效条件

$$C = \frac{q}{u} = \frac{q_1+q_2+q_3}{u} = \frac{u(C_1+C_2+C_3)}{U} = C_1 + C_2 + C_3 \quad (3\text{-}2\text{-}9)$$

电容并联时，其等效电容等于各电容之和。电容的并联相当于极板面积的增大，所以增大了电容量。当电容的耐压符合要求而容量不足时，可将多个电容并联起来使用。

②电容串联。如图 3-2-3（b）所示，电容串联前每个电容的电压为

$$u_1 = \frac{q}{C_1}, \quad u_2 = \frac{q}{C_2}, \quad u_3 = \frac{q}{C_3}$$

所以，$u_1 + u_2 + u_3 = \left(\dfrac{1}{C_1} + \dfrac{1}{C_2} + \dfrac{1}{C_3}\right)q$。

设各电容串联后的总电容为 C,端口电压为

$$u = u_1 + u_2 + u_3 = \left(\frac{1}{C_1} + \frac{1}{C_2} + \frac{1}{C_3}\right)q = \frac{1}{C}q \tag{3-2-10}$$

各电容串联后的总电容的倒数为

$$\frac{1}{C} = \frac{1}{C_1} + \frac{1}{C_2} + \frac{1}{C_3} \tag{3-2-11}$$

即各电容串联后的等效电容的倒数等于各电容的倒数之和。

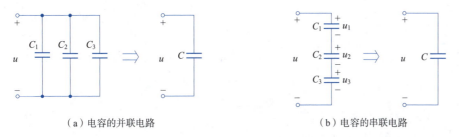

（a）电容的并联电路　　　　　　　　（b）电容的串联电路

图 3-2-3　电容的并联和串联电路

电容串联时,其等效电容比串联时的任一个电容都小。这是因为电容串联相当于加大了极板间的距离,从而减小了电容。若电容的耐压值小于外加电压,则可将几个电容串联起来使用。

每个电容上的电压 $u_1 : u_2 : u_3 = \frac{1}{C_1} : \frac{1}{C_2} : \frac{1}{C_3}$。

电容串联时,各个电容上的电压与其电容的大小成反比。

(2) 电容元件的电压、电流关系

单一电容元件组成的交流电路,又称纯电容电路,其波形图和相量图如图 3-2-4 所示。

从图 3-2-4（b）所示的相量图,可得到纯电容电路的欧姆定律的相量形式,即

$$\dot{U} = -jX_C \dot{I}_C \tag{3-2-12}$$

设纯电容电路中,电容 C 两端电压 $u_C = U_{Cm}\sin(\omega t + \varphi_u)$。由于电压的大小和方向随时间变化,使电容极板上的电荷量也随之变化,电容的充、放电过程也不断进行,形成了纯电容电路中的电流。

$$i_C = C\frac{du_C}{dt} = \sqrt{2}CU_C\cos(\omega t + \varphi_u) = \sqrt{2}\omega C U_C \sin\left(\omega t + \varphi_u + \frac{\pi}{2}\right) = \sqrt{2}I_C\sin(\omega t + \varphi_i)$$

式中, $I_C = \omega C U_C$; $\varphi_i = \varphi_u + \frac{\pi}{2}$。

由式（3-2-11）可知,在数值上,电压和电流的幅值关系为

$$U = X_C I_C$$

式中, X_C 称为容抗, $X_C = \frac{1}{\omega C} = \frac{1}{2\pi f C}$,单位是 Ω。

容抗在交流电路中也起到阻碍电流的作用。这种阻碍作用与频率有关。频率越高,容抗越小,反之越大。换句话说,对于一定的电容 C,它对低频电流呈现的阻力大,对高频电流呈现的阻力小。在直流电路中,可以看作频率为 0, X_C 趋于 ∞,电容相当于开路。因此,电容元件具有"通高频、阻低频"或"隔直流、通交流"的作用。

电压和电流的相位关系为 $\varphi_i = \varphi_u + \dfrac{\pi}{2}$，可知电流超前电压 90°，或电压滞后电流 90°。

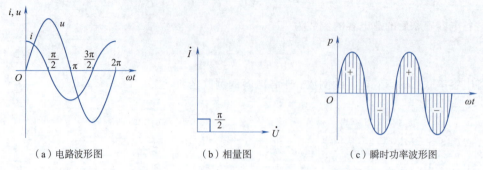

（a）电路波形图　　　　（b）相量图　　　　（c）瞬时功率波形图

图 3-2-4　纯电容电路波形图和相量图

（3）电容电路的功率

①纯电容电路的瞬时功率：

$$\begin{aligned}
p &= u_C i_C \\
&= U_{Cm}\sin(\omega t + \varphi_u) \cdot I_{Cm}\sin(\omega t + \varphi_u + 90°) \\
&= U_{Cm} I_{Cm}\sin(\omega t + \varphi_u)\cos(\omega t + \varphi_u) \\
&= \dfrac{1}{2} U_{Cm} I_{Cm}\sin 2(\omega t + \varphi_u) \\
&= U_C I_C \sin 2(\omega t + \varphi_u)
\end{aligned} \tag{3-2-13}$$

式（3-2-13）表明，纯电容电路瞬时功率波形与电感电路相似，以电路频率的 2 倍按正弦规律变化。如图 3-2-4（c）所示，从波形图上看出：在第 1、3 个 $T/4$ 期间，$p > 0$，电容元件相当于负载，从电源吸收能量（充电），将电能转换为电场能存储起来；在第 2、4 个 $T/4$ 期间，$p < 0$，电容元件向电路释放能量，将电场能转换为电能。

②平均功率：

$$p = \dfrac{1}{T}\int_0^T p\,dt = \dfrac{1}{T}\int_0^T U_C I_C \sin 2\omega t\,dt = 0 \tag{3-2-14}$$

式（3-2-14）说明，电容元件的平均功率为 0，说明电容元件是储能元件，不消耗电能，仅与电源进行能量交换。

③无功功率。和电感元件一样，电容元件和电源的能量交换用无功功率来衡量。电容元件瞬时功率的最大值称为无功功率，它表示电源能量与电场能量交换的最大速率，用 Q_C 表示，即

$$Q_C = U_C I_C = I_C^2 X_C = \dfrac{U_C^2}{X_C} = \omega C U_C^2 \tag{3-2-15}$$

3. 电容、电感元件特性分析

单一参数元件的正弦交流电路往往是不存在的，实际的电路模型都是单一参数元件电路的某种组合。如电阻、电感与电容串联的电路（RLC 串联电路），这是一种典型电路。

（1）简单电容、电感与电阻串联电路的分析

电阻、电感与电容串联的交流电路如图 3-2-5（a）所示，电路中通过同一电流 i。

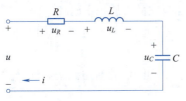

（a）电阻、电感与电容串联的交流电路　　　　　（b）相量模型图

图 3-2-5　电阻、电感与电容串联的交流电路及其相量模型图

根据 KVL 可知

$$u = u_R + u_L + u_C$$

如图 3-2-5(b)所示，上式各正弦量用有效值相量表示后，则有

$$\dot{U} = \dot{U}_R + \dot{U}_L + \dot{U}_C = \dot{I} R + \mathrm{j} X_L \dot{I} + (-\mathrm{j} X_C) \dot{I} \tag{3-2-16}$$

式(3-2-16)称为相量形式的基尔霍夫电压定律。

式(3-2-16)又可写成 $\dot{U} = \dot{I}[R + \mathrm{j}(X_L - X_C)] = \dot{I}(R + \mathrm{j}X) = \dot{I}Z$，即

$$\dot{U} = \dot{I}Z \tag{3-2-17}$$

式(3-2-17)为 RLC 串联电路伏安关系的相量形式，与欧姆定律相似，所以称为相量的欧姆定律。

上述表达式中，$X = X_L - X_C$ 称为电抗，表征电路中储能元件对电流的阻碍作用，单位为欧姆(Ω)。

$Z = R + \mathrm{j}(X_L - X_C) = R + \mathrm{j}X = |Z| \angle \varphi$ 是电路总阻抗，表征电路中所有元件对电流的阻碍作用以及使电流相对于电压发生的相移，因为是复数，故称为复阻抗，单位为欧姆(Ω)。

复阻抗的模 $|Z|$ 称为阻抗模，即

$$|Z| = \sqrt{R^2 + (X_L - X_C)^2} = \sqrt{R^2 + X^2} \tag{3-2-18}$$

复阻抗的辐角

$$\varphi = \arctan \frac{X_L - X_C}{R} = \arctan \frac{X}{R} \tag{3-2-19}$$

因为电路中各元件上电流相同，故以电流为参考相量，做出电路的电流与电压相量图，如图 3-2-6 所示。由 $\dot{U}_R$、$\dot{U}_L$、$\dot{U}_C$ 组成的直角三角形称为电压三角形。如果将它的三个边同时除以电流就成了阻抗三角形，如图 3-2-7 所示。

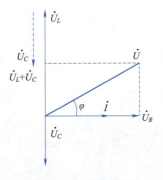

图 3-2-6　电压三角形

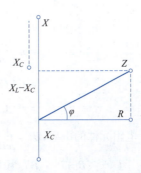

图 3-2-7　阻抗三角形

由式(3-2-19)可知，随着 X_L 和 X_C 值不同，φ 值就不同，即电压和电流之间的相位关系是

超前还是滞后,由组成电路的元件参数决定,因此电路反映的性质也不同。

①当 $X_L > X_C$ 时,$\varphi > 0$,$U_L > U_C$。在相位上电压超前于电流,这种电路呈感性,简称感性电路,如图 3-2-8(a)所示。

②当 $X_L < X_C$ 时,$\varphi < 0$,$U_L < U_C$。在相位上电压滞后于电流,这种电路呈容性,简称容性电路,如图 3-2-8(b)所示。

③当 $X_L = X_C$ 时,$\varphi = 0$,$U_L = U_C$。在相位上电压和电流同相,这种电路呈阻性,称为谐振电路,如图 3-2-8(c)所示。

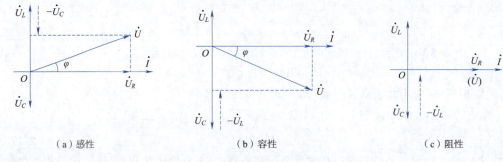

图 3-2-8　RLC 串联电路相量图

(2)简单电容、电感与电阻并联电路的分析

RLC 并联电路如图 3-2-9 所示(a)所示。图 3-2-9(b)所示为其相量模型,电路中电流和电压用相量表示,电阻、电感、电容分别用阻抗表示。

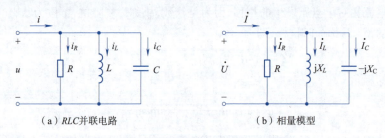

图 3-2-9　RLC 并联电路及相量模型

设电路中的电压相量为 $\dot{U} = U\angle\varphi_u$,根据 KCL 的相量形式可得

$$\dot{I} = \dot{I}_R + \dot{I}_L + \dot{I}_C = \frac{\dot{U}}{R} + \frac{\dot{U}}{jX_L} + \frac{\dot{U}}{-jX_C}$$
$$= \dot{U}\left[\frac{1}{R} + j\left(\frac{1}{X_C} - \frac{1}{X_L}\right)\right]$$
$$= \dot{U}[G + j(B_C - B_L)]$$
$$= \dot{U}(G + jB) \tag{3-2-20}$$

式中,$G = \dfrac{1}{R}$ 为电阻元件的电导;$B_L = \dfrac{1}{\omega L}$ 为电感元件的感纳;$B_C = \omega C$ 为电容元件的容纳,它们的单位都是西门子(S);$B = B_C - B_L$,为电路的电纳。

$$Y = \frac{\dot{I}}{\dot{U}} = G + jB \tag{3-2-21}$$

Y 称为电路的复导纳,单位为西门子(S)。

由式(3-2-21)不难看出

$$|Y| = \frac{I}{U} = \sqrt{G^2 + B^2} = \sqrt{G^2 + (B_C^2 - B_L^2)} \qquad (3-2-22)$$

$$\varphi' = \varphi'_i - \varphi'_u = \arctan\frac{B}{G} = \arctan\frac{B_C - B_L}{R}$$

因为
$$Y = \frac{\dot{I}}{\dot{U}} = \frac{I\angle\varphi_i}{U\angle\varphi_u} = \frac{I}{U}(\varphi_i - \varphi_u) = |Y|\angle\varphi$$

式中,Y 和 φ 分别为复导纳的模和辐角。

电路的 $|Y|$、G、B 可以组成一个三角形,称为导纳三角形,如图 3-2-10 所示。

复导纳 Y 综合反映了电流和电压的大小及相位关系。

① 当 $B_C > B_L$ 时,$\varphi' > 0$,电流超前于总电压,电路呈容性;
② 当 $B_C < B_L$ 时,$\varphi' < 0$,电流滞后于总电压,电路呈感性;
③ 当 $B_C = B_L$ 时,$\varphi' = 0$,电流与总电压同相,电路呈阻性。

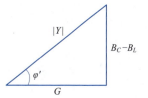

图 3-2-10 导纳三角形

例 3-2-1 有一电感线圈,其电感 $L = 0.5$ H,接在 $u = 220\sqrt{2}\sin 314t$ V 的电源上。试求

① 感抗 X_L。
② 电路中电流 I 及其与电压的相位差。
③ 无功功率 Q。

解 ① 感抗 $X_L = \omega L = 314 \times 0.5\ \Omega = 157\ \Omega$。

② 电压相量 $\dot{U} = U\angle\varphi = \frac{220\sqrt{2}}{\sqrt{2}}\angle 0°$ V $= 220\angle 0°$ V $= 220$ V

由 $\dot{U}_L = j\omega L\dot{I}_L = jX_L I_L\angle\varphi_i$ 可知

$$\dot{I}_L = \frac{\dot{U}_L}{j\omega L} = \frac{220}{j157}\ A = -j1.4\ A = 1.4\angle -90°\ A$$

即电流有效值 $I = 1.4$ A,相位滞后电压 90°。

③ 无功功率 $Q = UI = 220 \times 1.4$ var $= 308$ var。

例 3-2-2 有一个 10 μF 的电容元件,接到频率为 50 Hz,电压有效值为 12 V 的正弦电源上,求电流 I。若电压有效值不变,而频率改变为 1 000 Hz,试重新计算电流。

解 ① 当频率 $f = 50$ Hz 时,容抗为

$$X_C = \frac{1}{\omega C} = \frac{1}{2\pi fC} = \frac{1}{2 \times 3.14 \times 50 \times 10 \times 10^{-6}}\ \Omega = 318.5\ \Omega$$

电流为

$$I = \frac{U}{X_C} = \frac{12}{318.5}\ A = 0.037\ 7\ A = 37.7\ mA$$

② 当频率 $f = 1\ 000$ Hz 时,容抗为

$$X_C = \frac{1}{\omega C} = \frac{1}{2\pi fC} = \frac{1}{2 \times 3.14 \times 1\ 000 \times 10 \times 10^{-6}}\ \Omega = 15.9\ \Omega$$

电流为

$$I = \frac{U}{X_C} = \frac{12}{15.9} \text{ A} = 0.755 \text{ A} = 755 \text{ mA}$$

例 3-2-3 如图 3-2-11 所示电路中,电压表 V_1、V_2、V_3 的读数都是 5 V,试求电路中 V 表的读数,并分析电路的性质。

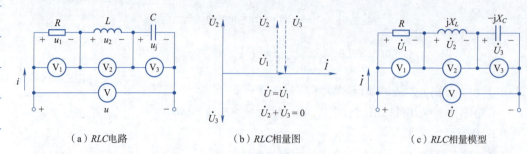

（a）RLC电路　　　　　　（b）RLC相量图　　　　　　（c）RLC相量模型

图 3-2-11　例 3-2-3 电路向量模型图

解　在 RLC 串联电路中,以电流为参考相量,即 $\dot{I} = I \angle 0°$ A。

方法 1:相量法。选定 u、u_1、u_2、u_3、i 的参考方向,如图 3-2-11(a)所示,则有

$$\dot{U}_1 = 5 \angle 0° \text{ V} = (5\cos 0° + \text{j}5\sin 0°) \text{ V} = 5 \text{ V}$$

$$\dot{U}_2 = 5 \angle 90° \text{ V} = (5\cos 90° + \text{j}5\sin 90°) \text{ V} = \text{j}5 \text{ V}$$

$$\dot{U}_3 = 5 \angle -90° \text{ V} = [5\cos(-90°) + \text{j}5\sin(-90°)] \text{ V} = -\text{j}5 \text{ V}$$

由串联电路的特点有 $\dot{U} = \dot{U}_1 + \dot{U}_2 + \dot{U}_3 = (5 + \text{j}5 - \text{j}5) \text{ V} = 5 \text{ V}$。

故 V 表的读数为 5 V,电压和电流同相,电路呈阻性。

方法 2:相量图法。画出相量图如图 3-2-11(b)所示。利用平行四边形法则求 U。由图 3-2-11(b)可知 U=5 V,电压和电流同相,电路呈阻性。

方法 3:相量模型法。由图 3-2-11(a)画出相量模型如图 3-2-11(c)所示。

根据串联电路的分压原理,有

$$\frac{\dot{U}}{\dot{U}_1} = \frac{Z}{R}, \quad \frac{\dot{U}_1}{\dot{U}_2} = \frac{R}{\text{j}X_L}, \quad \frac{\dot{U}_1}{\dot{U}_3} = \frac{R}{-\text{j}X_C}$$

取模计算得

$$U = \frac{U_1}{R}|Z|, \quad \frac{U_1}{U_2} = \frac{R}{X_L} = 1, \quad \frac{U_1}{U_3} = \frac{R}{X_C} = 1$$

所以

$$R = X_L = X_C, Z = R + \text{j}(X_L - X_C) = R$$

$$|Z| = R$$

$$U = \frac{U_1}{R}|Z| = U_1 = 5 \text{ V}$$

因为 $X_L = X_C$,故电路呈阻性。

练一练:

(1)一个 $L = 1\,000$ mH 的电感元件,接于 $U = 220$ V 的正弦电源上,求下列两种电源频率下感抗和电流:①工频时。②$f = 5\,000$ Hz 时。

(2)把一个 0.2 H 的电感元件接到 $u = 220\sqrt{2}\sin(314t + 30°)$ V 的电源上,求通过元

件的电流 i。

(3) RLC 串联电路如图 3-2-12 所示,已知 $R = 5\ \text{k}\Omega$,$L = 6\ \text{mH}$,$C = 0.001\ \text{F}$,电压 $u = 5\sqrt{2}\sin 10^6 t\ \text{V}$。①求电流 i 和各元件上的电压,并画出相量图。②当角频率 $\omega = 2 \times 10^5\ \text{rad/s}$ 时,电路的性质有无改变?

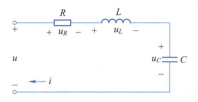

图 3-2-12　练一练(3)电路图

三、正弦交流电路中的功率

因为电阻是耗能元件,而电感、电容是储能元件,所以,在包含电阻、电感、电容的正弦交流电路中,从电源获得的能量有一部分被电阻消耗,另一部分则被电感和电容存储起来。可见,正弦交流电路中的功率问题要比纯电阻电路复杂得多。

1. 正弦交流电路的功率

(1) 瞬时功率

如图 3-3-1 所示,为无源 R、L、C 二端网络,设端口电压、电流的瞬时值表达式分别为

$$i = \sqrt{2} I \sin \omega t$$
$$u = \sqrt{2} U \sin(\omega t + \varphi)$$

则网络的瞬时功率为

$$\begin{aligned} p &= ui \\ &= \sqrt{2} U \sin(\omega t + \varphi) \cdot \sqrt{2} I \sin \omega t \\ &= 2UI \sin \omega t \sin(\omega t + \varphi) \\ &= 2UI \times \frac{1}{2} [\cos(\omega t - \omega t - \varphi) - \cos(\omega t + \omega t + \varphi)] \end{aligned}$$

即

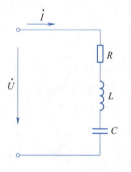

图 3-3-1　无源 R、L、C 二端网络

$$p = UI[\cos \varphi - \cos(2\omega t + \varphi)] \quad (3\text{-}3\text{-}1)$$

从式(3-3-1)可知,瞬时功率由两部分组成:第一部分 $UI\cos \varphi$,与时间无关,称为恒定分量,且始终大于零或等于零;第二部分是 $UI\cos(2\omega t + \varphi)$,与时间有关,称为正弦分量,正弦分量的频率是电压或电流频率的两倍。电压、电流和功率的波形图如图 3-3-2 所示(设 $0 < \varphi < \dfrac{\pi}{2}$)。

瞬时功率是随时间变化的,从图 3-3-2 中可以看出,瞬时功率有时为正,有时为负。当为正值时,表示负载从电源吸收功率;当为负值时,表示从负载中的储能元件(电感、电容)释放出能量送回电源。

(2) 平均功率(有功功率)

平均功率是瞬时功率在一个周期内的平均值,用字母 P 表示。

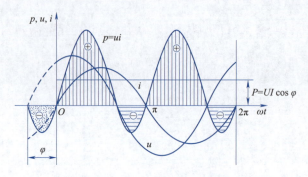

图 3-3-2 电压、电流和功率的波形图

$$P = \frac{1}{T}\int_0^T p\,dt = \frac{1}{T}\int_0^T UI[\cos\varphi - \cos(2\omega t+\varphi)]dt = UI\cos\varphi \qquad (3\text{-}3\text{-}2)$$

从式(3-3-2)可知,二端网络的有功功率不仅与电流、电压有效值的乘积有关,也与电压、电流相位差的余弦 $\cos\varphi$ 有关,φ 也是负载阻抗的阻抗角。

①对电阻元件,$\varphi=0°$,$\cos\varphi=1$,$P_R=U_R I_R\cos\varphi=U_R I_R=I_R^2 R$。

②对电感元件 $\varphi=90°$,$\cos\varphi=0$,$P_L=0$。

③对电容元件 $\varphi=-90°$,$\cos\varphi=0$,$P_C=0$。

可见,正弦交流电路中所说的功率是电阻消耗的功率,即平均功率或有功功率。

(3) 无功功率

由于在电路中含有储能元件电感或电容,它们虽不消耗功率,但与电源之间要进行能量交换,工程上引入无功功率来表示这种能量交换的规模。用 Q 表示,其表达式为

$$Q = UI\sin\varphi \qquad (3\text{-}3\text{-}3)$$

相对于有功功率而言,它不是实际做功的功率,而是反映电源与外电路能量交换的最大速率,其单位为 var。

①对电阻元件 $\varphi=0°$,$\sin\varphi=0$,$Q_R=0$。

②对电感元件 $\varphi=90°$,$\sin\varphi=1$,$Q_L=U_L I_L$。

③对电容元件 $\varphi=-90°$,$\sin\varphi=-1$,$Q_C=-U_C I_C$。

一般来说,对于感性负载 $0°<\varphi\leq 90°$,$Q>0$;对于容性负载 $-90°\leq\varphi<0°$,$Q<0$。当 $Q>0$ 时,为吸收无功功率;当 $Q<0$ 时,为发出无功功率。

(4) 视在功率

视在功率指二端网络电流有效值与电压有效值的乘积,用 S 表示,即

$$S = UI \qquad (3\text{-}3\text{-}4)$$

视在功率表明了电气设备的容量。容量说明了电气设备可能转换的最大功率,视在功率 S 与参考方向无关,由于 UI 是有效值,均为正值,故 S 恒为正值。

视在功率一般不等于平均功率,如电源设备(变压器、发电机等)所发出的有功功率与负载的功率因数有关,不是一个常数,因此,电源设备通常只用视在功率表示其容量,而不是用有功功率表示。

(5) 功率三角形

有功功率和无功功率均可用视在功率表示,即

$$P = UI\cos\varphi$$
$$Q = UI\sin\varphi$$
$$S = UI = \sqrt{P^2 + Q^2}$$

可见,P、Q、S 可以构成一个直角三角形,这个三角形称为功率三角形,如图 3-3-3 所示。

在同一电路中,阻抗三角形的各边乘以 I 可以得到电压三角形,将电压三角形的各边再乘以 I 可以得到功率三角形。

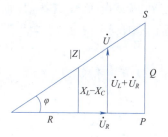

图 3-3-3 电压、阻抗、功率三角形

例 3-3-1 如图 3-3-4 所示,电路中 $u = 50\sin(10t - 15°)$ V,$i = 400\sin(10t - 75°)$ A,$i_1 = 100\sin(10t - 15°)$ A。

①试问两个负载的性质?
②求电源供出的有功功率 P、无功功率 Q 和视在功率 S。

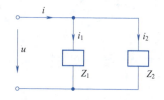

图 3-3-4 例 3-3-1 电路图

解 ① Z_1 为阻性,Z_2 为感性。
②
$$P = UI\cos 60° = 5\ 000 \text{ W}$$
$$Q = UI\sin\varphi = 8.66 \text{ kvar}$$
$$S = UI = \frac{50}{\sqrt{2}} \times \frac{400}{\sqrt{2}} \text{ V·A} = 10^4 \text{ V·A} = 10 \text{ kV·A}$$

2. 功率因数的提高

(1) 功率因数

根据有功功率公式 $P = UI\cos\varphi$ 可知,当 U、I 一定时,有功功率决定于 $\cos\varphi$ 的大小,因此将 $\cos\varphi$ 称为功率因数,用 λ 表示,即 $\lambda = \cos\varphi$,式中 φ 称为功率因数角,是供电电压 U 和电流 I 的相位差角,也是负载的阻抗角。

(2) 提高功率因数的意义

①提高功率因数可以提高电气设备的利用率。例如,某电源的额定视在功率 $S = 3\ 000$ kV·A,若负载为纯电阻,其功率因数 $\cos\varphi = 1$,则该电源能输出的功率为 $3\ 000$ kW;若负载为感性负载,其功率因数 $\cos\varphi = 0.5$,则该电源能输出的功率为 $1\ 500$ kW,即该电源的供电容量未能充分利用,因此要充分利用供电设备的能力,应当尽量提高负载的功率因数。

②提高功率因数有利于降低输电线路的功率损耗。电能是通过输变电线路送到厂矿企业、千家万户的,当输电线电压 U 和输送的有功功率一定时,负载的功率因数越低,线路和电源上的功率损耗越大,这是因为 $I = \dfrac{P}{U\cos\varphi}$,线路发热损耗的功率为 $P_L = I_L^2 R_L$,R_L 为线路的等效电阻,若功率因数 $\cos\varphi$ 提高,则通过输电线路的电流就减小,在线路的损耗也减小,线路压降减小,从而提高了传输效率和供电质量。

(3) 提高功率因数的主要方法

对于感性电路,将电容 C(补偿电容器)并联在感性电路 RL 的两端,如图 3-3-5 所示。在感性负载两端并联电容器,由于是并联,电感性负载的参数及其两端所加的电压均没有变化,所以电感性负载中的电流和功率因数都不会发生变化。但是并联电容器后,电压 U 和总电流 I 之间的相位差从 φ_1 减小到 φ_2,$\cos\varphi_2 > \cos\varphi_1$,如图 3-3-6 所示,所以整个电路的功率因数由 $\cos\varphi_1$ 提高到 $\cos\varphi_2$,即功率因数提高了。应当注意的是,这里所说的功率因数提高了,是指提高电源或电网的功率因数,而不是某个感性负载的功率因数。事实上,电网的功率因数提高了,感性负载的有功功率和功率因数并没有改变。

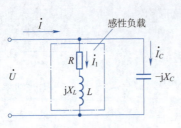

图 3-3-5　电容器补偿电路

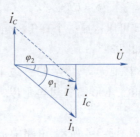

图 3-3-6　并联电容器后相量图

由图 3-3-6 可得

$$I_C = I_1 \sin \varphi_1 - I \sin \varphi_2$$

式中,I_C 为电容器中的电流;I_1 和 I 分别为功率因数提高前、后的电流。

并联电容前 $I_1 = \dfrac{P}{U\cos\varphi_1}$,并联电容后 $I = \dfrac{P}{U\cos\varphi_2}$,故

$$I_C = \dfrac{P}{U\cos\varphi_1}\sin\varphi_1 - \dfrac{P}{U\cos\varphi_2}\sin\varphi_2 = \dfrac{P}{U}(\tan\varphi_1 - \tan\varphi_2)$$

因为 $I_C = \dfrac{U}{X_C} = \omega C U$,则有

$$C = \dfrac{P}{U^2 \omega}(\tan\varphi_1 - \tan\varphi_2) \tag{3-3-5}$$

例 3-3-2 一台功率为 11 kW 的感应电动机,接在 220 V、50 Hz 的电路中,电动机需要的电流为 100 A。①求电动机的功率因数。②若要将功率因数提高到 0.9,应在电动机两端并联一个多大的电容?

解 ①已知 $P = 11$ kW,$U = 220$ V,$I_L = 100$ A,$\omega = 2\pi f = 2\pi \times 50$ rad/s $= 314$ rad/s。
由 $P = UI_L \cos\varphi_1$,得电动机的功率因数为

$$\cos\varphi_1 = \dfrac{P}{UI_L} = \dfrac{11 \times 10^3}{220 \times 100} = 0.5$$

功率因数角 $\varphi_1 = \arccos 0.5 = 60°$。

②若要将功率因数提高到 $\cos\varphi_2 = 0.9$,则功率因数角 $\varphi_2 = \arccos 0.9 = 25.8°$,所以,应在电动机两端并联电容的大小为

$$\begin{aligned}
C &= \dfrac{P}{U^2 \omega}(\tan\varphi_1 - \tan\varphi_2) \\
&= \dfrac{P}{U^2 2\pi f}(\tan\varphi_1 - \tan\varphi_2) \\
&= \dfrac{11 \times 10^3}{2\pi \times 50 \times 220^2}(\tan 60° - \tan 25.8°)\text{F} \\
&\approx 900 \ \mu\text{F}
\end{aligned}$$

练一练：

① RL 串联电路,已知功率因数 $\lambda = 0.8$, $Q_L = 1$ kvar,求视在功率。

② RLC 串联电路,$S = 100$ V·A,$P = 80$ W,$Q_L = 100$ var,求 Q_C。

③ 荧光灯电源的电压为 220 V,频率为 50 Hz,灯管相当于 300 Ω 的电阻,与灯管串联的镇流器在忽略电阻的情况下相当于 400 Ω 感抗的电感,求灯管两端的电压和工作电流,并画出相量图。

④ 试计算上题中荧光灯电路的平均功率、视在功率、无功功率和功率因数。

⑤ 已知 $C = 10$ F 的电容接在正弦电源上,电容的电流 $i(t) = 141\sin(314t + 60°)$ mA,在电压、电流关联参考方向下,试求电容端电压,并计算无功功率。

⑥ RLC 串联电路中,已知 $R = 10$ Ω,$X_L = 15$ Ω,$X_C = 5$ Ω,其中电流 $\dot{I}_C = 2\angle 30°$ A,试求:a. 总电压 $\dot{U}$;b. 功率因数 $\cos\varphi$;c. 该电路的功率 P、Q、S。

四、谐振电路

由电阻、电感、电容组成的电路中,在正弦电源的作用下,当端口电压与端口电流同相时,即电路呈电阻性,通常把这种工作状态称为谐振。谐振是正弦交流电路中常见的一种现象。如果谐振发生在串联电路中则称为串联谐振,发生在并联电路中称为并联谐振。

1. 串联谐振

(1) 串联谐振的条件

图 3-4-1 所示为 RLC 串联谐振电路。

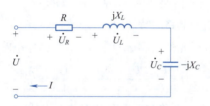

图 3-4-1 RLC 串联谐振电路

已知该电路的复阻抗为

$$Z = R + j(X_L - X_C) = R$$

根据谐振的定义,如果在一定条件下,感抗等于容抗,即 $X_L = X_C$ 或 $\omega L = \dfrac{1}{\omega C}$,则复阻抗的虚部为零,电路称电阻性,电路的总电压和总电流同相,电路发生谐振。

满足谐振时的角频率称为电路的谐振频率,用 ω_0 表示。因此电路发生谐振时

$$\omega_0 = \frac{1}{\sqrt{LC}} \quad 或 \quad f_0 = \frac{1}{2\pi\sqrt{LC}} \tag{3-4-1}$$

由谐振频率可知,产生谐振的频率取决于电路本身的参数 L、C,与电路中的电流、电压无关。它是电路本身所固有的特性,因此 ω_0、f_0 又称电路谐振的固有角频率和固有频率。

谐振时,感抗 X_L 和容抗 X_C 相等,其值称为电路的特性阻抗 ρ,单位是欧姆,即

$$\rho = \omega_0 L = \frac{1}{\omega_0 C} = \sqrt{\frac{L}{C}} \tag{3-4-2}$$

当电源频率 f 与电路参数 L 和 C 之间满足式(3-4-2)时,则产生谐振现象。由此可见,只要调整电路参数 L、C 或调节电源频率 f 都能使电路产生谐振。

因此,可以得到如下结论:

①当 L、C 固定时,可以改变电源频率达到谐振;

②当电源频率一定时,通过改变元件参数使电路谐振的过程称为调谐。由谐振条件可知,调节 L 和 C 使电路发生谐振,电感与电容分别为

$$L = \frac{1}{\omega^2 C} \quad \text{或} \quad C = \frac{1}{\omega^2 L} \tag{3-4-3}$$

(2) 串联谐振的特点

①谐振时,由于 $X_L = X_C$,电路的电抗 $X = 0$,阻抗模 $|Z| = \sqrt{R^2 + (X_L - X_C)^2} = R$,为最小值,所以串联谐振时阻抗最小,等于电路中的电阻 R。

②在电源电压一定的情况下,电路的电流值 $I = \frac{U}{|Z|} = \frac{U}{R}$ 最大,此时的电流称为谐振电流,用 I_0 表示,并且与电源电压同相。

③电路谐振时,由于 $X_L = X_C$,于是 $U_L = U_C$,而 $\dot{U}_L$ 和 $\dot{U}_C$ 在相位上相反,相互抵消,对于整个电路不起作用,外加电压全部加在电阻端,因此电源电压 $\dot{U} = \dot{U}_R$,电阻上的电压在谐振时达到最大值。其相量图如图3-4-2所示。

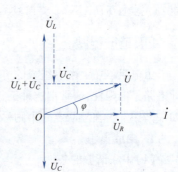

图 3-4-2 相量图

④电感和电容的端电压数值是外加电源电压值的 Q 倍。在电子技术中,通常用谐振电路的特性阻抗与电路电阻的比值来表征谐振电路的性能,此值用字母 Q 表示,称为谐振电路的品质因数。

$$Q = \frac{U_L}{U} = \frac{U_C}{U} = \frac{\omega_0 L}{R} = \frac{1}{\omega_0 CR} = \frac{\rho}{R} \tag{3-4-4}$$

由式(3-4-4)可知,Q 也是一个仅与电路参数有关的常数。

在串联谐振时,电感或电容元件上的电压是总电压的 Q 倍。如果串联谐振电路的电阻很小,$X_L = X_C \gg R$,电感和电容上的端电压将大大超过电源电压,所以串联谐振又称电压谐振。

⑤谐振时电压和电流同相,阻抗角为 $0°$,因此

有功功率 $P = UI \cos \varphi = S$。

无功功率 $Q = UI \sin \varphi = 0$。

串联谐振时,电源提供的能量全部是有功功率,并且消耗在电阻上。

例 3-4-1 在一 RLC 串联电路中,已知 $R = 20\ \Omega$,$L = 300\ \mu H$,C 为可变电容,变化范围为 12~290 pF,若外施信号源频率为 800 kHz,回路中的电流达到最大,最大值为 0.15 mA,试求信号源电压 U_s、电容 C、回路的特性阻抗 ρ、品质因数 Q 及电感上的电压 U_L。

解 由 $C = \frac{1}{\omega^2 L} = \frac{1}{(2\pi f)^2 L} = \frac{1}{(2 \times \pi \times 800 \times 10^3)^2 \times 300 \times 10^{-6}}\ F = 132\ pF$,

谐振时,外加电压全部加到电阻端,所以 $U_S = U_R = I_0 R = 0.15 \times 20\ mV = 3\ mV$。

谐振时感抗 X_L 和容抗 X_C 相等,回路的特性阻抗为

$$\rho = \omega_0 L = \frac{1}{\omega_0 C} = \sqrt{\frac{L}{C}} = \frac{\sqrt{300 \times 10^{-6}}}{\sqrt{132 \times 10^{-12}}} \ \Omega = 1\ 508\ \Omega$$

品质因数 $Q = \frac{\rho}{R} = \frac{1\ 508}{20} = 75.4$。

电感上的电压 $U_L = QU = 75.4 \times 3 \text{ mV} = 226.2 \text{ mV}$。

2. 并联谐振

串联谐振电路适用于信号源内阻较小的情况(恒压源),若信号源内阻较大,采用串联谐振回路将极大降低电路的 Q 值,使串联谐振电路的频率选择性变坏,通频带过宽。在这种情况下应采用并联谐振。

(1) 并联谐振的条件

在工程上,经常采用电感线圈和电容元件组成的并联谐振电路。因为任何电感线圈都有电阻,所以实际电感与电容的并联电路如图3-4-3(a)所示。其中,R 为电路的等效电阻,和电感串联。

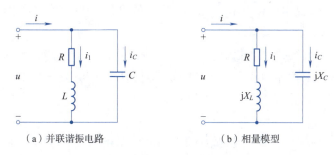

图 3-4-3　并联谐振电路及相量模型

根据谐振的定义,当端口电压与电流同相时的工作状态称为并联谐振。因此,在并联电路中等效阻抗为

$$Z = R + jX_L \ /\!/ \ (-jX_C)$$

即

$$Z = \frac{(R + jX_L)(-jX_C)}{R + jX_L + (-jX_C)}$$

在实际应用中,通常等效电阻 R 很小。在谐振时,$X_L = \omega L \gg R$,$R + jX_L \approx jX_L$,故上式可近似写成

$$Z \approx \frac{jX_L(-jX_C)}{R + j(X_L - X_C)} = \frac{X_L \cdot X_C}{R + j(X_L - X_C)} = \frac{1}{\frac{RC}{L} + j\left(\omega C - \frac{1}{\omega L}\right)} \tag{3-4-5}$$

根据谐振的定义,谐振时电路呈阻性,即 $j\left(\omega C - \frac{1}{\omega L}\right) = 0$,则并联电路发生谐振的条件为 $\omega C = \frac{1}{\omega L}$。

因此并联电路谐振角频率为

$$\omega_0 = \frac{1}{\sqrt{LC}} \quad \text{或} \quad f_0 = \frac{1}{2\pi\sqrt{LC}} \tag{3-4-6}$$

(2) 并联谐振的特点

①电路两端电压与电流同相位，电路呈阻性。

②谐振时，在电源电压不变的情况下，电路的阻抗最大，总电流最小，端口电流与电压同相。因此，$I = I_0$，I_0 称为谐振电流。

③电感电流与电容电流大小相等，相位相反，互为补偿，电路总电流等于电阻支路电流。

④谐振时各支路电流为

$$\dot{I}_L = \frac{\dot{U}}{j\omega_0 L} = \frac{R}{j\omega_0 L}\dot{I} \tag{3-4-7}$$

$$\dot{I}_C = \dot{U}j\omega_0 C = j\omega_0 CR\dot{I} \tag{3-4-8}$$

谐振时，电容支路或电感支路电流有效值与电路中总电流的有效值之比，用字母 Q 表示，即

$$Q = \frac{I_2}{I} = \frac{\omega_0 L}{R} = \frac{1}{\omega_0 CR} \tag{3-4-9}$$

即在谐振时，各并联支路电流近似相等，且是总电流的 Q 倍。Q 越大，支路电流比总电流大得越多，因此，并联谐振又称电流谐振。

例 3-4-2 在收音机的中频放大电路中，一般利用并联谐振电路对 465 kHz 的信号选频。设线圈的电阻 $R = 5\ \Omega$，线圈的电感 $L = 0.15$ mH，谐振时的总电流 $I_0 = 1$ mA。试求：

①选择 465 kHz 的信号，应选用多大的电容。

②电路的品质因数 Q。

解 ①要选择 465 kHz 的信号，必须使电路的谐振频率 $f_0 = 465$ kHz，所以谐振时的感抗为

$$\omega_0 L = 2\pi f_0 L = 2 \times 3.14 \times 465 \times 10^3 \times 0.15 \times 10^{-3}\ \Omega = 438\ \Omega$$

因为线圈电阻 $R = 5\ \Omega$，$\omega_0 L \gg R$，所以 $\omega_0 L \approx \dfrac{1}{\omega_0 C}$，由此可得

$$C = \frac{1}{\omega_0^2 L} = \frac{1}{(2\pi f_0)^2 L} = \frac{1}{(2 \times 3.14 \times 465 \times 10^3)^2 \times 0.15 \times 10^{-3}}\ \text{F} = 780\ \text{pF}$$

②电路的品质因数 Q 为

$$Q = \frac{\omega_0 L}{R} = \frac{438}{5} = 88$$

练一练：

(1) 在 RLC 串联电路中，已知 $R = 20\ \Omega$，$L = 0.1$ mH，$C = 100$ pF，试求谐振频率 ω_0、品质因数 Q。

(2) RLC 串联电路接于 $U = 1$ V 的正弦电源上，如图 3-4-4 所示，电压表 V_1、V_2 的读数均为 50 V，求电压表 V_3 和 V 的读数。

(3) 某收音机的调谐谐振电路中，电感 $L = 200$ H，欲收听某广播电台的信号，该电台播发的频率为 940 kHz，求电容应调到何值才能发生谐振？

(4) RLC 串联电路中，$u = 10\sqrt{2}\sin 1\,000t$ V，调节电容 C，使电路发生谐振，并测得谐振电流为 50 mA，电容电压为 100 V，试求 R、L、C 的值。

(5) 并联谐振电路如图 3-4-5 所示，已知电流表 A_1、A_2 的读数分别为 13 A 和 12 A，

试问电流表 A 的读数是多少?

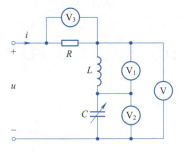

图 3-4-4 练一练(2)电路图

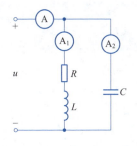

图 3-4-5 练一练(5)电路图

(6) RLC 组成的串联谐振电路,已知 $U = 10\text{ V}$,$I = 1\text{ A}$,$U_C = 80\text{ V}$,试问电阻 R 多大?品质因数 Q 为多少?

五、三相交流电源电路

1. 三相交流电产生及特点

三相交流电路在工农业生产中有着非常广泛的应用,在交流电力系统都采用三相三线制输电、三相四线制配电。工业用的交流电动机大都是三相交流电动机。

三相交流电源是由三相交流发电机产生的,三相交流发电机的工作原理如图 3-5-1 所示。三相交流发电机由定子和转子两大部分组成,固定的部分称为定子,在发电机中定子上嵌有三个具有相同匝数和尺寸的绕组(线圈)AX、BY 和 CZ,三个绕组在空间位置上彼此相差 120°,分别称为 A 相、B 相和 C 相绕组,其中三个绕组的首端为 A、B、C,末端为 X、Y、Z。转子一般由直流电磁铁构成,转子绕组中通入直流电而产生固定磁场,极面做成适当形状,以便定子与转子的空气隙的磁感应强度按正弦规律分布。

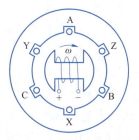

图 3-5-1 三相交流发电机的原理图

电动势的参考方向规定由绕组的末端指向始端,当转子以角速度 ω 顺时针方向转动时,定子在三个绕组中将产生三个振幅、频率完全相同,相位上依次相差 120° 的正弦感应电动势:e_A、e_B、e_C,这样的电动势称为对称三相电动势。如以 A 相电动势为参考量,则三相电动势的瞬时值表达式为

$$e_A = E_m \sin \omega t$$
$$e_B = E_m \sin(\omega t - 120°)$$
$$e_C = E_m \sin(\omega t + 120°)$$

(3-5-1)

也可用相量表示为

$$\dot{E}_A = E \angle 0°$$
$$\dot{E}_B = E \angle -120°$$
$$\dot{E}_C = E \angle 120°$$

(3-5-2)

三相电动势 e_A、e_B、e_C 的波形图和相量图如图 3-5-2、图 3-5-3 所示。显然从图 3-5-3 中可

以看出对称三相电动势的瞬时值之和为0,即

$$e_A + e_B + e_C = 0 \tag{3-5-3}$$

$$\dot{E}_A + \dot{E}_B + \dot{E}_C = 0 \tag{3-5-4}$$

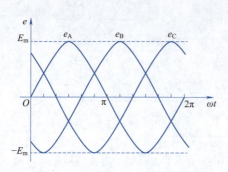

图 3-5-2　三相电动势波形图　　　图 3-5-3　三相电动势相量图

三相交流电每相电压依次达到同一值(如正的最大值)的先后次序称为相序。若相序是 A-B-C-A,这样的相序称为顺序(或正序);反之,相序如果是 A-C-B-A,称为逆序(或负序)。工程上通用的是正序。

广泛应用三相交流电路的原因是因为它具有以下优点:

①在相同体积下,三相交流发电机比单相交流发电机的输出功率大、效率高,可以满足大功率设备的用电需求;

②在输送功率相等、电压相同、输电距离和线路损耗都相同的情况下,三相输电比单相输电节省输电线材料,输电成本低;

③三相发电机的结构并不比单相发电机复杂,且价格低廉,性能良好,维护使用方便。

2. 三相电源与负载的连接

(1)三相电源的连接

三相电源包括了三个电源,它们可以同时向负载供电,也可以仅用其中的部分电源向负载供电。当三个电源同时向负载供电时,三个绕组按一定方式连接成一个整体向外供电。三相电源的连接方式有两种:星形(Y)联结和三角形(△)联结。

①三相电源的星形联结。将三相绕组的三个末端 X、Y、Z 连接在一起,形成一个节点 N,称为中性点或零点;再由三个首端 A、B、C 分别引出三根输出线,称为端线或相线(俗称火线),这样就构成了三相电源的星形联结,如图 3-5-4 所示。中性点也可引出一根线,这根线称为中性线,中性线通常与大地相连,又称零线或地线。三相电路系统中有中性线时,称为三相四线制电路;无中性线时,称为三相三线制电路。

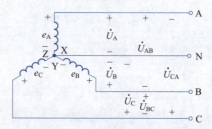

图 3-5-4　三相电源的星形联结

在三相四线制供电方式中,三相电源对外可提供两种电压:一种称为相电压,即相线与中性线间的电压,其有效值用 U_A、U_B、U_C 表示,一般用 U_P 表示;另一种为线电压,即相线与相线之间的电压,其有效值用 U_{AB}、U_{BC}、U_{CA},一般用 U_L 表示。通常规定各相相电压的参考方向从始端指向末端(由相线指向中性线),线电压的参考方向规定由第一位字母指向第二位字母,如 U_{AB},是从 A 线指向 B 线。

由图 3-5-4 可知,各线电压与相电压之间的关系用相量形式表示为

$$\dot{U}_{AB} = \dot{U}_A - \dot{U}_B \quad \dot{U}_{BC} = \dot{U}_B - \dot{U}_C \quad \dot{U}_{CA} = \dot{U}_C - \dot{U}_A \tag{3-5-5}$$

由于三相绕组的电动势是对称的,所以三相绕组的相电压也是对称的,互成 120°。

若设 $\dot{U}_A = U\angle 0°$,$\dot{U}_B = U\angle -120°$,$\dot{U}_C = U\angle 120°$,则由式(3-5-5)可知

$$\begin{cases} \dot{U}_{AB} = \dot{U}_A - \dot{U}_B = \sqrt{3}\,\dot{U}_A \angle 30° \\ \dot{U}_{BC} = \dot{U}_B - \dot{U}_C = \sqrt{3}\,\dot{U}_B \angle 30° \\ \dot{U}_{CA} = \dot{U}_C - \dot{U}_A = \sqrt{3}\,\dot{U}_C \angle 30° \end{cases} \tag{3-5-6}$$

三相对称电压的相量图如图 3-5-5 所示。

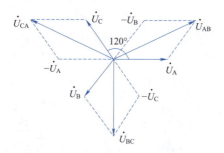

图 3-5-5 三相对称电压的相量图

结论:三相电源作星形联结时,若相电压是对称的,则线电压一定也是对称的,并且线电压有效值(幅值)是相电压有效值(幅值)的 $\sqrt{3}$ 倍,记作 $U_L = \sqrt{3}\,U_P$,在相位上线电压超前相应的相电压 30°。

在低压供电系统中,通常采用的是三相四线制供电方式。380 V/220 V 是指电源作星形联结时的线电压为 380 V,相电压为 220 V。

②三相电源的三角形联结。将对称三相电源的三个电压源正、负极依次相连接,然后从三个连接点引出三根线,这就是三相电源的三角形联结,如图 3-5-6 所示。

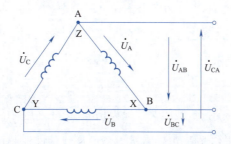

图 3-5-6 三相电源的三角形联结

三相电源作三角形联结时,三个电压源形成一个闭合回路,由于有 $\dot{U}_A + \dot{U}_B + \dot{U}_C = 0$,所以只要连线正确,闭合回路中不会产生环流。但如果某一相接反了(例如 C 相接反),那么 $\dot{U}_A + \dot{U}_B + (-\dot{U}_C) \neq 0$,而三相电源的内阻抗很小,在回路内会形成很大的环流,将会烧毁三相电源设备。为避免此类现象,可在连接电源时先串接一电压表,根据该表读数来判断三相电源连接正确与否。

由图 3-5-6 可知,三相电源作三角形联结时,线电压与相应相电压相等,即

$$\dot{U}_{AB} = \dot{U}_A, \quad \dot{U}_{BC} = \dot{U}_B, \quad \dot{U}_{CA} = \dot{U}_C \tag{3-5-7}$$

(2)三相负载的连接

在实际应用中,用电设备一般有单相和三相两类。例如照明灯具、家用电器、小功率电焊机等小功率设备都属于单相负载。三相交流电动机、大功率三相电炉等属于三相负载,它们必须接到三相电源上才能正常工作。三相电源供电时,为了保证每相电源输出功率均衡,负载根据其额定电压的不同,分别接在三相电源上,形成三相负载。若每相负载的电阻相等、电抗相等,而且性质相同,则称为三相对称负载,即 $Z_A = Z_B = Z_C, R_A = R_B = R_C, X_A = X_B = X_C$;否则,称为三相不对称负载。

三相负载的连接方式有两种:星形联结和三角形联结。

① 三相负载的星形联结。图 3-5-7 所示为三相负载的星形联结,图中 N′ 为负载中性点,从 A、B、C 引出三根线与三相电源相连。在三相四线制系统中,负载中性点 N 与电源中性点 N′ 相连的线称为中性线。

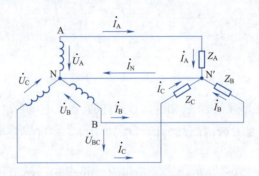

图 3-5-7 三相负载的星形联结

在星形联结的三相四线制中,由于中性线的存在,每相电源和该相负载相对独立,加在每相负载上的电压称为相电压。若忽略输电线上的电压降,则负载的相电压等于电源的相电压。由于电源的三个相电压对称,所以负载的相电压也是对称的。因而与对称三相星形联结电源一样,线电压与相电压之间也存在 $\sqrt{3}$ 倍的关系,即对称三相星形联结负载的线电压等于相电压的 $\sqrt{3}$ 倍,用有效值表示为

$$U_L = \sqrt{3} U_P \tag{3-5-8}$$

在各相电压的作用下,流过负载的电流称为相电流,分别用 $\dot{I}_{AB}$、$\dot{I}_{BC}$、$\dot{I}_{CA}$ 表示。其正方向与相电压的正方向一致,其有效值用 I_P 表示。流过相线的电流称为线电流,用 $\dot{I}_A$、$\dot{I}_B$、$\dot{I}_C$ 表示,其有效值用 I_L 表示。三相负载星形联结时,线电流与相应相电流相等。其正方向规定从电源流向负载。

$$\begin{cases} \dot{I}_{AB} = \dot{I}_A \\ \dot{I}_{BC} = \dot{I}_B \\ \dot{I}_{CA} = \dot{I}_C \end{cases} \quad (3\text{-}5\text{-}9)$$

若用有效值表示,一般写成

$$I_L = I_P \quad (3\text{-}5\text{-}10)$$

流过中性线的电流用 $\dot{I}_N$ 表示。其正方向规定从负载中性点流向电源中性点。

各相电流为

$$\dot{I}_A = \frac{\dot{U}_A}{Z_A}, \quad \dot{I}_B = \frac{\dot{U}_B}{Z_B}, \quad \dot{I}_C = \frac{\dot{U}_C}{Z_C} \quad (3\text{-}5\text{-}11)$$

各相负载的电压与电流之间的相位差为

$$\varphi_A = \arctan\frac{X_A}{R_A}, \quad \varphi_B = \arctan\frac{X_B}{R_B}, \quad \varphi_C = \arctan\frac{X_C}{R_C} \quad (3\text{-}5\text{-}12)$$

式中,R_A、R_B、R_C 为各相负载的等效电阻,X_A、X_B、X_C 为各相负载的等效电抗。若 $Z_A = Z_B = Z_C = R + jX$,从式(3-5-12)可知,每相电流大小和电流与其对应电压间的相位差均相等,即三个相电流是对称的,如图 3-5-8 所示,即

$$I_A = I_B = I_C = \frac{U_P}{|Z|} \quad (3\text{-}5\text{-}13)$$

$$\varphi_A = \varphi_B = \varphi_C = \arctan\frac{X}{R} \quad (3\text{-}5\text{-}14)$$

按图 3-5-7 所示的参考方向,由 KCL 可知,中性线电流为

$$\dot{I}_N = \dot{I}_A + \dot{I}_B + \dot{I}_C \quad (3\text{-}5\text{-}15)$$

由图 3-5-8 可知,这时中性线的电流等于 0,即 $\dot{I}_N = \dot{I}_A + \dot{I}_B + \dot{I}_C = 0$,表示中性线内没有电流流过,因此取消中性线也不会影响到各相负载的正常工作,这样三相四线制就变为三相三线制。

因此,计算负载对称的三相电路,只需计算一相即可,因为对称负载的电压和电流都是对称的,它们的大小相等,相位差为 120°。若负载不对称时,各相需单独计算,流过中性线的电流不等于 0,此时中性线不能省去,否则会造成负载上三相电压严重不对称,使用电设备不能正常工作。

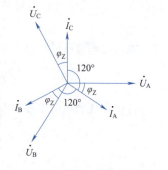

图 3-5-8 相量图

在供电系统中,三相负载多为不对称负载,要求中性线上不允许安装开关和熔断器。中性线的作用:将负载的中性点与电源的中性点相连,保证照明负载的三相电压对称。若中性线断开,则会使有的负载端电压升高,严重时还会烧毁负载;有的负载端电压降低而无法正常工作。

例 3-5-1 三相对称负载作星形联结,设每相负载的电阻为 $R = 12\ \Omega$,感抗为 $X_L = 16\ \Omega$,电源线电压 $\dot{U}_{AB} = 380\angle 30°$ V,试求各相电流。

解 由式(3-5-8)可知,相电压的有效值

$$U_A = \frac{U_{AB}}{\sqrt{3}} = \frac{380}{\sqrt{3}}\ \text{V} = 220\ \text{V}$$

因为相电压在相位上滞后于线电压30°,可知 $\dot{U}_A = 220\angle 0°$ V。

负载的阻抗 $Z_A = R + jX_L = (12 + j16)\Omega = 20\angle 53.1°\ \Omega$

相电流 $\dot{I}_A = \dfrac{\dot{U}_A}{Z_A} = \dfrac{220\angle 0°}{20\angle 53.1°}$ A $= 11\angle -53.1°$ A

由于负载对称,故可直接推出其他两相电路相电流为

$$\dot{I}_B = 11\angle(-53.1° - 120°)\text{ A} = 11\angle -173.1°\text{ A}$$

$$\dot{I}_C = 11\angle(-53.1° + 120°)\text{ A} = 11\angle 66.9°\text{ A}$$

②三相负载的三角形联结。图3-5-9所示为三相负载的三角形联结,每一相负载首尾依次相连而成三角形,分别接到三相电源的三根相线上,称为三相负载的三角形联结。负载的相电压就等于电源的线电压。不论负载是否对称,它们的相电压总是对称的,即

$$U_{AB} = U_{BC} = U_{CA} = U_P = U_L \tag{3-5-16}$$

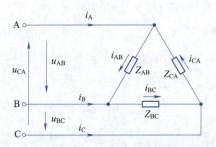

图3-5-9 三相负载的三角形联结

Z_{AB}、Z_{BC}、Z_{CA}为三相负载,其上流过的电流称为相电流分别为 $\dot{I}_{AB}$、$\dot{I}_{BC}$、$\dot{I}_{CA}$。在图3-5-9所示的参考方向下,由KCL可知,负载的线电流分别为

$$\dot{I}_A = \dot{I}_{AB} - \dot{I}_{CA},\ \dot{I}_B = \dot{I}_{BC} - \dot{I}_{AB},\ \dot{I}_C = \dot{I}_{CA} - \dot{I}_{BC} \tag{3-5-17}$$

流过每相负载的相电流和线电流不一样,其中各相负载的相电流为

$$I_{AB} = \dfrac{U_{AB}}{|Z_{AB}|},\ I_{BC} = \dfrac{U_{BC}}{|Z_{BC}|},\ I_{CA} = \dfrac{U_{CA}}{|Z_{CA}|} \tag{3-5-18}$$

各相负载的相电压和相电流之间的相位差为

$$\begin{cases} \varphi_{AB} = \arctan\dfrac{X_{AB}}{R_{AB}} \\ \varphi_{BC} = \arctan\dfrac{X_{BC}}{R_{BC}} \\ \varphi_{CA} = \arctan\dfrac{X_{CA}}{R_{CA}} \end{cases} \tag{3-5-19}$$

若是三相对称负载,$|Z_{AB}| = |Z_{BC}| = |Z_{CA}| = |Z|$,$\varphi_{AB} = \varphi_{BC} = \varphi_{CA} = \varphi$,则负载的相电流也是对称的,即

$$I_{AB} = I_{BC} = I_{CA} = I_P = \dfrac{U_P}{|Z|} \tag{3-5-20}$$

$$\varphi_{AB} = \varphi_{BC} = \varphi_{CA} = \varphi = \arctan\dfrac{X}{R} \tag{3-5-21}$$

对称三相负载的相电流、线电流、线电压(相电压)之间的关系相量图如图3-5-10所示。

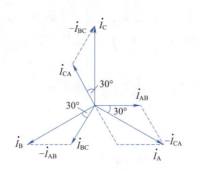

图 3-5-10 三相负载三角形联结的相量图

从图 3-5-10 中可以看出,三个线电流也是对称的,且滞后相电流 30°,大小是相电流的 $\sqrt{3}$ 倍,用有效值表示为

$$I_L = \sqrt{3} I_P \tag{3-5-22}$$

3. 计算三相交流电的相关参数

(1) 计算三相交流电的电流

例 3-5-2 如图 3-5-7 所示的三相对称电路中,已知电源的线电压 $u_{AB} = 380\sqrt{2}\sin(\omega t + 30°)$ V,每相负载阻抗一样,即 $Z_P = 20\angle 45°\ \Omega$。试求出各相负载的瞬时电流。

解 根据已知条件,由式(3-5-8)及相电压在相位上滞后线电压 30°,可得到线电压的相量为

$$\dot{U}_A = \frac{\dot{U}_{AB}}{\sqrt{3}} \angle -30° = \frac{380\angle 30°}{\sqrt{3}} \angle -30°\ V = 220\angle 0°\ V$$

A 相电流

$$\dot{I}_A = \frac{\dot{U}_A}{Z_A} = \frac{220\angle 0°}{20\angle 45°}\ A = 11\angle -45°\ A$$

则 $i_A = 11\sqrt{2}\sin(\omega t - 45°)$ A。

由于负载对称,故可直接推出其他两相电路的瞬时值表达式为

$$i_B = 11\sqrt{2}\sin(\omega t - 120° - 45°)\ A = 11\sqrt{2}\sin(\omega t - 165°)\ A$$

$$i_C = 11\sqrt{2}\sin(\omega t + 120° - 45°)\ A = 11\sqrt{2}\sin(\omega t + 75°)\ A$$

例 3-5-3 一组对称三相负载接成三角形,已知电源线电压为 380 V,每相负载的复阻抗为 $Z = (6 + j8)\ \Omega$,求各相负载的相电流及各线电压。

解 $Z = (6 + j8)\ \Omega = 10\angle 53.1°\ \Omega$,设线电压 $\dot{U}_{AB} = 380\angle 0°\ V$,则负载各相电流为

$$\dot{I}_{AB} = \frac{\dot{U}_{AB}}{Z} = \frac{380\angle 0°}{10\angle 53.1°}\ A = 38\angle -53.1°\ A$$

$$\dot{I}_{BC} = \dot{I}_{AB}\angle -120° = 38\angle -173.1°\ A$$

$$\dot{I}_{CA} = \dot{I}_{AB}\angle 120° = 38\angle 66.9°\ A$$

各线电流为

$$\dot{I}_A = \sqrt{3}\ \dot{I}_{AB}\angle -30° = 38\sqrt{3}\angle -53.1° - 30°\ A = 66\angle -83.1°\ A$$

$$\dot{I}_B = \dot{I}_A\angle -120° = 66\angle 156.9°\ A$$

$$\dot{I}_C = \dot{I}_A\angle 120° = 66\angle 36.9°\ A$$

例 3-5-4 有一个三相对称感性负载,其中每相的 $R=12\ \Omega$,$X_L=16\ \Omega$,接在线电压为 380 V 的三相电源上。①负载作星形联结时,计算 I_P、I_L、P;②负载改成三角形联结后,计算 I_P、I_L、P。

解 每相负载阻抗的大小为

$$Z=\sqrt{R^2+X_L^2}=20\ \Omega$$

负载的功率因数为

$$\cos\varphi=\frac{R}{Z}=0.6$$

①负载作星形联结时,$U_P=\dfrac{U_L}{\sqrt{3}}=\dfrac{380}{\sqrt{3}}\ \text{V}=220\ \text{V}$。

所以,$I_L=I_P=\dfrac{U_P}{Z}=\dfrac{220}{20}\ \text{A}=11\ \text{A}$。

$$P=\sqrt{3}\,U_L I_L\cos\varphi=\sqrt{3}\times380\times11\times0.6\ \text{W}=4.344\ \text{kW}$$

②负载改成三角形联结后,$U_L=U_P=380\ \text{V}$。

$$I_P=\frac{U_P}{Z}=\frac{380}{20}\ \text{A}=19\ \text{A}$$

$$I_L=\sqrt{3}\,I_P=\sqrt{3}\times19\ \text{A}=33\ \text{A}$$

$$P=\sqrt{3}\,U_L I_L\cos\varphi=\sqrt{3}\times380\times33\times0.6\ \text{W}=13.032\ \text{kW}$$

(2)计算三相交流电的功率

与单相交流电路一样,三相交流电路的功率也分为有功功率、无功功率和视在功率。

①三相负载的有功功率。三相电路中各相功率的计算方法与单相电路相同。三相总功率应等于各相功率之和,即

$$P=P_A+P_B+P_C=U_A I_A\cos\varphi_A+U_B I_B\cos\varphi_B+U_C I_C\cos\varphi_C \quad (3\text{-}5\text{-}23)$$

式中,U_A、U_B、U_C 分别是 A 相、B 相和 C 相的电压有效值;I_A、I_B、I_C 分别是各相电流的有效值;φ_A、φ_B、φ_C 分别是各相负载的功率因数角,也是各相电压与相电流之间的相位差。

对于三相对称负载,各相电压、相电流大小相等,阻抗角相同,且各相的功率因数也相同,因此三相总功率为

$$P=3U_P I_P\cos\varphi \quad (3\text{-}5\text{-}24)$$

工程上,测量三相负载的相电压 U_P 和相电流 I_P 不便,而测量它的线电压 U_L 和线电流 I_L 却比较容易,因而通常采用以下公式

当对称负载是星形联结时,

$$U_P=\frac{U_L}{\sqrt{3}},\quad I_P=I_L \quad (3\text{-}5\text{-}25)$$

当对称负载是三角形联结时,

$$U_P=U_L,\quad I_P=\frac{I_L}{\sqrt{3}} \quad (3\text{-}5\text{-}26)$$

因此

$$P=\sqrt{3}\,U_L I_L\cos\varphi \quad (3\text{-}5\text{-}27)$$

②三相交流电路的无功功率：
$$Q = Q_A + Q_B + Q_C = U_A I_A \sin \varphi_A + U_B I_B \sin \varphi_B + U_C I_C \sin \varphi_C \quad (3\text{-}5\text{-}28)$$
$$Q = 3U_P I_P \sin \varphi = \sqrt{3} U_L I_L \sin \varphi \quad (3\text{-}5\text{-}29)$$

③三相交流电路的视在功率：
$$S = \sqrt{P^2 + Q^2} \quad (3\text{-}5\text{-}30)$$

经分析可知，三相对称负载的视在功率为
$$S = \sqrt{P^2 + Q^2} = \sqrt{3} U_L I_L = 3 U_P I_P \quad (3\text{-}5\text{-}31)$$

例 3-5-5 有一三相对称负载，每相阻抗 $Z = 10\angle 60° \ \Omega$，电源线电压 $U_L = 380$ V。求当三相负载分别连接成星形和三角形时电路的电流和三相功率。

解 ①负载为星形联结时，
$$U_P = \frac{U_L}{\sqrt{3}} = \frac{100\sqrt{3}}{\sqrt{3}} \ \text{V} = 100 \ \text{V}$$

设 A 相电压 u_A 的初相为 $0°$，$\dot{U}_A = 100\angle 0°$ V。
A 相电流为
$$\dot{I}_A = \frac{\dot{U}_A}{Z} = \frac{100\angle 0°}{10\angle 60°} \ \text{A} = 10\angle -60° \ \text{A}$$

由于负载对称，故可知 B、C 两相的电流分别为 $\dot{I}_B = 10\angle -180°$ A，$\dot{I}_C = 10\angle 60°$ A。

各相电流的有效值为 10 A，由式(3-5-10)可知 $I_P = I_L = 10$ A。

三相总有功功率 $P = \sqrt{3} U_L I_L \cos \varphi = \sqrt{3} \times 100\sqrt{3} \times 10 \times \cos 60°$ W $= 1\ 500$ W。

三相总无功功率 $Q = \sqrt{3} U_L I_L \sin \varphi = \sqrt{3} \times 100\sqrt{3} \times 10 \times \sin 60°$ var $= 2\ 598$ var。

三相总视在功率 $S = \sqrt{3} U_L I_L = \sqrt{3} \times 100\sqrt{3} \times 10$ V·A $= 3\ 000$ V·A。

②负载为三角形联结时，
$U_P = U_L = 100$ V，设电压 u_{AB} 的初相为 $0°$，则 $\dot{U}_{AB} = 100\sqrt{3}\angle 0°$ V。

各相电流分别为 $\dot{I}_{AB} = \frac{\dot{U}_{AB}}{Z} = \frac{100\sqrt{3}\angle 0°}{10\angle 60°}$ A $= 10\sqrt{3}\angle -60°$ A，$\dot{I}_{BC} = 10\sqrt{3}\angle -180°$ A，$\dot{I}_{CA} = 10\sqrt{3}\angle 60°$ A。

各线电流分别为 $\dot{I}_A = \sqrt{3} \dot{I}_{AB}\angle -30° = 30\angle -90°$ A，$\dot{I}_B = 30\angle 150°$ A，$\dot{I}_C = 30\angle 30°$ A。

三相总有功功率 $P = \sqrt{3} U_L I_L \cos \varphi = \sqrt{3} \times 100\sqrt{3} \times 30 \times \cos 60°$ W $= 4\ 500$ W。

三相总无功功率 $Q = \sqrt{3} U_L I_L \sin \varphi = \sqrt{3} \times 100\sqrt{3} \times 30 \times \sin 60°$ var $= 7\ 794$ var。

三相总视在功率 $S = \sqrt{3} U_L I_L = \sqrt{3} \times 100\sqrt{3} \times 30$ V·A $= 9\ 000$ V·A。

练一练：

(1) 已知对称三相电源 $\dot{U}_A = 10\angle 10°$ V，则 $\dot{U}_B = $ _____，$\dot{U}_C = $ _____。

(2) 当对称三相电源作星形联结时，若 $U_A = 220\sqrt{2}\sin(314t - 30°)$ V，则其他两相的相电压分别为 $U_B = $ _____，$U_C = $ _____。

(3) 对称三相电源作星形联结时，线电压 $\dot{U}_{AB} = 380\angle 0°$ V，则相电压 $\dot{U}_A = $ _____。

(4) 对称三相电源作三角形联结时,相电流 $\dot{I}_{AB}=5\angle 30°$ A,则线电流 $\dot{I}_A=$ _____。

(5) $R=60$ Ω 和 $X_L=80$ Ω 串联的每相阻抗,连接成星形负载,接于线电压 380 V 的对称三相电源上,求各相负载的电压和电流。

(6) 对称三相电源作星形联结,已知线电压 $u_{AB}=380\sqrt{2}\sin 314t$ V,试写出其他线电压和相电压的解析式。

(7) 设对称三相电源中的 $\dot{U}_{AB}=220\angle 30°$ V,写出另两相电压 $\dot{U}_{BC}$、$\dot{U}_{CA}$ 的相量及瞬时值表达式,画出相量图。

项目实施

步骤一 现有照明设备评估

(1) 评估现有照明设备的数量、类型(如 LED 灯、卤素灯等)及其功率;
(2) 了解设备的连接方式,是单灯单控还是集中控制;
(3) 检查设备的电气参数,如额定电压、电流和功率因数。

步骤二 设计多路灯光独立控制部分

(1) 根据音乐节活动场地的布局和照明需求,确定需要独立控制的灯光区域;
(2) 在每个需要独立控制的区域安装单独的开关或控制系统,例如使用调光器或智能照明控制系统;
(3) 确保每个独立控制部分能够方便地通过手动或自动方式调节亮度和颜色。

步骤三 功率分配设计

(1) 根据各区域的照明需求,预测每个独立控制部分的照明功率需求;
(2) 考虑总功率限制和电网容量,合理分配各区域的照明功率;
(3) 对于功率需求较大的区域,可以考虑使用高效率的照明设备或增加电源插座以分散功率负荷。

步骤四 电路设计

(1) 根据步骤二和步骤三的分析结果,设计详细的电路图,包括电源进线、分支电路、开关和控制装置等;
(2) 在电路设计中考虑安全措施,如安装漏电保护器、过载保护器等;
(3) 确保电路设计符合当地电气安全标准和规范。

步骤五 实施改造

(1) 根据设计好的电路图,进行照明设备的布置和电路布线;
(2) 安装独立的开关或控制系统,确保每个区域都能实现独立控制;
(3) 在安装过程中,注意保持现场整洁,避免损坏现有设备和电路。

步骤六 测试和调试

(1) 在改造完成后,对所有照明设备和电路进行逐一测试,确保其功能正常;
(2) 调试独立控制系统,确保其能够按照预期进行亮度和颜色的调节;

(3)在音乐节期间,定期检查照明设备和电路的运行状态,确保活动期间的照明效果稳定、可靠。

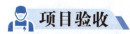

项目验收

整个项目完成之后,下面来检测一下完成的效果。具体的测评细则见下表。

项目完成情况测评细则

评价内容	分值	评价细则	量化分值	得分
信息收集与自主学习	20分	(1)是否搜集了与照明电路设计相关的资料、手册或专业书籍	5分	
		(2)是否展示了自主学习的成果,如笔记、总结或相关学习资料	10分	
		(3)是否对现有照明设备进行了全面评估,包括设备数量、类型、功率等信息	5分	
电路设计与实施	40分	(1)是否根据音乐节场地布局和照明需求,合理设计了多路灯光独立控制方案	8分	
		(2)设计方案中是否明确了各区域的照明需求及功率分配	8分	
		(3)是否提供了详细、清晰的电路设计图,包括电源进线、分支电路、开关和控制装置等	8分	
		(4)电路设计图是否考虑了安全措施和当地电气安全标准	8分	
		(5)照明设备的布置和电路布线是否按照设计图进行,且安装过程规范	8分	
测试与调试	30分	(1)是否对所有照明设备和电路进行了功能测试,确保正常工作	5分	
		(2)是否测试了独立控制系统的亮度和颜色调节功能	5分	
		(3)是否测试了照明电路的效率,包括功率分配和能源利用效率	5分	
		(4)是否评估了电路在不同负荷下的稳定性	5分	
		(5)是否及时发现了测试和性能评估中出现的问题,并进行了有效的调试	5分	
		(6)调试过程中是否有详细的问题记录和解决方案	5分	
职业素养与职业规范	10分	(1)在项目执行过程中是否展示了良好的团队合作精神,如有效沟通、分工协作等	2分	
		(2)是否整理了完整、准确的项目文档,包括电路图、测试报告、维护计划等	3分	
		(3)在设计和实施过程中是否严格遵守了职业安全规范和电气安全标准	3分	
		(4)是否考虑了环境保护和可持续发展因素	2分	
总计		100分		

巩固与拓展

一、知识巩固

1. 填空题

(1) 正弦交流电的三要素是指正弦量的_____、_____和_____。

(2) 已知一正弦量 $i = 7.07\sin(314t - 30°)$ A，则该正弦电流的最大值是_____A，有效值是_____A，角频率是_____rad/s，频率是_____Hz，周期是_____s，初相是_____。

(3) 实际应用的电表交流指示值和实验的交流测量值，都是交流电的_____值。工程上所说的交流电压、交流电流的数值，通常都是它们的_____值，此值与交流电最大值的数量关系为_____。

(4) 电阻元件上的电压、电流在相位上是_____关系；电感元件上的电压、电流相位存在_____关系，且电压_____电流；电容元件上的电压、电流相位存在_____关系，且电压_____电流。

(5) 已知交流电路中 $u = \sin(100\pi t + 30°)$ V，$i = 2\sin(100\pi t + 60°)$ A，则电压_____（超前/滞后）电流_____（30°/90°）。

(6) R、L、C 串联电路中，当电路复阻抗虚部大于零时，电路呈_____性；当电路复阻抗虚部小于零时，电路呈_____性；当电路复阻抗虚部等于零时，电路呈_____性，此时电路中的总电压和电流相量在相位上呈_____关系，称电路发生串联_____。

(7) R、L、C 并联电路中，测得电阻元件上通过的电流为 3 A，电感元件上通过的电流为 8 A，电容元件上通过的电流是 4 A，总电流是 5 A，电路呈_____性。

(8) 已知 $i = 10\cos(100t - 30°)$ A，$u = 5\sin(100t - 60°)$ A，则相位差为_____，且 i_____u。

(9) 为提高电路的功率因数，对容性负载，应并联_____元件；对感性负载，应并联_____元件。

(10) 已知 R、L 串联电路中的复阻抗 $Z = (3+j4)\,\Omega$，若 Z 上电压 U 为 20 V，则 Z 上电流 $I = $_____A。

(11) R、L、C 并联正弦电流电路中，$I_R = 3$ A，$I_L = 1$ A，$I_C = 5$ A，则总电流为_____A。

(12) 如下图所示电路，回路电流 I 为_____。

(13) 已知下图所示电路各元件上电压表的读数，则总电压 U 为_____V。

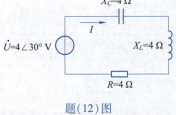

题(12)图

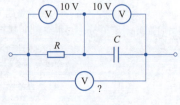

题(13)图

(14) 已知下图所示电路电流表 A_1、A_2、A_3 读数分别为 5 A、25 A、20 A，电流表 A 的读数为

_____。

(15) 已知某正弦交流电流初相为 30°,在 $t=0$ 时瞬时值 $i(0)=0.5$ A,该电流的最大值为_____A,有效值为_____A。

(16) $i_1=2\sin(314t+10°)$ A 与 $i_2=-4\sin(314t+95°)$ A 的相位差为_____。

(17) 一 R、L、C 串联电路,已知 $R=X_L=X_C=5\Omega$,端电压 $U=10$ V,则 $I=$ _____ A。

(18) 下图中复阻抗 $Z_{ab}=$ _____。

题(14)图   题(18)图

2. 选择题

(1) 正弦电压 $u(t)=50\sin(314t+60°)$ V,则该正弦电压的周期 T 为( )。

  A. 314 s   B. 50 s   C. 0.02 s   D. (1/314) s

(2) 用电表测量市电电网电压为 220 V,该电压的振幅值为( )V,它的变化周期为( )。

  A. 220,50 Hz   B. $220\sqrt{2}$,20 ms

  C. 220,314 rad/s   D. $220\sqrt{2}$,0°

(3) 某正弦交流电压 u 的初相位为 45°,在 $t=0$ 时 $u=220$ V,则 u 的有效值为( )。

  A. 220 V   B. 380 V   C. 144 V   D. 155 V

(4) 两个同频率正弦交流电的相位差等于 180°时,则它们相位关系是( )。

  A. 同相   B. 反相   C. 相等   D. 正交

(5) 如下图所示波形图,电流的瞬时值表达式为( )。

  A. $i=I_m\sin(2\omega t+30°)$ A   B. $i=I_m\sin(\omega t+60°)$ A

  C. $i=I_m\sin(\omega t-60°)$ A   D. $i=I_m\sin(2\omega t-30°)$ A

(6) 如下图所示波形图,电压的瞬时值表达式为( )。

  A. $u=U_m\sin(\omega t-30°)$ V   B. $u=U_m\sin(\omega t+30°)$ V

  C. $u=U_m\sin(\omega t+60°)$ V   D. $u=U_m\sin(\omega t-60°)$ V

(7) 如下图所示波形图,两条曲线的相位差 $\varphi_{ui}=$ ( )。

  A. 90°   B. 120°   C. -120°   D. -90°

(8) 在下图所示交流电路中,电源电压不变,当频率升高时,各灯泡的亮度变化为( )。

  A. 灯 A 变亮   B. 灯 B 变亮

  C. 灯 C 变亮   D. 所有灯变亮

(9) 变压器传递电功率的能力用( )表示。

  A. 有功功率   B. 无功功率

  C. 视在功率   D. 瞬时功率

(10) 在 R、L、C 串联的正弦交流电路中,电路的性质取决于( )。

A. 电路外施电压的大小 B. 电路连接形式
C. 电路各元件参数及电源频率 D. 无法确定

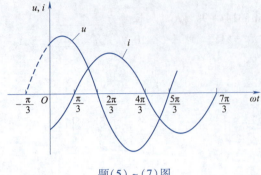

题(5)~(7)图

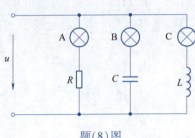

题(8)图

3. 判断题

(1) $u_1 = 220\sqrt{2}\sin 314t$ V 的相位超前 $u_2 = 311\sin(628t - 45°)$ V 45°。 （ ）

(2) 电阻元件上只消耗有功功率，不产生无功功率。 （ ）

(3) 无功功率的概念可以理解为这部分功率在电路中不起任何作用。 （ ）

(4) 正弦量可以用相量来表示，因此相量等于正弦量。 （ ）

(5) 串联电路的总电压相位超前电流时，电路一定呈感性。 （ ）

(6) 并联电路的总电流相位超前端电压时，电路呈感性。 （ ）

(7) 电感、电容相串联，$U_L = 120$ V，$U_C = 80$ V，则总电压等于 200 V。 （ ）

(8) 电阻、电感相并联，$I_R = 3$ A，$I_L = 4$ A，则总电流等于 5 A。 （ ）

(9) 提高功率因数可使负载中的电流减小，因此电源利用率提高。 （ ）

(10) 只要在感性设备两端并联一电容器，即可提高电路的功率因数。 （ ）

(11) 视在功率在数值上等于电路中有功功率和无功功率之和。 （ ）

(12) 交流电的有效值是它的幅值的 0.707 倍。 （ ）

(13) 交流电的有效值是根据它的热效应确定的。 （ ）

(14) 工频一般指市电的频率，我国电力工业的标准是 50 Hz。 （ ）

(15) 大小和方向都随时间变动的电流称为交流电流。 （ ）

(16) 若 φ 为电压、电流的相位差，则正弦交流电路的功率因数为 $\sin\varphi$。 （ ）

(17) 电感元件电压相位超前于电流 $\pi/2$。 （ ）

(18) 正弦电流通过串联的两个元件时，若 $U_1 = 10$ V，$U_2 = 15$ V，则总电压 $U = U_1 + U_2 = 25$ V。 （ ）

(19) 正弦交流电路中，频率越高则电感越大，而电容则越小。 （ ）

(20) 参考方向改变时，正弦电流的初相位改变 π。 （ ）

(21) 感性电路即电路中只含电阻和电感的电路。 （ ）

(22) 两个正弦量的初相之差就为两者的相位差。 （ ）

(23) 电容元件电压相位超前于电流 $\pi/2$。 （ ）

(24) 提高功率因数是指提高电源或整个电路的功率因数。 （ ）

(25) 人们平时所用的交流电压表、电流表所测出的数值是有效值。 （ ）

4. 分析与计算题

（1）已知一正弦电流的振幅 $I_m = 5$ A，频率 $f = 50$ Hz，初相 $\varphi_1 = \pi/6$。①写出该电流的解析式；②求 $t = 0.01$ s、$t = 0.02$ s 的电流值。

（2）已知 $u_1 = 220\sqrt{2}\sin(314t - 150°)$ V，$u_2 = 220\sqrt{2}\sin(314t - 30°)$ V，试求 $u_1 + u_2$ 和 $u_1 - u_2$，并作相量图。

（3）如下图所示电路为一 RC 移相电路，要求输出电压 $u_2(t)$ 与输入电压 $u_1(t)$ 间的相位差为 45°，若已知 $R = 1\,000$ Ω，输入信号频率 $f = 80$ Hz，试确定电容 C 的值。

（4）如下图所示电路，若电源电压 $\dot{U}$ 与电流 $\dot{I}$ 同相，且 $U = 5$ V，$U_L = 20$ V，问 A、B、C、D 中哪两点之间的电压最高？最高的电压为多少？

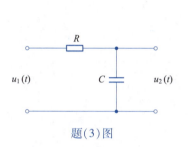

题(3)图

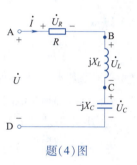

题(4)图

（5）有一对称三相负载，每相阻抗为 $(80 + \text{j}60)$ Ω，电源线电压 $U_L = 380$ V。求当三相负载分别连接成星形和三角形时电路的有功功率和无功功率。

二、实践拓展

利用所学知识，在充分查阅相关资料的前提下，用分立元件设计一个由红、黄、绿三色 LED 构成的感性、容性、阻性电路，测试在不改变电源电压的前提下，更改电源的频率对电路会产生什么样的影响。要求利用 Multisim 仿真软件进行设计与仿真。

项目 4
直流稳压电源设计与制作

项目目标

知识目标：

(1) 了解变压器的基本结构、特性和工作原理；

(2) 理解直流稳压电源整流电路工作原理；

(3) 熟悉直流稳压电源滤波电路工作原理；

(4) 掌握直流稳压电源稳压电路工作原理。

技能目标：

(1) 能够设计简单的直流稳压电源电路，包含整流电路、稳压电路等，能够计算基本电路参数；

(2) 能够设计并分析各电路的功能需求以及对应输出的电路物理量；

(3) 能够根据需求，确定变压、整流、滤波、稳压各模块所需元件参数；

(4) 能够分析直流稳压电源电路的故障原因。

素质目标：

(1) 培养思维创新，能单独解决设计和制作过程中的问题，强调个人独立解决问题的能力培养；

(2) 鼓励学生在直流稳压电源设计和制作中尝试新的思路和方法；

(3) 培养职业道德和社会责任感，强调技术创新和发展对社会的影响，使学生具备专业素养和社会担当。

项目描述

直流稳压电源是电子技术常用的设备之一，广泛应用于生活、教学、科研等领域。当今社会人们极大地享受着电子设备带来的便利，任何电子设备都有一个共同的电路——电源电路。大到超级计算机、小到袖珍计算器，所有的电子设备都必须在电源电路的支持下才能正常工作。当然这些电源电路的样式、复杂程度千差万别。超级计算机的电源电路本身就是一套复杂的电源系统。通过这套电源系统，超级计算机各部分都能够得到持续稳定、符合各种复杂规范的电源供应。袖珍计算器则是简单得多的电池电源电路。不要小看了这个电池电源电路，比较新型的电路完全具备电池能量提醒、掉电保护等高级功能。可以说电源电路是一切电子设备的基础，没有电源电路就不会有如此种类繁多的电子设备。

项目4　直流稳压电源设计与制作

由于电子技术的特性,电子设备对电源电路的要求就是能够提供持续稳定、满足负载要求的电能,而且通常情况下都要求提供稳定的直流电能。提供这种稳定的直流电能的电源就是直流稳压电源。直流稳压电源在电源技术中占有十分重要的地位。另外,很多电子爱好者初学阶段首先遇到的就是要解决电源问题,否则电路无法工作,电子制作无法进行。

日常用到的手机充电器就是一个标准的直流稳压电源。下面请设计一台高品质的直流稳压电源。

任务布置:

(1)基于现有的元件,设计能够将 220 V 的正弦交流电转换为 +5 V 直流电压的直流稳压电源;

(2)根据需求,采用分立元件设计电路。

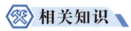相关知识

一、变压器

1. 变压器的基本结构

变压器的基本结构分为两个主要部分:铁芯和绕组(线圈)。其他还有油箱、绝缘套管、分接开关和安全气道等,如图4-1-1所示。

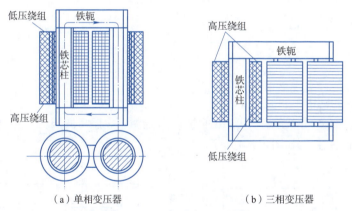

图 4-1-1　变压器的基本结构

(1)铁芯

铁芯是变压器的磁路,也是套装绕组的骨架。铁芯由铁芯柱(套有绕组)和铁轭(形成闭合磁路)两部分组成。常用的变压器铁芯一般都是用 0.35～0.5 mm 厚硅钢片制作的。硅钢是一种含硅的钢,其含硅量在 0.8%～4.8%。由硅钢做变压器的铁芯,是因为硅钢本身是一种导磁能力很强的磁性物质,在通电线圈中,它可以产生较大的磁感应强度,从而可以使变压器的体积缩小。

变压器铁芯的结构可分为心式、壳式,如图4-1-2所示。

(2)绕组

绕组又称线圈,是变压器的电路,一般用绝缘铜线或铝线(扁线或圆线)绕制而成。一个绕组与电源相连,称为一次绕组(原绕组、初级绕组),另一个绕组与负载相连,称为二次绕组(副绕组、次级绕组),如图4-1-3所示。

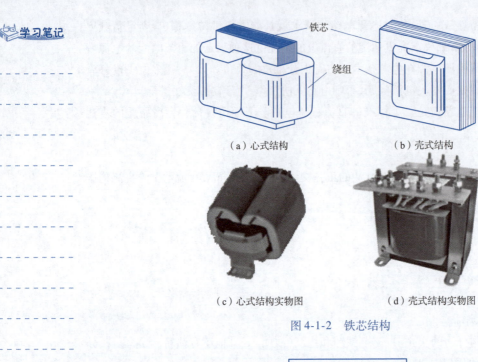

(a)心式结构　　　　　　(b)壳式结构

(c)心式结构实物图　　　　　(d)壳式结构实物图

图 4-1-2　铁芯结构

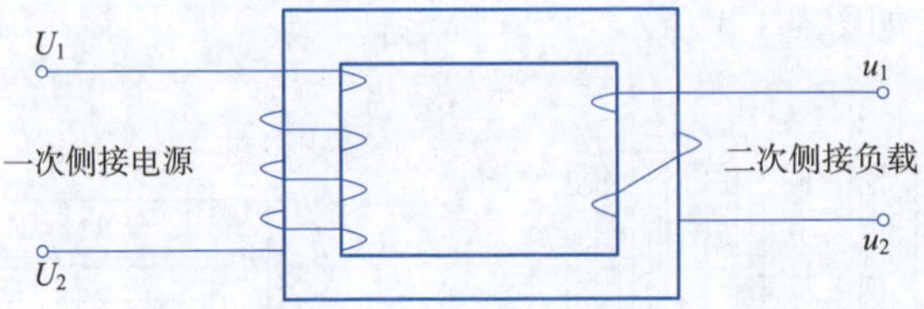

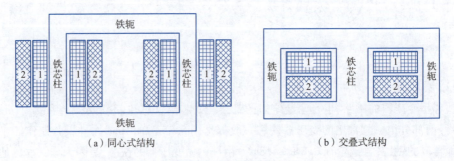

图 4-1-3　绕组结构

高压绕组匝数多,导线细;低压绕组匝数少,导线粗。按照高低压绕组的相对位置可将绕组分为同心式和交叠式,如图 4-1-4 所示。

(a)同心式结构　　　　　　(b)交叠式结构

图 4-1-4　绕组的分类

(3)变压器的其他结构

变压器的其他结构如图 4-1-5 所示。

2. 变压器的分类

变压器的种类很多,从不同方面可以进行以下分类:

①按冷却方式分类:自然冷式、风冷式、水冷式、强迫油循环风(水)冷式等。

②按防潮方式分类:开放式变压器、灌封式变压器、密封式变压器。

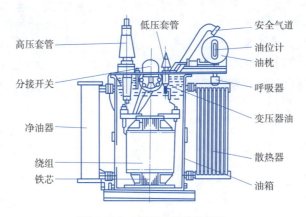

图 4-1-5 变压器的其他结构

③按铁芯或线圈结构分类:心式变压器(插片铁芯、C形铁芯、铁氧体铁芯)、壳式变压器(插片铁芯、C形铁芯、铁氧体铁芯)、环形变压器、金属箔变压器、辐射式变压器等。

④按电源相数分类:单相变压器、三相变压器、多相变压器。

⑤按用途分类:电力变压器、特种变压器(电炉变压器、整流变压器、工频试验变压器、调压器、矿用变压器、音频变压器、中频变压器、高频变压器、冲击变压器、仪用变压器、电子变压器、电抗器、互感器等)。

⑥按冷却介质分类:干式变压器、液(油)浸变压器及充气变压器等。

⑦按线圈数量分类:自耦变压器、双绕组变压器、三绕组变压器、多绕组变压器等。

⑧按导电材质分类:铜线变压器、铝线变压器、半铜半铝变压器、超导变压器。

⑨按调压方式分类:无励磁调压变压器、有载调压变压器。

⑩按中性点绝缘水平分类:全绝缘变压器、半绝缘(分级绝缘)变压器。

图 4-1-6 为一些变压器的实物图。

(a) 三相干式变压器

(b) 接触式变压器

(c) 电源变压器

(d) 环形变压器

(e) 控制变压器

(f) 油浸式变压器

图 4-1-6 变压器的实物图

3. 变压器的工作原理

不同种类的变压器虽然大小、用途均有不同,但其基本结构和工作原理是相同的。

(1) 变压器的空载运行

变压器一次绕组(原边)加额定交流电压,二次绕组(副边)开路,即负载电阻为零的运行方式称为空载运行,如图 4-1-7 所示。

设外加额定交流电压 u_1,一次绕组通过的电流为空载电流 i_0,一次绕组的匝数是 N_1,二次绕组的匝数是 N_2,穿过它们的磁通为 Φ,一次绕组、二次绕组上产生的感生电动势为 E_1,E_2,由理论分析和实践证明,感生电动势 E 与绕组匝数 N 之间有如下关系:

$$\frac{E_1}{E_2} = \frac{N_1}{N_2} \tag{4-1-1}$$

若忽略一次绕组中的阻抗,则外加额定交流电压有效值 U_1 与一次绕组中的感生电动势值 E_1 近似相等,即

$$U_1 \approx E_1 \tag{4-1-2}$$

空载情况下,二次绕组开路,端电压 U_2 与电动势 E_2 相等,即

$$U_2 = E_2 \tag{4-1-3}$$

由式(4-1-2)和式(4-1-3)可得

$$\frac{U_1}{U_2} \approx \frac{E_1}{E_2} = \frac{N_1}{N_2} = K_u \tag{4-1-4}$$

式中,K_u 称为变压器的变压比,简称变比,是变压器重要参数之一。

由式(4-1-4)可知,变压器一次绕组和二次绕组的电压与其匝数成正比,即变压器可以变换电压,是升压还是降压,取决于匝数比。

(2) 变压器的负载运行

变压器一次绕组(原边)加额定交流电压,二次绕组(副边)与负载相连,这种运行方式称为负载运行,如图 4-1-8 所示。

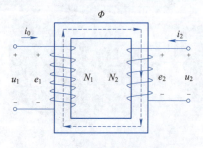

图 4-1-7 单相变压器的空载运行

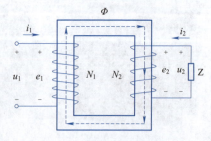

图 4-1-8 单相变压器负载运行

设外加额定交流电压 u_1,一次绕组通过的电流为负载电流 i_1,一次绕组的匝数是 N_1,二次绕组的匝数是 N_2,由于变压器是静止的电气设备,在传递功率的过程中损耗很小,在理想情况下认为一次绕组的功率等于二次绕组的功率,即

$$U_1 I_1 = U_2 I_2 \tag{4-1-5}$$

则有

$$\frac{I_1}{I_2} = \frac{U_2}{U_1} \approx \frac{E_2}{E_1} = \frac{N_2}{N_1} = \frac{1}{K_u} = K_i \tag{4-1-6}$$

式中,K_i 称为变压器的电流比。

由式(4-1-6)可知,变压器一次绕组和二次绕组的电流与其匝数成反比,即变压器可以变换电流。

(3)方向判定方法

变压器中电压、电流和感应电动势方向的判定方法如下:

① 一次侧方向的判定:

a. 一次绕组内电流的正方向与电源电压的正方向一致;

b. 按右手螺旋定则关系,正方向的电流产生正方向的磁通;

c. 感应电动势正方向与产生该电动势的磁通方向之间符合右手螺旋定则关系,故感应电动势方向与电流正方向一致。

② 二次侧方向的判定:

a. 二次绕组感应电动势正方向与产生该电动势的磁通正方向之间符合右手螺旋定则关系;

b. 二次绕组电流正方向和二次绕组电动势正方向一致;

c. 二次绕组端电压的正方向与电流正方向一致。

由判定方法可得到图 4-1-8 中各电流、感生电动势和磁通的方向。

4. 变压器的符号

(1)变压器符号的识别

变压器有一个基本的图形符号,如图 4-1-9 所示。但是各种不同结构的变压器,其图形符号是不同的,从变压器的电路所示符号上可以看出变压器的线圈结构等情况。在图形符号中,变压器用字母 T 表示,T 是英文 transformer(变压器)的缩写。下面给出几种变压器图形符号及相关说明,见表 4-1-1。

图 4-1-9 变压器的基本图形符号

表 4-1-1 几种变压器图形符号及相关说明

图形符号	相关说明
(一次侧 1-2,二次侧 3-4)	该变压器有两组线圈:1-2 为一次线圈(线圈又称绕组),3-4 为二次线圈。图形符号中的垂直实线表示这一变压器有磁芯
(一次侧 1-2,二次侧1 3-4,二次侧2 5-6)	该变压器有两组二次线圈,3-4 为一组,5-6 为另一组。图形符号中有实线的同时还有一条虚线,表示变压器一次线圈和二次线圈之间设有屏蔽。屏蔽层一端接电路中的地线(绝不能两端同时接地),起抗干扰作用。这种变压器主要用作电源变压器
(一次侧 1-2,二次侧 3-4,带黑点)	该变压器有两组线圈,一次线圈和二次线圈一端画有黑点,是同名端的标记,表示两端点的电压极性相同,两端点的电压同时增大,同时减小

续表

图形符号	相关说明
一次侧 二次侧（1 T 3 / 2　4）	变压器一、二次绕组之间没有实线，表示这种变压器没有铁芯
一次侧 二次侧（1 T 3 / 4 / 2　5）	变压器的二次线圈有抽头，即4端是二次线圈3-5的抽头，两种情况：一是当3-4之间匝数等于4-5之间匝数时，4端称为中心抽头；二是非中心抽头，即此时3-4和4-5之间匝数不等
一次侧 二次侧（1 T / 2 / 3　4 / 5）	一次线圈有一个抽头2，可以输入不同等级的交流市电
1 / 2 T / 3	这种变压器只有一个线圈，一个抽头，这是一个自耦变压器。若2-3之间为一次线圈，则它是升压变压器；若1-3之间为一次线圈，2-3之间为二次线圈，则它是降压变压器

理解变压器图形符号时注意以下几点：

①变压器图形符号与电感器图形符号有着本质的不同，电感器只有一个线圈，变压器有两个以上线圈。

②变压器图形符号没有一个统一的具体形式，变化较多。

③从图形符号上可以看出变压器的结构，对分析变压器电路及检测变压器都非常有益。

④自耦变压器图形符号与电感器图形符号类似，但是前者必有一个抽头，而后者没有抽头，要注意它们之间的这一区别。

（2）变压器绕组的极性

当电流流入（或流出）两个线圈时，若产生的磁通方向相同，则两个流入端称为同极性端（同名端），或者说，当铁芯中磁通变化（增大或减小）时，在两线圈中产生的感应电动势极性相同的两端为同极性端。图4-1-10（a）中1、3为同名端，1、4异名端；图4-1-10（b）中1、4为同名端，1、3为异名端。

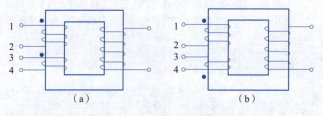

图4-1-10 变压器绕组的极性

(3) 同名端的判断

在电子电路中，对于两个或者两个以上的有电磁耦合的线圈，常常需要知道互感电动势的极性。如何确定两个电磁线圈的同名端？在学习判断方法之前，先要了解一个定律——楞次定律。

感应电流的磁场总要阻止引起感应电流的磁通的变化，该定律称为楞次定律。此处的"阻止"并不是"相反"，而是原磁通增加时，感应电流的磁场方向与原磁场方向相反，当磁通减小时，感应电流的磁场方向与原磁场方向相同，即"增反减同"。

在知道两个线圈绕向的情况下，应用楞次定律，即可判断同名端。

假定一线圈通入电流，按下列步骤进行判断：

① 确定原磁通方向；

② 判定穿过回路的原磁通的变化情况（根据线圈中电流的变化）；

③ 根据楞次定律再假定互感线圈闭合来确定感应电流的磁场方向；

④ 根据右手螺旋定则，由感应电流的磁场方向来确定感应电流的方向，从而推导出自感电动势和互感电动势的指向，确定两个线圈的同名端。

5. 变压器的主要技术参数

变压器的主要技术参数一般标注在变压器的铭牌上。其主要包括：额定容量、额定电压及其分接、额定频率、绕组联结组以及额定性能数据（阻抗电压、空载电流、空载损耗和负载损耗等）。

① 额定容量[S_N/(kV·A)]：在额定电压、额定电流下连续运行时，能输送的单相或三相总视在功率。

② 额定电压(U_N/kV)：变压器长时间运行时所能承受的工作电压。

③ 额定电流(I_N/A)：变压器在额定容量下，允许长期通过的电流。

④ 空载损耗(P_0/kW)：当以额定频率的额定电压施加在一个绕组的端子上，其余绕组开路时所吸取的有功功率。与铁芯硅钢片性能、制造工艺和施加的电压有关。

⑤ 空载电流(I_0/%)：当变压器在额定电压下二次侧空载时，一次绕组中通过的电流。一般以额定电流的百分数表示。

⑥ 负载损耗(P_K/kW)：将变压器的二次绕组短路，在一次绕组线路上通入额定电流，此时变压器所消耗的功率。

⑦ 阻抗电压(U_K/%)：将一次绕组慢慢升高电压，当二次绕组的短路电流等于额定值时，一次侧所施加的电压称为阻抗电压。一般以额定电压的百分数表示。

⑧ 相数和频率：三相开头以 S 表示，单相开头以 D 表示。

⑨ 额定频率(f/Hz)：我国标准频率 f 为 50 Hz。其他国家或地区有 60 Hz。

例 4-1-1 判断图 4-1-11 所示电路的同名端。

解 图 4-1-11(a)为单一闭合磁路的情况，先假定端子 A 为电流 i 流入并增大，则由楞次定律知，电流 i 所产生的自感磁通和互感磁通随时间增大，应用右手螺旋定则，可知原线圈 L_1 自感电动势从 B 指向 A，互感线圈 L_2 的互感电动势从 C 指向 D，由此可知，A、B 和 C 为同名端。

图 4-1-11(b)为多个闭合磁路的情况，先假定端子 A 为电流 i 流入并增大，则由楞次定律知，电流 i 所产生的自感磁通和互感磁通也随时间增加，并形成两个闭合回路Ⅰ和Ⅱ，应用右

手螺旋定则,可知线圈 L_1 自感电动势从 B 指向 A,处于闭合磁路 I 中的互感线圈 L_2 的互感电动势从 C 指向 D;而处于闭合磁路 II 中的互感线圈 L_3 的互感电动势从 E 指向 F,可见 A、D 和 F,B、C 和 E 同名端。

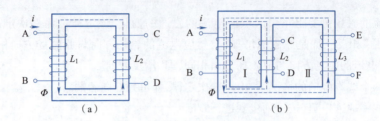

图 4-1-11　例 4-1-1 电路图

例 4-1-2　如图 4-1-8 所示,已知变压器一次线圈外加额定交流电压 u_1,有效值为 220 V,变压比 $N_1:N_2=10:1$,二次绕组(副边)与 10 Ω 负载相连,试求:(1)一次绕组和二次绕组的电流大小;(2)二次绕组(副边)连接的 10 Ω 负载换算到一次侧,相当于一个多大的负载?

解　①由式(4-1-6),有 $\dfrac{I_1}{I_2}=\dfrac{U_1}{U_2}=\dfrac{N_2}{N_1}=\dfrac{1}{10}$,故 $U_2=\dfrac{1}{10}U_1=22$ V,再根据欧姆定律,有 $I_2=\dfrac{U_2}{R}=2.2$ A,$I_1=\dfrac{1}{10}I_2=220$ mA。

②二次绕组(副边)连接的 10 Ω 负载换算到一次侧,相当于 $R_1=\dfrac{U_1}{I_1}=1\,000$ Ω。

练一练:请画出变压器的Y/Y、Y/△接线图。

二、桥式整流电路

电子通信产品、自动控制装置、激光加工设备等都需要电压稳定的直流电源供电,直流稳压电源就是运用各种半导体技术,将交流电变为直流电的装置。最简单的小功率直流稳压电源是将 220 V、50 Hz 的交流电经过变压、整流、滤波和稳压后得到的,其结构如图 4-2-1 所示。

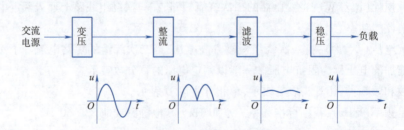

图 4-2-1　小功率直流稳压电源的组成

电网的交流电压经过变压器降压和整流器整流作用变换成所需大小的单相脉动电压,再经过滤波器的滤波作用,减小脉动电压的脉动成分,变换成波动较小的平滑的直流电压,此电源可用于少数对直流稳压电源要求不高的场合。对于多数的电子设备最后还需经过稳压器的稳压作用,减小由于电网电压波动或者电路负载变化引起的输出电压的不稳定,从而输出稳定的直流电压,保证设备的正常工作。

利用二极管的单向导电性将交流电变换成单向脉动直流电的过程称为整流,实现整流功能的电子线路称为整流电路,又称整流器。单相整流电路可分为半波整流和全波整流。半波整流电路虽结构简单、所用元件少,但效率低、输出波纹较大而在电源电路中很少使用。应用较广泛的是单相桥式整流电路。

1. 单相桥式整流电路结构

单相桥式整流电路是由电源变压器 T、四个同型号的二极管 VD_1、VD_2、VD_3、VD_4 和负载 R_L 组成,其中二极管 VD_1、VD_2、VD_3、VD_4 构成桥形,电路图如图 4-2-2 所示。

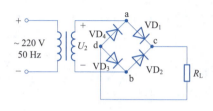

图 4-2-2 单相桥式整流电路

市面上已经将四只二极管制作在一起,封装后成为一个整体的器件称为整流堆,如图 4-2-3(a)所示,其性能参数比较好,a、b、c、d 四个端子,a、b 端为交流电压输入端,无极性,c、d 端为直流输出端,c 为正极性端,d 为负极性端。图 4-2-3(b)为桥式整流电路的简化画法。

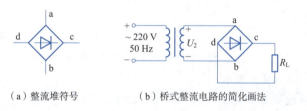

（a）整流堆符号　　　　（b）桥式整流电路的简化画法

图 4-2-3 整流堆符号与桥式整流电路的简化画法

2. 单相桥式整流电路工作原理

变压器将电网电压变换成整流电路所需要的交流电压 u_2(又称二次电压),为讨论问题方便,认为电源变压器和二极管均为理想器件:变压器的输出电压稳定,且内阻忽略不计;二极管正向导通压降和反向截止时电流均忽略不计。设二次电压 $u_2 = \sqrt{2}U_2\sin\omega t$,波形如图 4-2-4 所示。

① u_2 的正半周:a 点极性为正,b 点极性为负时,VD_1、VD_3 承受正向电压而导通,此时有电流通过 R_L,电流的路径为 a→VD_1→R_L→VD_3→b;同时 VD_2、VD_4 承受反向电压而截止(注意二极管不能被击穿),忽略二极管 VD_1、VD_3 正向导通压降,则有 $u_o = u_2$,即负载 R_L 上得到一个随 u_2 变化的半波电压。

② u_2 的负半周:b 点极性为正,a 点极性为负时,VD_2、VD_4 承受正向电压而导通,此时有电流通过 R_L,电流的路径为 b→VD_2→R_L→VD_4→a;同时 VD_1、VD_3 承受反向电压而截止(同样二极管不能被击穿),忽略二极管 VD_2、VD_4 正向导通压降,则有 $u_o = -u_2$,即负载 R_L 上得到一个随 $-u_2$ 变化的半波电压。

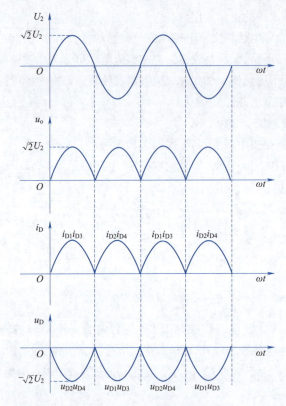

图 4-2-4　输出电压、二极管电流及电压波图

由以上分析可知,当二次电压 u_2 完成一次周期性变化,每只二极管在正、负半周各导通一次,正、负半周通过负载 R_L 的电流(输出电流)方向始终相同,负载 R_L 上得到单方向的脉动直流电压 u_o,波形如图 4-2-4 所示。

3. 单相桥式整流电路的运算

这里主要讨论输出电压的平均值、二极管的平均电流和最大反向电压。

(1)输出电压的平均值 U_o

经桥式整流后,输出电压的平均值 U_o 为

$$U_o = \frac{1}{\pi}\int_0^\pi u_2 \mathrm{d}\omega t = \frac{1}{\pi}\int_0^\pi \sqrt{2} u_2 \sin\omega t \mathrm{d}\omega t = \frac{2\sqrt{2}}{\pi} U_2 = 0.9 U_2 \qquad (4\text{-}2\text{-}1)$$

即桥式整流电路输出电压的平均值为二次电压有效值的 0.9 倍。

(2)流过每只二极管的平均电流 I_D

先计算流过负载的平均电流 I_o:

$$I_o = \frac{U_o}{R_L} = \frac{0.9 U_2}{R_L} \qquad (4\text{-}2\text{-}2)$$

再计算流过每只二极管的平均电流 I_D,由于每只二极管只有半个周期导通,负载在整个周期都导通,所以不难理解流过每只二极管的平均电流 I_D 只有输出电流平均值 I_o 的一半,即

$$I_D = \frac{1}{2} I_o = 0.45 \frac{U_2}{R_L} \qquad (4\text{-}2\text{-}3)$$

(3)二极管承受的最大反向电压 U_{DRM}

由于二极管为理想器件,忽略其导通时的压降,当两只二极管截止时,每只二极管承受的

反向电压为二次电压 U_2，所以每只二极管承受的最大反向电压为二次电压的最大值，即

$$U_{DRM} = \sqrt{2}\,U_2 \qquad (4\text{-}2\text{-}4)$$

工程应用上，为了保证二极管正常工作，一般要求二极管的最大整流电流应大于流过二极管平均电流的 2～3 倍，即 $I_F \geq (2\sim3)I_D$，且二极管的最高反向工作电压值应大于 $\sqrt{2}\,U_2$。

例 4-2-1 如图 4-2-2 所示的单相桥式整流电路，有一直流负载，要求电压 $U_o = 36$ V，电流 $I_o = 10$ A。①试选用所需的整流元件；②若 VD_2 因故损坏开路，求 U_o 和 I_o，并画出其波形。③若 VD_2 短路，会出现什么情况。

解 ①二次电压的有效值为

$$U_2 = \frac{U_o}{0.9} = 1.1\,U_o = 40 \text{ V}$$

流过每只二极管电流的平均值为

$$I_D = \frac{1}{2}I_o = 5 \text{ A}$$

负载电阻为

$$R_L = \frac{U_o}{I_o} = 3.6 \text{ Ω}$$

二极管承受的最大反向电压为

$$U_{DRM} = \sqrt{2}\,U_2 = 1.4 \times 40 \text{ V} = 56 \text{ V}$$

根据二极管选用要求，其整流电流 $I_F \geq (2\sim3)I_D = 10\sim15$ A，可取 $I_F = 10$ A；最高反向工作电压应大于 56 V，可选用额定整流电流为 10 A，最高反向工作电压为 100 V 的 2CZ-10 型的整流二极管。

②当 VD_2 因故损坏开路时，只有 VD_1、VD_3 在正半周导通，而负半周时 VD_1、VD_3 均截止，而 VD_4 也因为 VD_2 开路而不能导通，因此电路只有半个周期是导通的，相当于半波整流电路，输出只有桥式整流电路输出电压、电流的一半，即

$$U_o = 0.45\,U_2 = 18 \text{ V}$$

$$I_o = \frac{U_o}{R_L} = 5 \text{ A}$$

$$I_D = I_o = 5 \text{ A}$$

$$U_{DRM} = \sqrt{2}\,U_2 = 56 \text{ V}$$

输出电压 u_o、电流 i_o 的波形如图 4-2-5 所示。

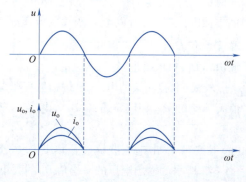

图 4-2-5 例 4-2-1 题波形图

(4) 若 VD_2 短路后,在正半周电流的流向为

$$a \to VD_1 \to VD_2 \to b$$

此时负载被短路,电源变压器二次回路电流迅速增大,可能烧坏变压器和二极管。

练一练:

(1) 小功率直流稳压电源一般由_____、_____、_____和_____四部分组成。

(2) 在单相桥式整流电路中,如果负载电流为 10 A,则流过每只二极管的电流是_____。

(3) 在单相桥式整流电路中,已知变压器的二次电压有效值为 $U_2 = 60$ V,负载电阻为 2 kΩ,若不计二极管导通压降和变压器的内阻,求:①输出电压的平均值 U_o;②通过变压器二次绕组的电流有效值 I_2;③流过二极管的平均电流 I_D 和二极管承受的最大反向电压 U_{DRM}。

三、滤波电路

经整流后的脉动直流中含有大量的交流成分,这种交流成分可以理解为波纹电压。为了获得平滑的直流电压,通常需要在整流电路后面加上滤波电路,以减少输出电压的脉动成分。

1. 电容滤波电路

(1) 电路组成及原理

如图 4-3-1 所示为桥式整流电容滤波电路,在整流电路与负载之间并联一只较大容量的电容 C,即构成最简单的电容滤波电路,其工作原理是利用了电容两端的电压在电路状态改变时不能突变的特性,具体原理分析如下:

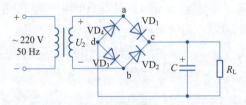

图 4-3-1 桥式整流电容滤波电路

u_2 的正半周上升时,VD_1、VD_3 导通,一方面给负载供电,另一方面对电容充电,如果忽略变压器的内阻和二极管导通时的压降,充电时间常数为 $\tau = 2R_D C$,R_D 为一只二极管导通时的电阻,其值非常小,充电时间常数因此很小,所以电容两端的电压 u_C 与 u_2 几乎同步上升,即 $u_C = u_2$,直到 u_C 充电到 u_2 的最大值 $\sqrt{2} U_2$。

u_2 开始下降时,u_C 大于 u_2,VD_1、VD_3 截止,电容两端的电压 u_C 经负载 R_L 放电,由于放电时间常数为 $\tau = R_L C$,其值一般较大,电容两端的电压 u_C 按指数规律缓慢下降,与 u_2 下降不同步,直到负半周 u_2 的绝对值大于 u_C,VD_2、VD_4 导通,再次对电容 C 充电,电容两端的电压 u_C 又与 u_2 几乎同步上升。

由以上分析可知,经电容滤波后,输出电压波纹显著减小,变得平滑,同时输出电压的平均值也增大了,波形图如图 4-3-2 所示。输出电压的平均值 U_o 的大小与滤波电容 C 以及负载 R_L 的大小有关,C 的容量一定时,R_L 越大,电容的放电时间越长,其放电速度越慢,输出电压

就越平滑，输出电压的平均值 U_o 就越大。当负载 R_L 开路（R_L 为无穷大）时，$U_o = \sqrt{2}U_2$，因此其值在 $0.9U_2 \sim \sqrt{2}U_2$ 范围内波动。

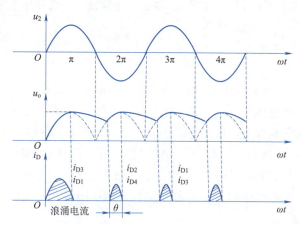

图 4-3-2　桥式整流电容滤波电压、电流波形

（2）电路元件的选择

为了获得良好的滤波效果，要求放电时间常数 τ 应大于交流电压的周期 T，在工程上一般取：

$$\tau = R_L C \geq (3 \sim 5)\frac{T}{2} \tag{4-3-1}$$

式中，T 为输入交流电压的周期，此时输出电压的平均值可采用估算公式：

$$U_o = 1.2U_2 \tag{4-3-2}$$

值得注意的是，在整流电路中加上电容滤波后，只有当 $|u_2| \geq u_C$ 时二极管才导通，所以二极管的导通时间缩短，一个周期导通的导通角 $\theta < \pi$，如图 4-3-2 所示。由于电容 C 充电的瞬间电流很大，形成浪涌电流，容易损坏二极管，所以对整流二极管的整流电流选择要放宽，保证留有足够的余量，一般可按 $I_F = (2 \sim 3)I_o$ 来选择二极管。

例 4-3-1　如图 4-3-1 所示桥式整流电容滤波电路中，交流电源频率 $f = 50$ Hz，负载电阻 $R_L = 200\ \Omega$，变压器的二次电压为 $U_2 = 25$ V。试估算直流输出电压，并选择整流二极管及滤波电容 C。

解　①选择整流二极管：

输出直流电压的平均值：$U_o = 1.2U_2 = 1.2 \times 25$ V $= 30$ V。

输出电流的平均值：$I_o = \dfrac{U_o}{R_L} = \dfrac{30\text{ V}}{200\ \Omega} = 0.15$ A。

流过二极管的平均电流：$I_D = \dfrac{1}{2}I_o = 0.075$ A。

二极管承受的最大反向电压：$U_{DRM} = \sqrt{2}U_2 = 35$ V。

考虑电容滤波，保证留有足够的电流余量，可选最大整流电流为 250 mA，最高反向工作电压为 50 V 的 2CP31B。

②选择滤波电容。放电时间常数 $\tau = R_L C \geq (3 \sim 5)\dfrac{T}{2}$，取 $\tau = R_L C = 4 \times \dfrac{T}{2} = 2T = 0.04$ s，

求得 $C=250$ μA。所以可选择 $C=250$ μA、耐压为 50 V 的电解电容器。

电容滤波电路结构简单,输出电压平均值较高,脉动成分较小。但电路的带负载能力不强,特别是负载电阻较小的时候,不宜用电容滤波。电容滤波一般用于要求输出电压较高,输出电流较小的场合。

2. 其他形式的滤波电路

(1) 电感滤波电路

如图 4-3-3 所示,在整流电路与负载之间串联一只电感 L,即构成了最简单的电感滤波电路。其原理是利用了电感阻碍负载电流变化使之趋于平直的作用。整流电路输出电压中,其直流分量因电感近似短路而全部加在负载两端;其交流分量因电感的感抗远大于负载电阻而大部分落在电感两端,负载上的交流成分很小。这样对负载而言,实现滤除交流分量的目的。其特点为带负载能力强,输出电压比较稳定。电感滤波适用于输出电压较小,负载变化较大的场合,但电感含铁芯线圈,体积大且笨重,价格较高,多用于大电流整流。

(2) π 型滤波电路

如图 4-3-4 所示为 π 型 LC 滤波电路,由于电容 C_1、C_2 对交流的容抗很小,可理解为交流成分主要从电容支路流过;而电感对交流的阻抗很大,其通直流、阻交流作用,使得交流电压分量主要加在电感上,这样,负载上的波纹电压进一步减小,输出直流电压更加平滑,即滤波效果更好。当负载电流较小时,可用电阻代替电感组成 π 型 RC 滤波电路,但电阻要消耗功率,所以此时电源的损耗功率较大,效率降低。

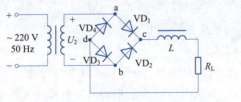

图 4-3-3　电感滤波电路

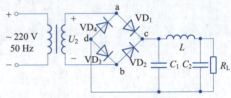

图 4-3-4　π 型 LC 滤波电路

经整流滤波后得到的平滑直流电压往往会随交流电源电压的波动和负载的变化而变化,而许多电子设备都需要稳定的直流电压,因此还需要一个稳压环节将平滑的直流电压变换成稳定的直流电压,实现此功能的电子电路称为稳压电路。

练一练:

(1) 电容滤波是利用电容具有对交流电的阻抗_____,对直流电的阻抗_____的特性。

(2) 桥式整流电容滤波电路的交流输入电压有效值为 U_2,电路参数选择合适,则输出电压 $U_o=$ _____;当负载电阻开路时,$U_o=$ _____;当滤波电容开路时,$U_o=$ _____。

四、直流稳压电源稳压电路

1. 串联型稳压电路

(1) 电路组成

图 4-4-1 为串联型稳压电路框图,它是由调整管、采样电路、基准电压和比较放大电路等四个部分组成。由于调整管与负载串联,所以称为串联型稳压电路。

图 4-4-2 为串联型稳压电路的电路原理图,图中 VT_1 为调整管,它工作在线性放大区,故又称线性稳压电源,它的基极电流受集成运算放大器 A 的输出信号控制,通过控制基极电流 I_B 就可以改变集电极电流 I_C 和集电极-发射极电压 U_{CE},从而调整输出电压;电阻 R_1、R_2、R_P 组成采样电路,串联的分压电路作用是将输出电压的一部分取出,送到集成运算放大器的反相输入端;稳压管 D_Z 和限流电阻 R_3 组成提供基准电压的电路,基准电压 U_Z 送到集成运算放大器的同相输入端。

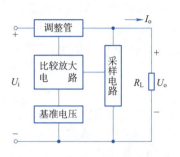

图 4-4-1 串联型稳压电路框图

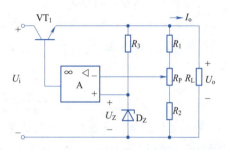

图 4-4-2 串联型稳压电路的电路原理图

(2) 稳压原理

当电源电压 U_i 升高或负载电阻 R_L 增加(即负载电流减小)而引起输出电压 U_o 升高时,采样电压 U_F 就增大,基准电压 U_Z 不变,U_Z 与 U_F 的差值减小,经过集成运算放大器 A 放大后使调整管的基极电压 U_{B1} 减小,基极电流 I_B、集电极电流 I_C 减小,使集电极-发射极电压 U_{CE} 增大,这样输出电压 $U_o = U_i - U_{CE}$ 就会减小,从而使得稳压电路输出电压升高的趋势受到抑制,稳定了输出电压。同理,当输入电压减小或负载电阻减小引起输出电压下降时,电路将产生与前面相反的稳压过程,也能维持输出电压的稳定。整个稳压过程是瞬间自动完成的。

由图 4-4-2 中电路可知:

$$U_i = U_{CE} + U_o$$

$$U_o = U_i - U_{CE}$$

$$U_F = \frac{R_2'}{R_1 + R_2 + R_P} U_o$$

由于 $U_F \approx U_Z$,所以稳压电路输出电压 U_o 为

$$U_o = \frac{R_1 + R_2 + R_P}{R_2'} U_Z \qquad (4\text{-}4\text{-}1)$$

由此可知,通过调节电位器 R_P 的触点,即可调节输出电压 U_o 的大小。

(3) 直流稳压电源的主要技术指标

直流稳压电源的技术指标主要有两种:一种是特性指标,包括输入电压及其变化范围、输出电压及其调整范围、额定输出电流以及过电流保护电流值等;另一种是质量指标,主要有:

① 稳压系数 γ。稳压系数是指在负载电流和环境温度不变的情况下,输出电压和输入电压的相对变化量之比,即

$$\gamma = \frac{\Delta U_o / U_o}{\Delta U_i / U_i} \qquad (4\text{-}4\text{-}2)$$

它是衡量稳压电源性能优劣的重要指标,其值越小,性能越优。

②温度系数 S。温度系数是指输入电压和负载电流不变时,温度变化所引起的输出电压相对变化量与温度变化量之比,即

$$S = \frac{\Delta U_o / U_o}{\Delta T} \tag{4-4-3}$$

它是衡量电路在环境温度变化时,电源输出电压波动的程度。温度系数越小,电源的性能越优良。

③波纹电压及波纹抑制比 S_R。波纹电压是指叠加在直流输出电压上的交流电压,常用有效值或峰值来表示。在电容滤波电路中,负载电流越大,波纹电压越大。

波纹抑制比定义为稳压电路输入波纹电压峰值与输出波纹电压峰值之比,用对数表示,即

$$S_R = 20\lg\left(\frac{U_{iPP}}{U_{oPP}}\right) \tag{4-4-4}$$

S_R 表示稳压器对输入端引入的波纹电压的抑制能力。纹波抑制比越大,代表着电源的纹波抑制能力越强,整个电路的噪声和杂波就会更少,电路的稳定性更好。

④输出电阻 r_o。在负载电流和环境温度不变的情况下,由负载变化所引起的输出电压变化量与输出电流变化量之比称为输出电阻,一般取绝对值,即

$$r_o = \left|\frac{\Delta U_o}{\Delta I_o}\right|$$

它是衡量稳压电源输出电流变化时输出电压稳定程度的重要指标,其值越小,性能越优。

2. 线性集成稳压电路

线性集成稳压电路具有体积小、使用方便灵活、工作可靠性高、价格低廉等特点。线性集成稳压电路的种类繁多,其中最为简单的线性集成稳压模块因只有三个引脚,故称为三端集成稳压器,它分为三端固定输出集成稳压器和三端可调输出集成稳压器。

(1)三端固定输出集成稳压器

①内部结构。图4-4-3为CW7800系列集成稳压器的内部电路组成框图,它采用了串联型稳压电源电路,并增加了起动电路和保护电路,使用时更加安全可靠。

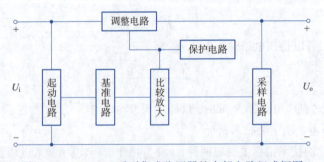

图4-4-3 CW7800系列集成稳压器的内部电路组成框图

起动电路是集成稳压器中的一个特殊环节,其作用是在 U_i 加入后,帮助稳压器快速建立输出电压 U_o;CW7800系列集成稳压器中有比较完善的保护电路,主要针对调整管的保护,具有过电流、过电压和过热保护功能,具体来说,当输出电流过大或短路时,过电流保护电路动作以限制调整管电流的增加;当输入、输出压差过大,即调整管C、E之间的压降 U_{CE} 超过一定值后,过电压保护电路动作,自动降低调整管的电流,以限制调整管的功耗,使之处于安全工

作状态;过热保护电路是在芯片温度上升到允许的最大值时,迫使输出电流减小,降低芯片的功耗从而避免稳压器过热损坏。其余部分工作原理与串联型稳压电源相同,另外,调整管采用复合管,采样电路电阻分压器的分压比固定,从而使输出电压固定。

三端固定输出集成稳压器通用产品有 CW7800 系列(输出正电压)和 CW7900 系列(输出负电压),其内部电路和工作原理基本相同,输出电压的大小由后两位数字表示,有 ±5 V、±6 V、±9 V、±12 V、±15 V、±18 V、±24 V 等。其额定输出电流由 78(或 79)后面所加字母来表示,L 表示该产品额定输出电流为 0.1 A,M 表示该产品额定输出电流为 0.5 A,无字母表示该产品额定输出电流为 1.5 A。如 CW7806 表示输出电压为 +6 V,额定输出电流为 1.5 A。CW79M12 表示输出电压为 -12 V,额定输出电流为 0.5 A。

②产品及参数。图 4-4-4 为 CW7800 外形、引脚排列及图形符号。三个引脚分别为输入端 U_i、输出端 U_o 和接地端 GND。为了使集成稳压管长期正常稳定地工作,应保证其良好的散热。金属封装的稳压器输出电流较大,使用时需要加上足够面积的散热片,其主要参数有:

①最大输入电压 U_{imax}:是指整流滤波电路输出电压允许的最大值,超过该值则稳压器的输出电压不能稳定在额定值。

②输出电压 U_o:稳压器固定输出的稳定电压额定值。

③最大输出电流 I_{omax}:是指稳压器正常工作时输出电流允许的最大值。

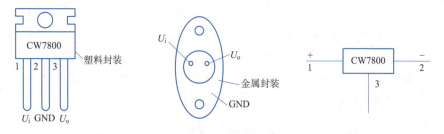

图 4-4-4　CW7800 外形、引脚排列及图形符号

③典型应用电路:

a. 基本稳压电路如图 4-4-5 所示。

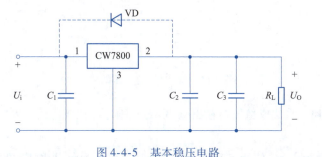

图 4-4-5　基本稳压电路

为保证稳压器正常工作,要求输入电压的最小值应超过输出电压 3 V 以上。电路中输入电容 C_1 和输出电容 C_2 是用来减小输入电压 U_i 的脉动和改善负载的瞬态响应。在输入线较长时,输入电容 C_1 可抵消输入线的电感效应,防止自激振荡。输出电容 C_2 是为了瞬时增减负载电流时不至于引起输出电压 U_o 有较大的波动,C_1、C_2 的值在 0.1~1 μF 之间。

b. 输出电压扩展电路如图 4-4-6 所示。

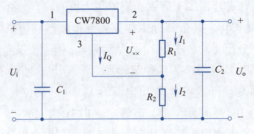

图 4-4-6 输出电压扩展电路

图 4-4-6 中 I_Q 为稳压器的静态工作电流,一般为 5 mA,$U_{××}$ 为稳压器的标称输出电压,要求:

$$I_1 = \frac{U_{××}}{R_1} \geqslant 5I_Q \tag{4-4-5}$$

由稳压器电路可知,输出电压 U_o 为

$$U_o = U_{××} + (I_1 + I_Q)R_2 = U_{××} + \left(\frac{U_{××}}{R_1} + I_Q\right)R_2 = \left(1 + \frac{R_2}{R_1}\right)U_{××} + I_Q R_2 \tag{4-4-6}$$

若忽略 I_Q 的影响,则有

$$U_o \approx \left(1 + \frac{R_2}{R_1}\right)U_{××} \tag{4-4-7}$$

因此,通过提高 R_2 与 R_1 的比值,就可以提高输出电压 U_o 的值。该电路的缺点是,当输入电压变化时,输出电流 I_o 也随之变化,从而降低了稳压器输出电压的精确度。

c. 同时输出正、负电压的稳压电路。采用 CW7812 和 CW7912 三端集成稳压器各一片,可组成具有同时输出 +12 V 和 -12 V 电压的稳压电路,如图 4-4-7 所示。

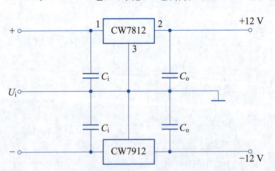

图 4-4-7 同时输出正、负电压的稳压电路

d. 恒流源电路。将集成稳压器输出端串入适当阻值的电阻,就可以构成输出电流恒定的电流源电路。

如图 4-4-8 所示电路,使用 CW7805 集成稳压器,R_L 为负载电阻,电源输入电压 $U_i = 10$ V,输出电压 $U_{23} = 5$ V,由电路可知,负载电阻 R_L 上的电流恒定,其值为

$$I_o = \frac{U_{23}}{R} + I_Q$$

要求 $\frac{U_{23}}{R} \gg I_Q$,所以电流源的输出电流 I_o 近似为

$$I_o \approx \frac{U_{23}}{R}$$

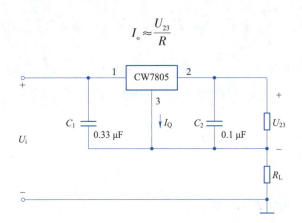

图 4-4-8　恒流源电路

（2）三端可调输出集成稳压器

三端可调输出集成稳压器有 CW117、CW217、CW317 系列（输出正电压）和 CW137、CW237、CW337 系列（输出负电压）。每个系列的内部电路和工作原理基本相同，只是工作温度不同，如 CW117、CW217、CW317 的工作温度分别为 $-55 \sim 150$ ℃、$-25 \sim 150$ ℃、$0 \sim 125$ ℃。根据输出电流的大小，每个系列又可以分为 L 系列（$I_o \leq 0.1$ A）、M 系列（$I_o \leq 0.5$ A）其三端的引脚为输入端 U_i、输出端 U_o 和调整端 ADJ。其典型应用电路如图 4-4-9 所示。

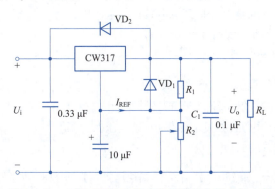

图 4-4-9　三端可调输出集成稳压器的典型应用电路

当输入电压在 $2 \sim 24$ V 范围内变化时，电路都能正常工作，输出端 2 引脚与调整端 1 引脚之间提供 1.25 V 基准电压 U_{REF}，基准电源的工作电流 I_{REF} 很小，约为 50 mA，由电路可知输出电压 U_o 为

$$U_o = \frac{U_{REF}}{R_1}(R_1 + R_2) + I_{REF}R_2 \approx U_{REF}\left(1 + \frac{R_2}{R_1}\right) \qquad (4\text{-}4\text{-}8)$$

调节 R_P 即 R_2 的值，就可以实现输出电压的调节。若 $R_2 = 0$，则输出电压 U_o 最小，最小值为 $U_{REF} = 1.25$ V；随着 R_2 的增大，U_o 也随之增大；当 R_2 为最大时，U_o 也达到最大。因此，R_P 应按最大输出电压值来选择。

练一练：

（1）基本的稳压电路有_____和_____两种。

（2）串联型晶体管稳压电路主要是由_____、_____、_____和_____等四部分组成。

(3)如果用万用表测得稳压电路中稳压管两端的电压为0.7 V,这是由于_____造成的。使它恢复正常的方法是_____。

(4)三端集成稳压器有_____端、_____端和_____端三个端子。

项目实施

步骤一 确定设计规格和参数

(1)输入电压:AC 220 V;

(2)输出电压:DC +5 V;

(3)输出电流:根据负载需求确定;

(4)电源效率:目标高效率,如80%以上;

(5)纹波电压:尽可能低,以满足应用要求。

步骤二 设计变压器

(1)根据输入电压和所需输出电压,设计适当的变压器;

(2)确定变压器的匝数比;

(3)选择合适的磁芯材料和尺寸。

步骤三 整流和滤波

(1)使用整流二极管或整流桥将交流电转换为直流电;

(2)使用滤波电容器平滑整流后的脉动直流电。

步骤四 开关电源设计

(1)选择合适的开关管(如MOSFET或IGBT);

(2)设计开关电源的控制电路,如PWM(脉宽调制)控制器;

(3)设计适当的保护电路,如过电流保护、过电压保护等。

步骤五 稳压电路设计

(1)使用线性稳压器(如7805)或开关模式稳压器(如DC/DC转换器)来实现+5 V的输出电压;

(2)根据输出电流需求选择合适的稳压器;

(3)如果使用线性稳压器,需要设计适当的散热片来确保温度不会过高。

步骤六 电路布局和元件选择

(1)根据电路图进行元件布局,考虑到元件之间的相互影响和散热;

(2)选择高质量的元件,确保电源的稳定性和可靠性。

步骤七 制作和测试

(1)制作电源样机,注意焊接质量和元件安装的准确性;

(2)使用示波器、万用表等测试工具进行电路测试,确保电源工作正常;

(3)测试电源的效率和纹波电压等参数,根据测试结果进行优化。

步骤八 安全性和可靠性测试

(1)进行安全性测试,如过电流、过电压、短路等保护功能的测试;

(2)进行长期负载测试和温度测试,确保电源的可靠性和稳定性。

步骤九 优化和完善

(1)根据测试结果进行优化,调整元件参数或更改电路结构;
(2)完善电源的设计和制作,提高电源的效率和性能。

项目验收

整个项目完成之后,下面来检测一下完成的效果。具体的测评细则见下表。

项目完成情况测评细则

评价内容	分值	评价细则	量化分值	得分
信息收集与自主学习	20分	(1)是否对构成直流稳压电源所需的基本元件(如变压器、整流器、滤波器、稳压器等)有深入了解	5分	
		(2)是否收集了相关元件的规格参数、应用场景等信息	5分	
		(3)是否搜集了关于直流稳压电源设计的相关技术文档、手册和参考资料	5分	
		(4)是否有自主学习记录	5分	
电路设计与实施	40分	(1)是否提供了详细的电路设计方案,包括元件选择、连接方式、电路拓扑结构等	8分	
		(2)电路设计是否充分考虑了电源效率、纹波抑制、安全性等因素	8分	
		(3)是否根据设计方案选择了合适的元件,并进行了采购	8分	
		(4)是否考虑了元件的采购成本和可获得性	8分	
		(5)电路的布局是否合理,焊接工艺是否规范	8分	
测试与调试	30分	(1)是否制定了详细的测试计划,包括测试目的、测试项目、测试方法、测试设备等	5分	
		(2)是否考虑了不同负载下的性能测试	5分	
		(3)是否记录了测试数据	5分	
		(4)测试数据是否全面、准确地反映了电源的性能和稳定性	5分	
		(5)在测试过程中遇到问题时,是否进行了分析和改进	5分	
		(6)是否有针对测试结果进行的优化措施和改进方案	5分	
职业素养与职业规范	10分	(1)在设计过程中是否与其他团队成员进行了有效沟通与合作	2分	
		(2)在设计、制作和测试过程中是否始终遵循了安全操作规范	3分	
		(3)是否在设计过程中展现出了持续改进和创新的意识	3分	
		(4)是否对未来的设计提出了有建设性的改进意见和建议	2分	
总计		100分		

巩固与拓展

一、知识巩固

1. 填空题

（1）桥式整流和单相半波整流电路相比，在变压器二次电压相同的条件下，_____电路的输出电压平均值高了一倍；若输出电流相同，就每一整流二极管而言，则桥式整流电路的整流平均电流大了一倍，采用_____电路，脉动系数可以下降很多。

（2）在电容滤波和电感滤波中，_____滤波适用于大电流负载，_____滤波的直流输出电压高。

（3）电容滤波的特点是电路简单，_____较高，脉动较小，但是_____较差，有_____冲击。

（4）对于 LC 滤波器，_____越高，_____越大，滤波效果越好。

（5）集成稳压器 W7812 输出的是_____，其值为 12 V。

（6）集成稳压器 W7912 输出的是_____，其值为 12 V。

（7）单相半波整流的缺点是只利用了_____，同时整流电压的_____。为了克服这些缺点，一般采用_____。

（8）稳压二极管需要串入_____才能进行正常工作。

（9）由理想二极管组成的单相桥式整流电路（无滤波电路），其输出电压的平均值为 9 V，则输入正弦电压有效值应为_____。

（10）单相桥式整流电路中，流过每只整流二极管的平均电流是负载平均电流的_____。

2. 选择题

（1）整流的目的是（　　）。
　　A. 将交流变为直流　　　　　　　　B. 将高频变为低频
　　C. 将正弦波变为方波

（2）在单相桥式整流电路中，若有一只整流管接反，则（　　）。
　　A. 输出电压约为 $2U_2$　　　　　　B. 变为半波直流
　　C. 整流管将因电流过大而烧坏

（3）直流稳压电源中滤波电路的目的是（　　）。
　　A. 将交流变为直流　　　　　　　　B. 将高频变为低频
　　C. 将交、直流混合量中的交流成分滤掉

（4）滤波电路应选用（　　）。
　　A. 高通滤波电路　　　　　　　　　B. 低通滤波电路
　　C. 带通滤波电路

（5）若要组成输出电压可调、最大输出电流为 3 A 的直流稳压电源，则应采用（　　）。
　　A. 电容滤波稳压管稳压电路　　　　B. 电感滤波稳压管稳压电路
　　C. 电容滤波串联型稳压电路　　　　D. 电感滤波串联型稳压电路

（6）串联型稳压电路中的放大环节所放大的对象是（　　）。
　　A. 基准电压　　　　　B. 采样电压　　　　　C. 基准电压与采样电压之差

(7) 开关型直流稳压电源比线性直流稳压电源效率高的原因是(　　)。
　　A. 调整管工作在开关状态　　　　B. 输出端有 LC 滤波电路
　　C. 可以不用电源变压器
(8) 在脉宽调制式串联型开关稳压电路中,为使输出电压增大,对调整管基极控制信号的要求是(　　)。
　　A. 周期不变,占空比增大
　　B. 频率增大,占空比不变
　　C. 在一个周期内,高电平时间不变,周期增大

3. 判断题

(1) 直流电源是一种将正弦信号转换为直流信号的波形变换电路。　　　　(　　)
(2) 直流电源是一种能量转换电路,它将交流能量转换为直流能量。　　　(　　)
(3) 在变压器二次电压和负载电阻相同的情况下,桥式整流电路的输出电流是半波整流电路输出电流的 2 倍。　　　　　　　　　　　　　　　　　　　　　　(　　)
(4) 若 U_2 为电源变压器二次电压的有效值,则半波整流电容滤波电路和全波整流电容滤波电路在空载时的输出电压均为 $\sqrt{2}\,U_2$。　　　　　　　　　　　　　(　　)
(5) 当输入电压 U_1 和负载电流 I_L 变化时,稳压电路的输出电压是绝对不变的。(　　)
(6) 一般情况下,开关型稳压电路比线性稳压电路效率高。　　　　　　　(　　)
(7) 整流电路可将正弦电压变为脉动的直流电压。　　　　　　　　　　　(　　)
(8) 电容滤波电路适用于小负载电流,而电感滤波电路适用于大负载电流。(　　)
(9) 在单相桥式整流电容滤波电路中,若有一只整流管断开,输出电压平均值变为原来的一半。　　　　　　　　　　　　　　　　　　　　　　　　　　　　　(　　)
(10) 对于理想的稳压电路,$\Delta U_o / \Delta U_i = 0$,$R_o = 0$。　　　　　　　(　　)
(11) 线性直流稳压电源中的调整管工作在放大状态,开关型直流稳压电源中的调整管工作在开关状态。　　　　　　　　　　　　　　　　　　　　　　　　　(　　)
(12) 因为串联型稳压电路中引入了深度负反馈,因此也可能产生自激振荡。(　　)

4. 分析与计算题

(1) 电路图如下图所示。
① 分别标出 u_{o1} 和 u_{o2} 对地的极性。
② u_{o1} 和 u_{o2} 分别是半波整流还是全波整流?
③ 当 $u_{21} = u_{22} = 20$ V 时,U_{o1} 和 U_{o2} 各为多少?
④ 当 $u_{21} = 18$ V,$u_{22} = 22$ V 时,画出 u_{o1} 和 u_{o2} 的波形,并求出 U_{o1} 和 U_{o2} 各为多少?

题(1)图

(2) 分别判断下图所示各电路能否作为滤波电路,并简述理由。

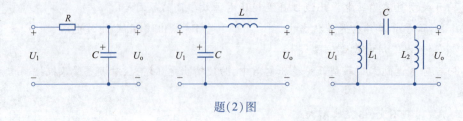

题(2)图

二、实践拓展

利用所学知识,在充分收集相关资料的前提下,用变压器、二极管、电容器等分立元件设计一个能将 220 V 交流电转换为 +5 V 直流电的直流稳压电源,要求利用 Multisim 仿真软件进行设计与仿真。

项目 5

三相异步电动机起动控制电路设计与搭建

📖 学习笔记

🏭 项目目标

知识目标：
(1) 了解常用低压电器的结构、工作原理；
(2) 了解低压电气控制系统的读图、识图方法；
(3) 掌握低压电气控制系统基本线路；
(4) 了解三相异步电动机起动控制电路的安装工艺。

技能目标：
(1) 能够对低压电气控制系统进行读图和识图；
(2) 能够进行三相异步电动机控制系统设计；
(3) 能够利用 Multisim 仿真软件进行电气控制仿真。

素质目标：
(1) 培养科学精神、规矩意识、团队合作精神和追求卓越的工匠精神；
(2) 培养分析能力和设计能力，具有信息获取与处理能力；
(3) 具备严谨求实、专注负责的工作态度，精益求精的工作理念。

🧰 项目描述

电动机具有结构简单、运行牢靠、坚固耐用、价格低、维修方便等特点，在农业、国防、化工、机械、交通、家庭等各个领域都得到了广泛应用。在家庭生活中，小的电器，比如榨汁机、豆浆机、电扇，大的电器，比如洗衣机、电冰箱、空调机等都是由电动机拖动的。

任务布置：

设计一款三相异步电动机顺序控制电路，可用于控制两台电动机的顺序起动。请注意以下要求，并发挥创造力：

(1) 外观设计：三相异步电动机顺序控制电路各个电气元件放置要美观，电路在布线时要横平竖直，而且要考虑线的颜色，让检查者能够更好地分辨哪些点是连接在一起的，这个过程看似简单，其实是一个很复杂的过程。

(2) 功能设计：实现两台电动机的顺序起动，先起动一台电动机，再起动第二台电动机，此时两台电动机同时转动。停止时，先停止第二台电动机，再停止第一台电动机。当然如果发挥想象力和创造力,还可以让两台电动机按照一定时间顺序起动和停止,不需要人为按下按钮。

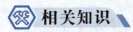

一、低压电气控制设备基础

1. 低压电器认知

低压电器通常是指用于额定交流电压1 200 V以下或直流电压1 500 V以下的电气线路中的电气设备。

低压电器在电路中的用途是根据外界施加的信号或要求,自动或手动地接通或分断电路,从而连续或断续地改变电路的参数或状态,以实现对电路或非电对象的切换、控制、保护、检测、变换和调节。电器控制器件对电能的生产、输送、分配与应用起着控制、调节、检测和保护的作用,在电力输配电系统和电力拖动自动控制系统中应用极为广泛。

2. 低压电器分类

低压电器的种类繁多,根据其结构、用途及控制对象的不同,可以有不同的分类方式。

(1)按用途分类

低压电器按用途可分为:配电电器和控制电器。

①配电电器:主要用于低压供电系统,主要包括刀开关、转换开关、熔断器、断路器等,对配电电器的主要技术要求是分断能力强、限流效果和保护性能好,有良好的动稳定性和热稳定性。

②控制电器:主要用于电力拖动控制系统,包括接触器、继电器、启动器和主令电器等。控制电器的主要技术要求是有相应的转换能力、操作频率高、电气寿命和机械寿命长。

(2)按操作方式分类

低压电器按操作方式可分为:自动电器和手动电器。

①自动电器:是指通过电磁或气动机构动作来完成接通、分断、起动和停止等动作的电器。它主要包括接触器、断路器、继电器等。

②手动电器:是指通过人力来完成接通、分断、起动和停止等动作的电器,是一种非自动切换的电器。主要包括刀开关、转换开关和主令电器等。

(3)按工作条件分类

低压电器按工作条件可分为:一般工业用电器、化工电器、矿用电器、牵引电器、船用电器、航空电器等。

(4)按工作原理分类

低压电器按工作原理可分为:电磁式电器和非电量控制电器。

①电磁式电器:电磁式电器的感测元件接收的是电流或电压等电量信号。

②非电量控制电器:这类电器的感测元件接收的信号是热量、温度、转速、机械力等非电量信号。

二、常用低压电器

1. 接触器

接触器是电力拖动和自动控制系统中使用量大、涉及面广的一种低压控制电器。在电工学上,接触器经常运用于电动机,作为控制对象,可快速接通和切断交直流主回路,可频繁地接通大电流控制电路,也可用作控制工厂设备、电热器、工作母机和各样电力机组等电力负载,能实现远距离控制,并具有欠(零)电压保护,是自动控制系统中的重要元件之一。

（1）接触器基本结构

接触器主要由电磁系统、触头系统和灭弧装置等组成。接触器的实物图、符号及结构图如图 5-2-1 所示。

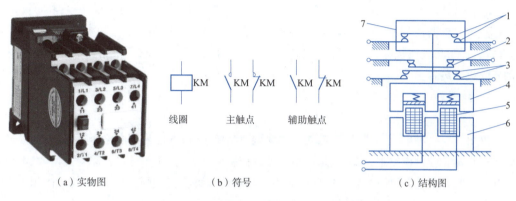

（a）实物图　　　　　（b）符号　　　　　（c）结构图

图 5-2-1　接触器的实物图、符号及结构图

1—主触点；2—常闭辅助触点；3—常开辅助触点；4—动铁芯；5—电磁线圈；6—静铁芯；7—灭弧罩；8—弹簧

①电磁系统。电磁系统包括衔铁(动铁芯)、铁芯(静铁芯)和电磁线圈三部分,其作用是将电磁能转换成机械能,利用电磁线圈的通电或断电,使衔铁和铁芯吸合或释放,从而带动动触点与静触点闭合或分开,实现接通或断开电路的目的。

②触头系统。触头又称触点,是接触器的执行元件,用来接通或断开被控制电路。触点的结构形式很多,按其所控制的电路可分为主触点和辅助触点。主触点用于接通或断开主电路,允许通过较大的电流;辅助触点用于接通或断开控制电路,只能通过较小的电流。触点按其原始状态可分为常开触点(动合触点)和常闭触点(动断触点)。原始状态时(即线圈未通电)断开,线圈通电后闭合的触点称为常开触点；原始状态时闭合,线圈通电后断开的触点称为常闭触点。线圈断电后所有触点复位,即恢复到原始状态。

③灭弧装置。触点分断电流瞬间,在触点间的气隙中会产生电弧,电弧的高温能将触点烧损,并可能造成其他事故。因此,应采用适当措施迅速熄灭电弧,常采用灭弧罩、灭弧栅和磁吹灭弧装置。

（2）接触器分类及工作原理

根据控制线圈的电压不同,可分为直流接触器和交流接触器;按操作机构的不同,可分为电磁式接触器、液压式接触器和气动式接触器;按动作方式不同,可分为直动式接触器和转动式接触器。

当电磁线圈通电后,线圈电流产生很强的磁场,使静铁芯产生电磁吸力吸引衔铁,并带动触点动作,使常闭触点断开,常开触点闭合,两者是联动的;当线圈断电时,电磁吸力消失,衔铁在释放弹簧的作用下释放,使触点复原,即常开触点断开,常闭触点闭合。

（3）交、直流接触器的特点

接触器按其主触点所控制主电路电流的种类可分为交流接触器和直流接触器,工作原理基本相同。

①交流接触器。交流接触器线圈通以交流电,主触点用来接通、切断交流主电路。

当交变磁通穿过铁芯时,将产生涡流和磁滞损耗,使铁芯发热。为减少铁损,铁芯用硅钢片冲压而成。为了便于散热,通常将线圈做成短而粗的圆筒状绕在骨架上。为防止交变磁通使衔铁产生强烈震动和噪声,交流接触器铁芯端面上都安装一个铜制的短路环。交流接触器的灭弧装置通常采用灭弧罩和灭弧栅。

②直流接触器。直流接触器线圈通以直流电,主触点用来接通、切断直流主电路。

直流接触器铁芯中不产生涡流和磁滞损耗,所以不发热。铁芯可用整块钢制成。为了便于散热,通常将线圈绕制成长而薄的圆筒状。直流接触器灭弧较难,一般采用灭弧能力较强的磁吹灭弧装置。

2. 继电器

(1)继电器基本原理

继电器是一种电控制器件,当输入量的变化达到要求时,电器输出电路会通断、开闭。通常用于自动化控制电路中,实际上是用小电流去控制大电流运作的一种"自动开关"。在电路中起着自动调节、安全保护、转换电路等作用。具有动作快、工作稳定、使用寿命长、体积小等优点,广泛应用于电力保护、自动化、运动、遥控、测量和通信等装置中。

继电器种类繁多,常用的有电流继电器、电压继电器、中间继电器、时间继电器、热继电器、温度继电器、压力继电器、计数继电器、频率继电器等。

(2)继电器与接触器的区别

接触器和继电器工作原理是一样的,有时候可以通用,但是也有一定区别。

①继电器用于控制电路,电流小,没有灭弧装置,可在电量或非电量的作用下动作;接触器类似断路器,用于主电路,电流大,有灭弧装置,一般只能在电压作用下动作。

②触点数量不同,一个继电器往往有几对常开、常闭触点,可以用于不同的控制回路。

③触点容量不同,继电器触点容量较小,触点只能通过小电流,主要用于控制;接触器触点容量大,触点可以通过大电流,用于主回路较多。

④接触器控制的负载功率较大,故其体积也大,交流接触器广泛用于电力的开端和控制电路。继电器是一种小信号控制电器,用于电动机保护或各种生产机械自动控制。

(3)电磁式继电器

电磁式继电器结构、工作原理与接触器相似,是由控制电流通过线圈所产生的电磁吸力驱动磁路中的可动部分而实现触点开、闭或转换功能的继电器。其结构由电磁系统、触头系统和释放弹簧等组成。由于继电器用于控制电路,流过触点的电流小,故不需要灭弧装置。

常用的电磁式继电器有电流继电器、电压继电器、中间继电器。

电磁式继电器的符号如图5-2-2所示。

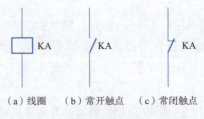

(a)线圈　　(b)常开触点　　(c)常闭触点

图5-2-2　电磁式继电器的符号

电磁式继电器的具体结构如图 5-2-3 所示。电磁式继电器工作电路可分为控制电路和工作电路。控制电路是由电磁铁 A、衔铁 B、低压电源 E_1 和开关 S 组成；工作电路是由小灯泡 L、电源 E_2、静触点和动触点组成。连接好工作电路，在常态时，D、E 间未连通，工作电路断开。如果用手指将动触点压下，则 D、E 间因动触点与静触点接触而将工作电路接通，小灯泡 L 发光。松开手指，小灯泡 L 不发光。当闭合开关 S，电磁铁通电，衔铁被电磁铁吸下来，动触点同时与两个静触点接触，使 D、E 间连通。这时弹簧 C 被拉长，工作电路被接通，小灯泡 L 发光。断开开关 S，电磁铁失去磁性，对衔铁无吸引力。衔铁在弹簧的拉力作用下回到原来的位置，动触点与静触点分开，工作电路被切断，小灯泡 L 不发光。

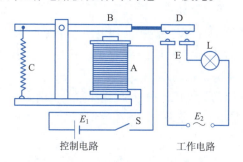

图 5-2-3　电磁式继电器的具体结构
A—电磁铁；B—衔铁；C—弹簧；D—动触点；E—静触点

① 电流继电器。根据输入（线圈）电流大小而动作的继电器称为电流继电器。电流继电器用于电力拖动系统的电流保护和控制，其线圈串联接入主电路，用来感测主电路的线路电流，触点接入控制电路，为执行元件。电流继电器反映的是电流信号，常用的电流继电器有过电流继电器和欠电流继电器，电流继电器文字符号为 KI，图形符号和实物图如图 5-2-4 所示。

（a）过电流继电器　　　（b）欠电流继电器　　　（c）实物图

图 5-2-4　电流继电器图形符号和实物图

过电流继电器是当电路发生短路及过电流时立即将电路切断，整定范围通常为线圈额定电流的 2.1~4 倍。在电路正常工作时，过电流继电器线圈通过电流小于整定电流，继电器不动作；当被保护线路的电流高于过电流继电器的额定值时，衔铁吸合，触头系统动作，控制电路失电，从而控制接触器及时分断电路，对电路起到过电流保护作用。

欠电流继电器用于电路欠电流保护，吸引电流为线圈额定电流的 30%~50%，释放电流为额定电流的 10%~20%。在电路正常工作时，欠电流继电器线圈通过的电流大于或等于整定电流，衔铁吸合；当电流降低到整定值时，继电器释放，控制电路失电，从而控制接触器及时分断电路。欠电流继电器一般是自动复位的。

② 电压继电器。电压继电器是反映电压变化的控制电器，是根据输入电压大小而动作的继电器。线圈与负载并联，以反映负载电压。按用途可分为过电压继电器、欠电压继电器和

零电压继电器,电压继电器文字符号为 KV,图形符号和实物图如图 5-2-5 所示。

(a) 欠电压继电器　　　(b) 过电压继电器　　　(c) 实物图

图 5-2-5　电压继电器图形符号和实物图

过电压继电器用于线路的过电压保护,动作电压整定范围为额定电压的 105%~120%。当被保护的线路电压正常时,衔铁不动作;当被保护的线路电压高于额定值,达到过电压继电器的整定值时,衔铁动作,触头系统动作。

欠电压继电器用于线路的欠电压保护,释放电压整定范围为额定电压的 7%~20%。当被保护的线路电压正常时,衔铁可靠吸合;当被保护的线路电压降至欠电压继电器的释放整定值时,衔铁释放,触头系统复位。

零电压继电器用于零电压保护,电压降到额定电压的 0.05%~0.25% 时释放。

③中间继电器。中间继电器用于继电保护与自动控制系统中,以增加触点的数量及容量。其触点数多,触点电流容量大,动作灵敏,主要用途是当其他继电器的触点数或触点容量不够时,可借助中间继电器扩大它们的触点数或触点容量,从而起到中间转换的作用。

中间继电器的结构和原理与交流接触器基本相同。与交流接触器主要区别在于接触器的主触点可以通过大电流,而中间继电器的触点只能通过小电流,只能用于控制电路中。因为过载能力比较小,一般没有主触点。实物图及引脚排列如图 5-2-6 所示。图 5-2-6(b)图中①、②端接控制电源,③、⑤和④、⑥为常闭触点,⑦、⑨和⑧、⑩为常开触点。

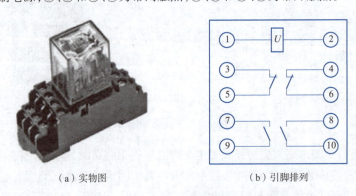

(a) 实物图　　　　　　(b) 引脚排列

图 5-2-6　中间继电器实物图及引脚排列

(4) 时间继电器

时间继电器是利用电磁原理或机械原理实现延时控制的控制电器,从得到输入信号(线圈的通电或断电)开始,经过一定延时时间后输出信号才动作的继电器。使用在较低的电压或较小电流的电路上,用来接通或切断较高电压或较大电流电路的电气元件。它的种类很多,按其动作原理与结构不同,可分为空气阻尼式、电动式、电子式等多种类型;按其工作方式的不同,可分为通电延时时间继电器和断电延时时间继电器,图形及文字符号如图 5-2-7 所示。

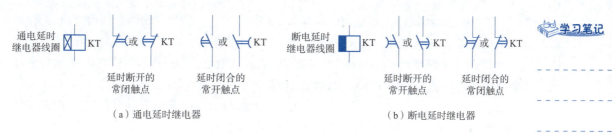

图 5-2-7　时间继电器图形及文字符号

①空气阻尼式时间继电器。空气阻尼式时间继电器由电磁机构、工作触点及气室组成,它的延时是靠空气压缩产生的阻力来实现的。常见的型号有 JS7-A 型,如图 5-2-8 所示。空气阻尼式时间继电器按其控制原理有通电延时和断电延时两种类型。断电延时型时间继电器与通电延时型时间继电器的原理与结构均相同,只是将其电磁机构翻转 180°安装,如图 5-2-9 所示。

图 5-2-8　空气阻尼式时间继电器结构

图 5-2-9　空气阻尼式时间继电器

图 5-2-10 为 JS7-A 型空气阻尼式时间继电器的内部结构。其工作过程为:当电磁铁线圈 1 通电后,将衔铁 4 吸下,于是顶杆 6 与衔铁 4 间出现一个空隙,当与顶杆 6 相连的活塞 12 在弹簧 7 作用下由上向下移动时,在橡皮膜 9 上面形成空气稀薄的空间(气室),空气由进气孔 11 逐渐进入气室,活塞因受到空气的阻力不能迅速下降,在降到一定位置时,杠杆 15 使延时触点 14 动作,常开触点闭合,常闭触点断开。线圈断电时,弹簧使衔铁 4 和活塞 12 等复位,空气经橡皮膜 9 与顶杆 6 之间推开的气隙迅速排出,触点瞬时复位。

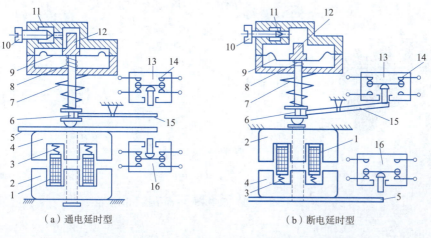

图 5-2-10　JS7-A 型空气阻尼式时间继电器的内部结构

1—线圈;2—静铁芯;3、7、8—弹簧;4—衔铁;5—推板;6—顶杆;9—橡皮膜;
10—螺钉;11—进气孔;12—活塞;13、16—自动开关;14—延时触点;15—杠杆空气阻尼式时间继电器延时时间为 0.4～180 s，具有延时范围较宽、结构简单、工作可靠、价格低廉、寿命长等优点，是机床交流控制线路中常用的时间继电器，但其准确度较差。

②电子式时间继电器。电子式时间继电器在时间继电器中已成为主流产品，其采用晶体管、集成电路和电子元件等结构。其结构是由脉冲发生器、计数器、数字显示器、放大器及执行机构组成，具有延时范围广、体积小、调节方便、精度高和寿命长等优点，应用很广。图 5-2-11 所示为两种电子式时间继电器，其引脚接线图如图 5-2-12 所示。

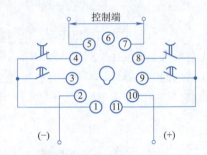

图 5-2-11　电子式时间继电器　　　　　图 5-2-12　引脚接线图

（5）热继电器

热继电器是利用电流的热效应工作的保护电器。热继电器由发热元件、双金属片、传导部分和常闭触点组成，当电动机过载时，通过热继电器中发热元件的电流增加，使双金属片受热弯曲，带动常闭触点动作。

热继电器常用于电动机的长期过载保护。当电动机长期过载时，热继电器的常闭触点动作，断开相应的回路，使电动机得到保护。由于双金属片的热惯性，即不能迅速对短路电流进行反映，而这个热惯性也是合乎要求的，因为在电动机起动或短时间过载时，热继电器不会动作，避免了电动机的不必要停车。

热继电器以其体积小、结构简单、成本低等优点在生产中得到了广泛应用。图 5-2-13 所示为热继电器的实物图、内部结构和图形符号。

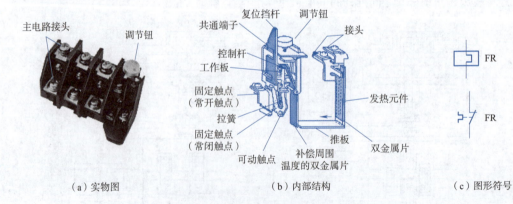

（a）实物图　　　　　　　（b）内部结构　　　　　　　（c）图形符号

图 5-2-13　热继电器的实物图、内部结构和图形符号

（6）速度继电器

速度继电器又称反接制动继电器，是反映转速和转向的继电器。图 5-2-14 为其实物图、内部结构和图形符号。其主要作用是以旋转速度的快慢为指令信号，与接触器配合实现对电

动机反接制动控制。速度继电器主要用于三相异步电动机反接制动的控制电路中,它的任务是当三相电源的相序改变以后,产生与实际转子转动方向相反的旋转磁场,从而产生制动力矩。因此,使电动机在制动状态下迅速降低速度。在电动机转速接近零时,立即发出信号,切断电源使之停车,否则电动机开始反方向起动。

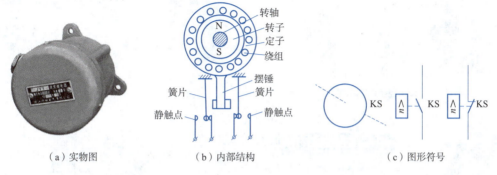

图 5-2-14　速度继电器的实物图、内部结构和图形符号

速度继电器主要由转子、定子和触点三部分组成。速度继电器的转轴与电动机的转轴连接在一起。当电动机旋转时,速度继电器的转子随之旋转,在空间产生旋转磁场,旋转磁场在定子绕组上产生感应电动势及感应电流,感应电流又与旋转磁场相互作用而产生电磁转矩,使得定子以及与之相连的胶木摆杆偏转。当定子偏转到一定角度时,摆杆推动簧片,使得继电器触点动作;当转子转速减少到接近零时,由于定子的电磁转矩减少,摆杆恢复原状态,触点也随即复位。当调节弹簧弹力时,可使速度继电器在不同转速时切换触点以改变通断状态。

速度继电器的动作转速一般不低于 120 r/min,复位转速在 100 r/min 以下,工作时允许的转速高达 1 000～3 900 r/min。由速度继电器的正转和反转切换触点的动作,来反映电动机转向和速度的变化。常用的型号有 JY1 和 JFZ0 型。

3. 熔断器

(1) 熔断器结构

熔断器(fuse)俗称保险丝,是一种结构简单、使用方便、价格低廉的短路保护电器,广泛用于配电系统和控制系统中,主要进行短路保护或严重过载保护,其符号如图 5-2-15 所示。

图 5-2-15　熔断器符号

熔断器主要由熔体、熔管和底座组成。熔体是熔断器的核心,熔体的材料、尺寸和形状决定了熔断特性。熔体由易熔金属铅、锡、锌、铜及其合金制成,通常制成丝状或片状。熔管是熔体的保护外壳,由陶瓷、绝缘钢纸等耐热绝缘材料制成,在熔体熔断时兼有灭弧作用。底座的作用是固定熔管和外接引线。

(2) 常用熔断器的种类

熔断器有瓷插式、螺旋式、密封管式、快速熔断器等多种规格。密封管式分为有填料密封管式、无填料密封管式。图 5-2-16 为几种熔断器的实物。在电气控制系统中经常选用螺旋式熔断器,它有明显的分断指示和不用任何工具就可取下或更换熔体等优点。

(3) 熔断器的工作原理

熔断器串联在电路中使用,安装在被保护设备或线路的电源侧,当电路发生过负荷或者短路时,过载或短路电流流过熔体,熔体因自身发热熔断,使电路断开,设备得以保护。熔体熔化的时间长短取决于熔体熔点的高低和所通过的电流的大小。熔体材料的熔点越高,熔体熔化就越慢,熔断时间就越长。

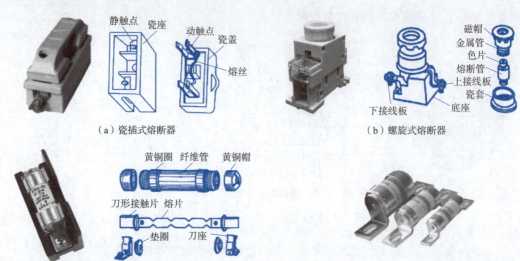

图 5-2-16　几种熔断器的实物

4. 低压隔离器

低压隔离器又称刀开关,是低压电器中结构比较简单、应用十分广泛的一类手动操作电器,种类主要有低压开关、熔断器式刀开关和组合开关三种。

隔离器的作用主要是在电源切除后,将线路与电源明显地隔开,以保障检修人员的安全。

(1) 刀开关

刀开关由操纵手柄、触刀、触刀插座、支座和绝缘底板等组成,其结构图、实物图和图形符号如图 5-2-17 所示。

(a) 结构图　　(b) 实物图　　(c) 图形符号

图 5-2-17　刀开关的结构图、实物图和图形符号
1—操纵手柄;2—触刀;3—触刀插座;4—支座;5—绝缘底板

刀开关按刀的极数分有单极、双极、三极;按灭弧装置不同,可分为带灭弧装置和不带灭弧装置;按刀的转换方向不同,可分为单掷和双掷;按接线方式不同,可分为板前接线和板后

接线;按操作方式不同,可分为手柄操作和远距离连杆操作;按有无熔断器,可分为带熔断器和不带熔断器。

选用刀开关时,刀的极数要与电源进线相数相等。刀开关的额定电压应大于所控制线路的额定电压,刀开关的额定电流应大于负载的额定电流。

（2）熔断器式刀开关

熔断器式刀开关由刀开关和熔断器组合而成,兼有两者的功能,常用作电源开关、隔离开关和应急开关,并作电路保护,其与刀开关的区别在于内部装有熔断器,其实物图和图形符号如图5-2-18所示。

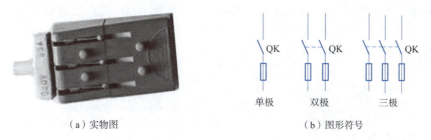

（a）实物图　　　　　　　　　　（b）图形符号

图 5-2-18　熔断器式刀开关实物图和图形符号

（3）组合开关

组合开关也是一种刀开关,但它的刀片是转动式的,操作比较轻巧,它的动触点（刀片）和静触点装在封闭的绝缘件内,采用叠装式结构,其层数由动触点数量决定,动触点装在操作手柄的转轴上,随转轴旋转而改变各对触点的通断状态。该机构由于采用了扭簧储能,可使开关快速闭合或分断,能获得快速动作,从而提高开关的通断能力,使动静触片的分合速度与手柄旋转速度无关。

它具有多触点、多位置、体积小、性能可靠、操作方便、安装灵活等特点。多用在机床电气控制电路中作为电源的引入开关,也可用作不频繁地接通和断开电路、换接电源和负载以及控制 5 kW 及以下的小容量异步电动机的正反转和星形、三角形起动。

组合开关的实物图、结构图和图形符号如图 5-2-19 所示。

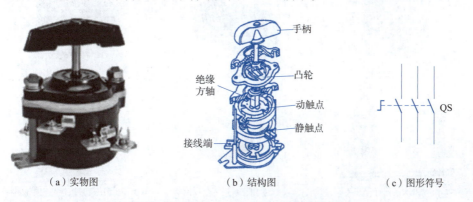

（a）实物图　　　　　　（b）结构图　　　　　　（c）图形符号

图 5-2-19　组合开关的实物图、结构图和图形符号

5. 低压断路器

低压断路器俗称自动空气开关,是一种不仅可以接通和分断正常负荷电流和过负荷电

流,还可以接通和分断短路电流的开关电器。主要在不频繁操作的低压配电线路或开关柜中作为电源开关使用,对线路、电气设备及电动机等起保护作用,当它们发生严重过电流、过载、短路、漏电等故障时,能自动切断线路,起到保护作用,因而获得了广泛的应用。

低压断路器的实物图、结构图和图形符号如图 5-2-20 所示。

低压断路器主要由触点、灭弧装置、操作机构(传动机构和脱扣机构)和保护装置等组成。工作原理如图 5-2-20(b)所示,图中选用了过电流和欠电压两种脱扣器。开关的主触点靠操作机构手动或电动合闸,在正常工作状态下能接通和分断工作电流,当电路发生短路或过电流故障时,过电流脱扣器 4 的衔铁被吸合,使自由脱扣机构的钩子脱开,自动开关触点分离,及时有效地切除高达数十倍额定电流的故障电流。若电网电压过低或过零时,欠电压脱扣器 5 的衔铁被释放,自由脱扣机构动作,使断路器触点分离,从而在过电流与零电压、欠电压时保证了电路及电路中设备的安全。

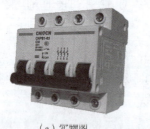
(a)实物图

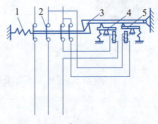
(b)结构图

(c)图形符号

图 5-2-20 低压断路器的实物图、结构图和图形符号
1—释放弹簧;2—主触点;3—钩子;4—过电流脱扣器;5—欠电压脱扣器

6. 主令电器

主令电器用作闭合或断开控制电路,以发出指令或作为程序控制的开关电器。它可以直接作用于控制电路,也可以通过电磁式电器的转换对电路实现控制,其主要类型有按钮、行程开关、万能转换开关、光电开关、主令控制器、脚踏开关等,如图 5-2-21 所示。

(a)LA2系列按钮

(b)LA4系列按钮

(c)LW6万能转换开关

(d)YBLX系列行程开关

(e)LK5系列主令控制器

(f)KTJ1系列凸轮控制器

图 5-2-21 各种主令电器

(1)按钮

按钮是最常用的主令电器,其实物图、结构图和图形符号如图 5-2-22 所示。常态时在复

位弹簧7的作用下,由桥式动触点将静触点1、2闭合,静触点3、4断开;当按下按钮帽6时,桥式动触头5将1、2分断,3、4闭合。1、2被称为常闭触点或动断触点,3、4被称为常开触点或动合触点。

 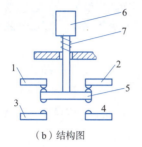 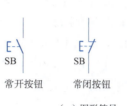

（a）实物图　　　　　　（b）结构图　　　　　　　　（c）图形符号

图 5-2-22　按钮的实物图、结构图和图形符号

1、2—常闭触点;3、4—常开触点;5—桥式动触点;6—按钮帽;7—复位弹簧

为标明按钮的作用,避免误操作,通常将按钮帽做成红、绿、黑、黄、蓝、白、灰等颜色。按钮颜色规定如下:

① "停止"和"急停"按钮:红色按钮。当按下红色按钮时,必须使设备停止工作或断电。

② "起动"按钮:绿色按钮。

③ "起动"与"停止"交替动作的按钮:黑色、白色或灰色按钮,不得用红色和绿色。

④ "点动"按钮:黑色按钮。

⑤ "复位"按钮:蓝色按钮,如保护继电器的复位按钮;当复位按钮还有停止的作用时,则必须是红色。

（2）行程开关

行程开关又称位置开关,其作用原理与按钮相同。其主要用于检测工作机械的位置,发出命令以控制其运动方向或行程长短。行程开关按结构分为直动式、滚轮式和微动式,结构如图5-2-23（b）所示。以滚轮式为例,当运动机构的挡铁压到位置开关的滚轮上时,转动杠杆连同转轴一起转动,凸轮撞动撞块使得常闭触点断开,常开触点闭合。挡铁移开后,复位弹簧使其复位,从而实现对电路的控制作用。

行程开关的实物图和结构图和图形符号如图5-2-23所示。

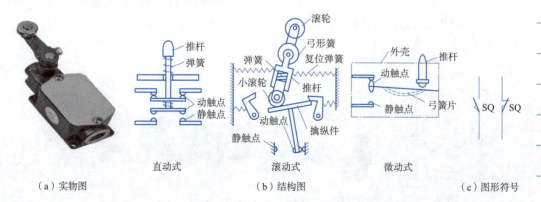

（a）实物图　　　　　　　　　（b）结构图　　　　　　　　　（c）图形符号

图 5-2-23　行程开关的实物图、结构图和图形符号

三、三相异步电动机基础

1. 认识三相异步电动机

电动机俗称马达,是依据电磁感应定律实现电能的转换或传递的,是把电能转换成机械能的设备。它在机械、冶金、石油、煤炭、化学、航空、交通、农业以及其他各种工业中广泛应用。电动机在电路中用字母"M"表示。

电动机按使用电源的不同可分为直流电动机和交流电动机。现电力系统中的电动机大部分是交流电动机。交流电动机按转速变化的情况可分为同步电动机和异步电动机。异步电动机按供电电源的不同又分为单相异步电动机、两相异步电动机和三相异步电动机,如图 5-3-1 所示。

（a）单相异步电动机

（b）两相异步电动机

（c）三相异步电动机

图 5-3-1　异步电动机

三相异步电动机由 380 V 三相交流电源供电。由于三相异步电动机的转子与定子旋转磁场以相同的方向、不同的转速旋转,存在转差率,所以称为三相异步电动机。因为它具有结构简单、坚固耐用、运行可靠、价格低廉、维护方便等优点,被广泛用来驱动各种金属切削机床、起重机、锻压机、传送带、铸造机械、功率不大的通风机及水泵等。

练一练: 请通过网络资源、图书馆资源,了解生活中哪些电器使用了三相异步电动机,并归纳总结目前市面上主流三相异步电动机的生产厂家和热门电动机型号。

2. 三相异步电动机的构造

三相异步电动机主要由定子和转子构成,如图 5-3-2(a)所示。定子是电动机中固定不动的部分,主要由机座、定子铁芯和定子绕组构成。转子是电动机的旋转部分,由转子铁芯、转子绕组和转轴构成。另外,还有端盖、风扇等附属部分,如图 5-3-2(b)所示。

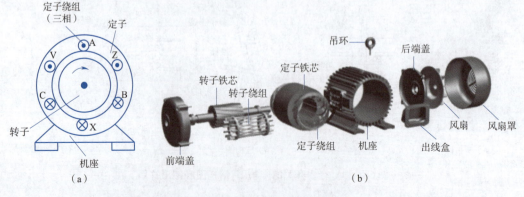

图 5-3-2　三相异步电动机的构造

(1) 定子

定子铁芯是电动机磁路的一部分,其用于放置定子绕组,如图 5-3-3 所示。一般由 0.35~0.5 mm 厚硅钢片叠压成圆筒,硅钢片表面的氧化层作为片间绝缘。在铁芯的圆上均匀分布的槽用来嵌放定子绕组。

定子绕组是电动机的电路部分,由三个在空间相互间隔 120°电角度、对称排列的、结构完全相同的绕组连接而成。这些绕组的各个线圈按一定规律分别嵌放在定子各槽内,如图 5-3-4 所示,其作用是利用通入三相交流电产生旋转磁场。

图 5-3-3　定子铁芯　　　　图 5-3-4　定子绕组

定子绕组分为单层绕组和双层绕组。单层绕组一般用于 10 kW 以下的电动机,双层短距绕组用于较大容量电动机中。

机座用于固定定子铁芯与前后端盖以支撑转子,并起防护、散热等作用。机座通常为铸铁件,大型异步电动机机座一般用钢板焊成,微型电动机的机座采用铸铝件。

(2) 转子

转子铁芯所用材料与定子一样,由 0.5 mm 厚的硅钢片叠压成圆柱体,紧固在转子轴上,硅钢片外圆冲有均匀分布的孔,用来安置转子绕组。通常用定子铁芯冲落后的硅钢片内圆来冲制转子铁芯,如图 5-3-5 所示。

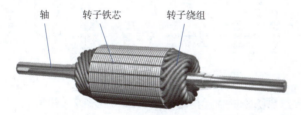

图 5-3-5　转子铁芯和转子绕组

转子绕组用于切割定子旋转磁场产生的感应电动势及电流,并形成电磁转矩而使电动机旋转。其结构分为鼠笼式转子和绕线式转子。

鼠笼式转子绕组是在转子铁芯的槽里嵌放裸铜条或铝条(导条),然后用两个金属环(端环)分别在裸金属导条两端把它们全部接通,即构成转子绕组。若去掉转子铁芯,整个绕组的外形像一个鼠笼,故称为笼型绕组,如图 5-3-6(a)所示。

绕线式转子绕组与定子绕组相似,也是一个对称的三相绕组,一般接成星形,三个出线头接到转轴的三个集流环上,再通过电刷与外电路连接,如图 5-3-6(b)所示。

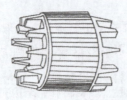  

（a）鼠笼式转子　　　　　　　　　　　（b）绕线式转子

图 5-3-6　转子绕组

（3）其他部件

三相异步电动机的其他部件中端盖起支撑作用；轴承用于连接转动部分与不动部分；轴承端盖保护轴承；风扇用于冷却电动机。

3. 三相异步电动机的工作原理

对于三相异步电动机，当电动机的三相定子绕组（各相差 120°电角度）通入三相对称交流电后，将产生一个旋转磁场，该旋转磁场切割转子绕组，从而在转子绕组中产生感应电流（转子绕组是闭合通路），载流的转子导体在定子旋转磁场作用下将产生电磁力，从而在电动机转轴上形成电磁转矩，驱动电动机旋转，并且电动机旋转方向与旋转磁场方向相同。电动机转子线圈中的感应电流是由于转子导体与磁场有相对运动而产生的。三相异步电动机的转子转速不会与旋转磁场同步，更不会超过旋转磁场的速度，总是小于旋转磁场的同步转速。

4. 三相异步电动机的接线

三相异步电动机的三相定子绕组每相绕组都有两个引出线头。一侧称为首端，另一侧称为末端。规定第一相绕组首端用 U1 表示，末端用 U2 表示；第二相绕组首端用 V1 表示，末端用 V2 表示；第三相绕组首、末端分别用 W1 和 W2 来表示，如图 5-3-7 所示。

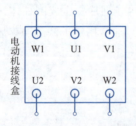 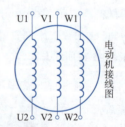

图 5-3-7　三相电动机定子绕组引线

三相定子绕组的六根端头可将三相定子绕组接成星形或三角形。

（1）星形接法

将三相绕组的末端 U2、V2、W2 三个接线柱连接在一起，将三相绕组首端 U1、V1、W1 分别接入三相交流电源 A、B、C，如图 5-3-8 所示。

（2）三角形接法

将第一相绕组的首端 U1 与第三相绕组的末端 W2 相连接，再接入一相电源 A；第二相绕组的首端 V1 与第一相绕组的末端 U2 相连接，再接入第二相电源 B；第三相绕组的首端 W1 与第二相绕组的末端 V2 相连接，再接入第三相电源 C，即在接线板上将接线柱 W1 和 V2、U2 和 V1、U1 和 W2 分别连接起来，再接入三相电源 A、B、C，如图 5-3-9 所示。

项目 5　三相异步电动机起动控制电路设计与搭建

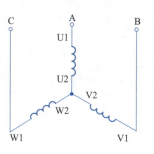
（a）三相绕组电气通路示意图

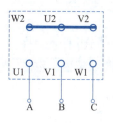
（b）接线盒接线示意图

图 5-3-8　三相异步电动机星形接法

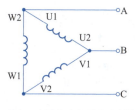
（a）三相绕组电气通路示意图

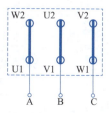
（b）接线盒接线示意图

图 5-3-9　三相异步电动机三角形接法

四、三相异步电动机基本控制电路

1. 电气控制基础知识

（1）电气控制系统图

电气控制系统图用来表达设备的电气控制系统的组成，分析控制系统工作原理以及安装、调试、检修控制系统。电气控制系统图有电气控制原理图、电气布置图和电气接线图，如图 5-4-1 所示。

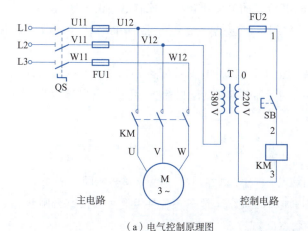
（a）电气控制原理图

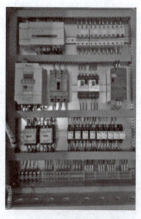
（b）电气布置图

图 5-4-1　电气控制系统图

151

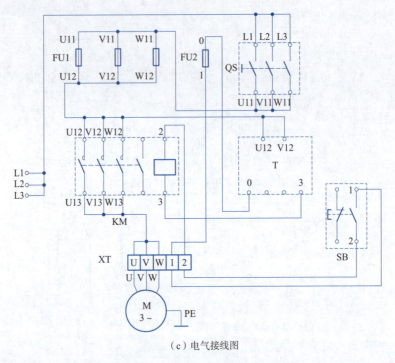

(c) 电气接线图

图 5-4-1 电气控制系统图(续)

① 电气控制原理图:反映电气控制线路工作原理,便于阅读和分析控制线路。包括所有电气元件的导电元件和接线端子,但并不按照电气元件实际布置位置绘制,也不反映电气元件的实际大小。

电气控制原理图一般分为主电路、控制电路,如图 5-4-1(a)所示。

主电路:电气控制线路中大电流通过的部分。包括从电源到电动机之间相连接的电气元件。一般由组合开关、主熔断器、接触器主触点、热继电器的热元件和电动机等组成。

控制电路:除主电路以外的电路,其流过的电流比较小。控制电路由按钮、接触器和继电器线圈、接触器辅助触点及其他元件组成。包括控制电路、照明电路、信号电路和保护电路。

② 电气布置图:电气布置图为原理图中各元器件的实际安装位置,如图 5-4-1(b)所示。

③ 电气接线图:电气接线图是将所用元器件接线的端口标明,用于电器安装接线、线路检查、故障维修等,如图 5-4-1(c)所示。

(2)电气控制电路图特征

① 一般主电路画在左侧,控制电路画在右侧。

② 同一电器的各部件(如线圈和触点)一般不画在一起,但文字符号相同。

③ 接触器、继电器的各触点为不通电时的状态(常态);各种刀开关为没有合闸状态,按钮、行程开关的触点为没有操作时的状态(常态)。

2. 三相异步电动机基本控制电路

三相异步电动机的基本控制电路有起动控制电路、正反转控制电路和自动往返控制电路。下面介绍几种重要的控制电路。

(1) 点动控制电路

图 5-4-2 为最基本的三相异步电动机点动控制电路的电气原理图。

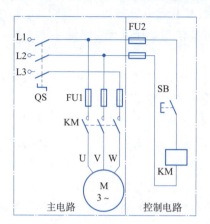

图 5-4-2　三相异步电动机点动控制电路的电气原理图

主电路中,组合开关 QS 起隔离电源的作用;熔断器 FU1 对主电路进行短路保护,接触器 KM 的三相主触点完成主电路的接通和分断。

控制电路中,熔断器 FU2 做短路保护;常开按钮 SB 控制 KM 电磁线圈的通断。

电路工作原理如下:

合上组合开关 QS,按下常开按钮 SB(不松手),交流接触器 KM 的线圈通电,主电路中,接触器 KM 主触点闭合,电动机 M 接通电源起动;当松开常开按钮 SB 时,交流接触器 KM 的线圈失电,KM 的主触点断开,电动机 M 停转。

注意:常开按钮 SB 是不带锁的,按下去闭合,松开后即断开。

其他两种点动控制电路如图 5-4-3 所示。

练一练:试分析图 5-4-3 中点动控制电路的工作原理。

(2) 连续运行控制电路

图 5-4-4 所示为三相异步电动机连续运行控制线路。图 5-4-4 控制电路是在图 5-4-2 基础上,在起动按钮 SB2 两端串联一个常闭按钮 SB1 作为停止按钮;串联一个热继电器 FR,保护电路;按钮 SB2 两端再并联接触器常开辅助触点 KM。

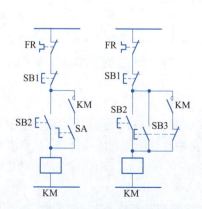

图 5-4-3　其他两种点动控制电路

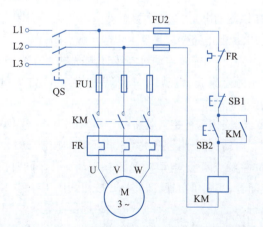

图 5-4-4　三相异步电动机连续运行控制电路

电路工作原理如下：

①起动：合上组合开关 QS，按下起动按钮 SB2（可松手），交流接触器 KM 线圈通电，主电路中，KM 主触点闭合，电动机 M 接通电源转动。同时控制电路中与 SB2 并联的 KM 常开辅助触点闭合。这样，即使松开按钮 SB2 时，KM 线圈仍可通过辅助触点 KM 通电，从而保持电动机的连续运行。

②停止：当需要电动机停转时，按下停止按钮 SB1，交流接触器 KM 线圈失电，交流接触器 KM 的主触点断开，KM 常开辅助触点断开，电动机 M 停转。

注意：电路中与起动按钮 SB2 并联的 KM 常开辅助触点，在松开起动按钮 SB2 后，仍使接触器 KM 线圈保持通电的控制方式称为"自锁"，常开辅助触点 KM 称为自锁触点。

（3）连续与点动混合运行控制电路

图 5-4-5 所示为连续与点动混合运行控制电路。在连续运行控制的基础上加了一个联动按钮 SB3，按钮 SB3 常闭触点与控制电路交流接触器 KM 常开触点串联，按钮 SB3 的常开触点与起动按钮 SB1 并联。

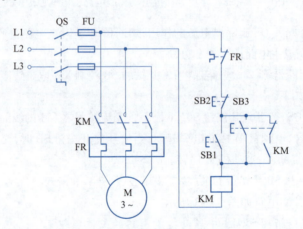

图 5-4-5　连续与点动混合运行控制电路

电路工作原理如下：

①点动运行控制电路：

启动：合上组合开关 QS，按下联动按钮 SB3（不松开），SB3 的常开触点闭合，交流接触器 KM 线圈通电，主电路中接触器 KM 的主触点闭合，电动机 M 起动运转。同时 SB3 常闭触点断开，控制电路中接触器 KM 常开触点闭合。

停止：当需要电动机停转时，松开按钮 SB3，SB3 常开触点复位，接触器 KM 线圈断电，KM 的主触点断开，电动机 M 停转，同时 SB3 常闭触点闭合，控制电路中接触器 KM 常开触点复位。

②连续运行控制电路：

启动：合上组合开关 QS，按下起动按钮 SB1，交流接触器 KM 线圈通电，主电路中接触器 KM 主触点闭合，电动机 M 直接起动运转。同时控制电路中与 SB1 并联的接触器 KM 常开触点闭合，实现了自锁，即使松开按钮 SB1，接触器 KM 的线圈仍可通电，从而保持电动机的连续运行。

停止：如需停止，按下停止按钮 SB2，将接触器 KM 线圈回路断电，KM 的常开主触点复位,切断三相电源,电动机 M 停止运转。

(4)多地运行控制电路

多地运行控制指在不同的地点来控制一个或多个电器的工作状态。比如用两只不同地方的开关控制同一盏灯。在大型生产设备上,为操作方便,常常采用多地运行控制电路。

多地运行控制电路如图 5-4-6 所示,该控制电路实现电动机的两地控制。图中 SB1 和 SB2 控制 A 地,SB3 和 SB4 控制 B 地,起动按钮 SB1 和 SB3 并联,停止按钮 SB2 和 SB4 串联。

如果要实现更多地点的控制,利用类似的方法,不同地点的起动按钮并联,停止按钮串联即可。

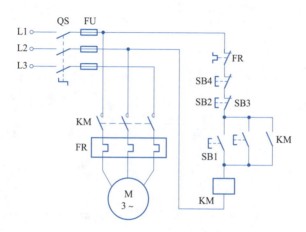

图 5-4-6 多地运行控制电路

练一练:试设计一个三地运行控制电路。

(5)定子串电阻降压起动控制电路

定子串电阻降压起动是电动机起动时在三相定子电路串接电阻,使得加在定子绕组上的电压降低,起动结束后再将电阻短接,电动机在额定电压下正常运行。由于不受电动机接线形式的限制,设备简单,因而在中小型生产机械中应用较广。

图 5-4-7 所示电路的工作原理如下:合上组合开关 QS,按下起动按钮 SB1,接触器 KM1 与时间继电器 KT 的线圈同时通电,KM1 主触点闭合,由于 KM2 线圈的回路中串有时间继电器 KT 延时闭合的常开触点而不能吸合,这时电动机定子绕组中串有电阻 R,进行降压起动,电动机的转速逐步升高,当时间继电器 KT 达到预定整定的时间后,其延时闭合的常开触点 KT 闭合,接触器 KM2 线圈通电,KM2 主触点闭合,将起动电阻 R 短接,电动机便处在额定电压下全压运转。

(6)星形(丫)-三角形(△)降压起动控制电路

星形-三角形降压起动是指电动机起动时,把定子绕组接成星形,以降低起动电压,限制起动电流;等电动机起动后,再把定子绕组改接成三角形,使电动机全压运行。

图 5-4-8 所示为三相异步电动机丫-△降压起动控制电路。

该电路主电路采用两个接触器 KM$_Y$ 和 KM$_△$,分别控制电动机三相绕组作星形和三角形联结。控制电路有 KM$_Y$ 和 KM$_△$ 接触器、KM 接触器,还有通电延时时间继电器 KT。

图 5-4-8 所示电路的工作原理如下:

先合上组合开关 QS,按下起动按钮 SB2,时间继电器 KT 和接触器 KM$_Y$ 通电吸合,KM$_Y$ 主触点和辅助触点动作，使接触器 KM 也通电吸合并自锁，电动机 M 接成星形降压起动，当电动机 M 转速上升到一定值时，KT 延时结束，其常闭触点断开，使接触器 KM$_Y$、时间继电器 KT 断电释放，接触器 KM$_Y$ 主触点断开，与 KM$_\triangle$ 串联的 KM$_Y$ 常闭辅助触点恢复闭合，KM$_\triangle$ 线圈通电，接触器 KM$_\triangle$ 主触点闭合，电动机 M 接成三角形全压运行。

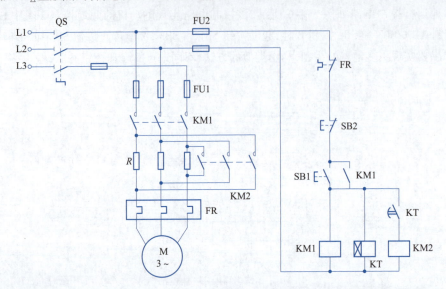

图 5-4-7 定子串电阻降压起动控制电路

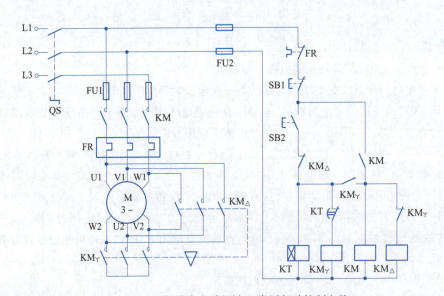

图 5-4-8 三相异步电动机 Y-△ 降压起动控制电路

(7) 正反转控制线路

在生产加工过程中，往往要求电动机能够向正反两个方向运行，这就要求电动机可以正反转。如机床工作台的前进与后退、起重机的上升与下降、电梯的上升与下降等。

图 5-4-9 给出了两种正反转控制电路。

图 5-4-9(a) 所示为电动机"正—停—反"可逆控制电路，两个接触器的常闭辅助触点

KM1 和 KM2 相互制约,当一个接触器通电时,利用其串联在对方接触器线圈电路中的常闭触点的断开来锁住对方线圈电路。这种利用两个接触器的常闭辅助触点互相控制的方法称"互锁",起互锁作用的两对触点称为互锁触点。

图 5-4-9(a)所示电路的工作原理如下:

①正转起动:合上组合开关 QS,按下正转起动按钮 SB1,接触器 KM1 线圈通电,其常闭辅助触点断开,切断 KM2 线圈回路,起到互锁作用,KM1 常开辅助触点闭合,自锁触点闭合,KM1 主触点闭合,主电路按 U1、V1、W1 相序接通,电动机正转。

②停止:按下停止按钮 SB3,接触器 KM1 线圈失电,其常开主触点断开,电动机 M 失电停转,KM1 的常开辅助触点断开,解除自锁,KM1 的常闭触点闭合,解除对 KM2 的互锁。

③反转起动:按下反转起动按钮 SB2,接触器 KM2 线圈通电,其常闭辅助触点断开,切断 KM1 线圈回路,起到互锁作用,KM2 的常开辅助触点闭合,自锁触点闭合,KM2 主触点闭合,主电路按 W1、V1、U1 相序接通,电动机反转。

④停止:按下停止按钮 SB3,接触器 KM2 线圈失电,其常开主触点断开,电动机 M 失电停转,KM2 的常开辅助触点断开,解除自锁,KM2 的常闭触点闭合,解除对 KM1 的互锁。

该电路采用互锁,优点是工作安全可靠,但电动机由正转变为反转时,必须先按下停止按钮,才能按反转按钮。因为反转控制回路中串联了正转接触器 KM1 的常闭触点,当 KM1 通电工作时,它是断开的,若这时直接按反转起动按钮 SB2,反转接触器 KM2 是无法通电的,电动机也就得不到电源,故电动机仍然是正转状态,不会反转。

图 5-4-9(b)所示为电动机"正—反—停"控制电路。该控制电路集中了按钮互锁和接触器互锁的优点,故具有操作方便和安全可靠等优点,为电力拖动设备中所常用。

线路中,正转起动按钮 SB1 的常开触点用来使正转接触器 KM1 的线圈瞬时通电,其常闭触点串联在反转接触器 KM2 线圈的电路中,用来锁住 KM2,反转起动按钮 SB2 与 SB1 同理。当按下 SB1 或 SB2 时,常闭触点断开,常开触点闭合。这样在改变电动机运动方向时,就不必按停止按钮 SB3,可直接按正转和反转起动按钮实现电动机可逆运转。这个线路既有接触器互锁,又有按钮互锁,称为具有双重互锁的可逆控制电路。

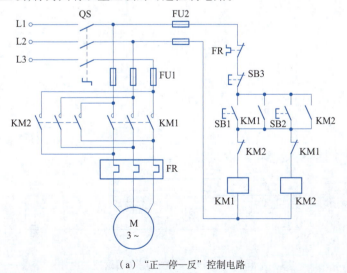

(a)"正—停—反"控制电路

图 5-4-9 三相异步电动机正反转控制电路

三相异步电动机往返控制

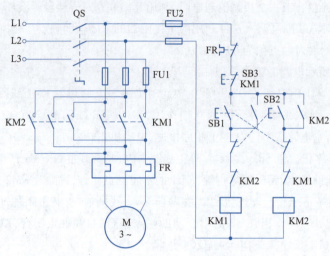

（b）"正—反—停"控制电路

图 5-4-9　三相异步电动机正反转控制电路（续）

（8）自动往返控制电路

在生产加工过程中，往往要求电动机能够拖动生产机械在指定范围内做往复运动，提高生产效率。自动往返控制电路是在正反转控制电路的基础上形成的。自动往返控制电路的主要电器为行程开关。行程开关装在所需地点，当装在运动部件上的撞块碰到行程开关时，行程开关的触点动作，从而实现电路的切换。行程控制主要用于机床进给速度的自动换接、自动工作循环、自动定位及运动部件的限位保护等。

图 5-4-10 所示为三相异步电动机自动往返控制电路。

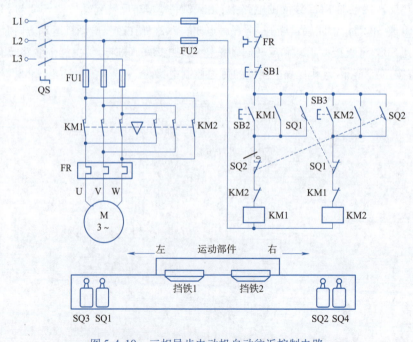

图 5-4-10　三相异步电动机自动往返控制电路

图 5-4-10 所示电路的工作原理如下：

合上组合开关 QS，按下起动按钮 SB2，交流接触器 KM1 线圈得电，KM1 互锁触点断开，自锁触点闭合，起到互锁和自锁保护作用，KM1 主触点闭合，电动机正转，拖动工作台右移，当右移到限定位置时，挡铁 2 碰撞行程开关 SQ2，SQ2 常闭触点断开，KM1 线圈失电，KM1 主触点断开，电动机停转，工作台停止右移，KM1 互锁触点恢复闭合，为 KM2 线圈得电做好准备。

在挡铁 2 碰撞行程开关 SQ2 时，SQ2 常开触点闭合，KM2 线圈通电，KM2 主触点闭合，电动机反转，拖动工作台左移，此时，SQ2 触点复位。当工作台左移至限定位置时，挡铁 1 碰撞行程开关 SQ1，SQ1 常闭触点断开，KM2 线圈失电，KM2 主触点断开，电动机停止反转，工作台停止左移，SQ1 常开触点闭合，KM1 线圈又得电，电动机又正转。重复上述过程，工作台就在限定的行程内自动往返运动。停止时，按下停止按钮 SB1，整个控制电路失电。

(9) 顺序控制电路

在生产机械中，有时要求不同电动机间的起动停止必须满足一定的顺序，如主轴电动机的起动必须在油泵起动之后，钻床的进给必须在主轴旋转之后等。

顺序控制电路的电气原理图如图 5-4-11 所示，图 5-4-11(a) 为主电路原理图，图 5-4-11(b)、(c) 为两种不同的控制电路。

图 5-4-11(b) 中，接触器 KM1 的另一对常开触点(线号为 5、6)串联在接触器 KM2 线圈的控制电路中，当按下起动按钮 SB11，接触器 KM1 线圈通电，KM1 主触点闭合，使电动机 M1 起动运转，控制电路中，KM1 与 SB11 并联的常开辅助触点闭合，实现自锁，与接触器 KM2 串联的常开辅助触点闭合。再按下起动按钮 SB21，接触器 KM2 线圈通电，KM2 主触点闭合，电动机 M2 才会起动运转，若要电动机 M2 停止，则只要按下 SB12 即可。

图 5-4-11(c) 中，由于在停止按钮 SB12 两端并联一个接触器 KM2 的常开触点(线号为 1、2)，所以只有先使接触器 KM2 线圈失电，即电动机 M2 停止，同时 KM2 常开触点断开，然后才能按 SB12 达到断开接触器 KM1 线圈电源的目的，使电动机 M1 停止。这种顺序控制电路的特点是两台电动机依次顺序起动，逆序停止。

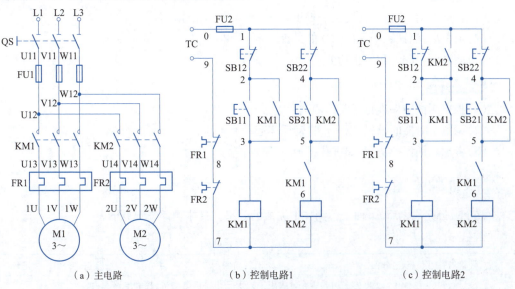

(a) 主电路　　　　　　　(b) 控制电路1　　　　　　　(c) 控制电路2

图 5-4-11　顺序控制电路的电气原理图

学习笔记

项目实施

步骤一 确定硬件元件

(1)两台三相异步电动机;
(2)两个接触器(用于电动机的起动与停止);
(3)一个定时器(用于实现自动时间控制);
(4)按钮(起动、停止);
(5)熔断器(保护电路);
(6)电源(提供380 V三相交流电);
(7)其他辅助元件,如指示灯、导线等。

步骤二 设计电路图

(1)设计一个包含上述元件的电路图,确保两台电动机的顺序起动和停止功能;
(2)第一台电动机起动后,第二台电动机才能起动;
(3)停止时,第二台电动机先停止,然后第一台电动机停止;
(4)添加定时器以控制电动机的自动起动和停止。

步骤三 元件布局与选型

(1)选择适当的元件型号,并考虑其安装尺寸;
(2)在图纸上规划元件的布局,确保美观和便于维护。

步骤四 电路布线

(1)根据电路图进行布线,确保布线横平竖直,方便检查;
(2)使用不同颜色的导线以区分不同的连接点;
(3)确保所有连接牢固可靠,避免松动或短路。

步骤五 电路测试

(1)在通电前,检查所有连接是否正确,确保没有短路或开路;
(2)通电后,测试每个元件的功能是否正常;
(3)测试顺序起动和停止功能是否满足要求。

步骤六 调试与优化

(1)根据测试结果进行必要的调试;
(2)调整定时器的设置,以实现自动顺序起动和停止;
(3)考虑添加保护功能,如过载保护、短路保护等。

项目验收

整个项目完成之后,下面来检测一下完成的效果。具体测评细则见下表。

项目完成情况测评细则

评价内容	分值	评价细则	量化分值	得分
信息收集与自主学习	20分	(1)是否充分收集了关于三相异步电动机、控制电路、顺序起动等相关理论知识和技术文档	5分	

三相异步电动机顺序控制电路

续表

评价内容	分值	评价细则	量化分值	得分
信息收集与自主学习	20 分	(2)是否了解了最新的行业标准和实践应用	5 分	
		(3)是否通过在线课程、书籍、技术文档等途径进行了自主学习	5 分	
		(4)是否对设计任务进行了深入的分析,并制订了合理的设计计划	5 分	
电路设计与实施	40 分	(1)电路图设计是否准确反映了设计需求	8 分	
		(2)是否充分考虑了电路的安全性、稳定性和可靠性	8 分	
		(3)元件布局是否合理美观,方便后期维护	8 分	
		(4)是否在设计中发挥了创造力,例如实现自动顺序起动和停止功能	8 分	
		(5)是否考虑了实际应用场景中的特殊需求	8 分	
测试与调试	30 分	(1)是否制订了详细的测试计划,包括测试的目的、方法、步骤和预期结果	5 分	
		(2)是否按计划进行了功能测试,包括顺序起动、停止功能等	5 分	
		(3)测试结果是否满足设计要求	5 分	
		(4)是否对电路的性能进行了评估,如稳定性、响应速度等	5 分	
		(5)是否记录了测试数据和评估结果	5 分	
		(6)在测试过程中遇到问题时,是否能够快速诊断并修复	5 分	
职业素养与职业规范	10 分	(1)在设计过程中,是否能够积极与团队成员沟通协作	2 分	
		(2)在设计和实施过程中,是否严格遵守了安全规定和操作流程	3 分	
		(3)在设计完成后,是否对设计过程进行了反思和总结	3 分	
		(4)是否提出了改进方案或新的设计理念	2 分	
总计		100 分		

巩固与拓展

一、知识巩固

1. 填空题

(1)交流接触器主要由_____、_____和_____组成。

(2)电磁继电器的结构有_____、_____、_____、_____和_____。

(3)速度继电器主要由_____、_____和_____三部分组成。

(4)熔断器主要由_____、_____和_____组成。

(5)三相定子绕组的六根端头可将三相定子绕组接成_____和_____。

(6)行程开关按结构分为_____、_____和_____。

(7)三相异步电动机主要由_____和_____组成。

(8)电气控制系统图包括_____、_____和_____。

(9)在机床电控中,短路保护用_____;过载保护用_____。

(10)_____是用于远距离频繁地接通或断开交直流主电路及大容量控制电路的一种自动开关电器。

(11)电磁式继电器反映的是电信号,当线圈反映电压信号时,为_____继电器;当线圈反映电流信号时,为_____继电器。

(12)复合按钮的复位顺序为_____按钮先断开,_____按钮后闭合。

2. 选择题

(1)电磁机构中,吸引线圈的作用是( )。

    A. 将磁场能转化成电能   B. 将电能转化成磁场能

    C. 将机械能转化成磁场能   D. 将磁场能转化成机械能

(2)下列( )是自锁控制电路。

    A.   B.   C.   D.

(3)用来分断或接通主电路的是交流接触器的( )。

    A. 辅助触点   B. 主触点   C. 常开触点   D. 常闭触点

(4)电磁式交流接触器和交流继电器的区别是( )。

    A. 交流接触器有短路环,而继电器没有

    B. 交流接触器有主、辅助触点,而继电器没有

    C. 交流继电器有主、辅助触点,而接触器没有

    D. 没有区别

(5)中间继电器的文字符号是( )。

    A. KT   B. SB   C. KA   D. KM

(6)时间继电器的文字符号是( )。

    A. KT   B. SB   C. KA   D. KM

(7)熔断器的文字符号是( )。

    A. FR   B. SB   C. KA   D. FU

3. 判断题

(1)电磁式电器的感测元件接受的是热量、温度、转速、机械力等信号。   ( )

(2)手动电器主要包括刀开关、转换开关和主令电器等。   ( )

(3)电动机在电路中用字母M表示。   ( )

(4)低压断路器的文字符号是QS。   ( )

4. 简答题

(1)阐述接触器和继电器的区别。

(2)画出三相异步电动机的接线方法。

二、实践拓展

通过本项目的学习,对常见三相异步电动机控制电路有了比较详细的了解。然而,在实际工程中,需要根据工程的需要设计对应的电路。

现有一台二级皮带传送机,分别由 M_1、M_2 两台三相异步电动机拖动。起动时,以 5 s 的间隔按 M_1、M_2 的顺序自动起动;停止时,也以 5 s 的间隔按 M_2、M_1 的顺序自动停止。请据此进行三相异步电动机控制电路的设计。要求:

(1)绘制出主电路、控制电路;
(2)电路应有必要的联锁及保护功能。

文档

三相异步电动机顺序控制电路

项目 6

音频功率放大器的设计与制作

项目目标

知识目标：
(1) 了解二极管、三极管的基本结构、特性和工作原理；
(2) 理解三极管的基本放大原理；
(3) 熟悉二极管、三极管典型应用电路的工作原理；
(4) 掌握由三极管构成的常见放大电路的分析方法。

技能目标：
(1) 能够设计简单的二极管电路，如整流电路、稳压电路等，能够计算基本电路参数；
(2) 能够设计并分析共发射极放大电路、共集电极放大电路等常见的三极管放大电路；
(3) 能够进行多级放大电路的分析和设计；
(4) 能够分析差分放大电路。

素质目标：
(1) 团队协作，共同解决设计和制作过程中的问题，强调团队协作和沟通能力培养；
(2) 培养创新思维和问题解决能力，鼓励学生在设计中尝试新的思路和方法；
(3) 培养职业道德和社会责任感，强调技术创新和发展对社会的影响，使学生具备专业素养和社会担当。

项目描述

音频功率放大器是一个非常实用的设备，它已经成为人们生活中不可或缺的一部分。无论是在便携式设备中还是大功率设备中，都能够发挥出它的巨大作用。它将带来更加逼真和清晰的音效，让人们感受到音乐和电影所带来的美妙体验。

假设你正在家中聚会，或享受自己的私人音乐空间，一个高效的音频功率放大器就恰恰是你所需要的。它能够以高保真度放大音频信号，带来更加逼真和清晰的音乐效果。你可以坐在沙发上，紧贴着音响设备，感受着每一个音符所带来的震撼和共鸣。或者你也可以在家庭影院系统中，体验高质量的电影，仿佛身临其境。

马上又到校园音乐节开幕了，音频功率放大器作为音乐节现场的主要音响设备，其效果直接决定了能否提供清晰、强劲而又平衡的音频效果，因此，某种意义上，音频功率放大器直接决定了校园音乐节的听觉质量。但是，学校的音响设备由于老旧不堪导致音效不尽如人意，为此，请你为校园音乐节设计一台高品质的音频功率放大器。

任务布置：
（1）基于现有的音响设备进行改造，只需设计制作功率放大部分；
（2）功率放大电路的输出级采用分立元件设计。

相关知识

一、二极管及典型电路

二极管是由半导体材料构成的。半导体材料的导电能力介于导体和绝缘体之间，是制造晶体管的原料。半导体材料之所以能得到广泛应用，主要原因并不在于它的电阻率大小，而在于其电阻率随温度、光照以及所含杂质的种类、浓度等条件的不同而出现显著的差别，特别是掺入微量的其他元素（通常称为掺杂）可以改变半导体的导电能力和导电类型。

在电子器件中，常用的半导体材料有：元素半导体，如硅（Si）、锗（Ge）等；化合物半导体，如砷化镓（GaAs）等；以及掺杂或制成其他化合物半导体材料，如硼（B）、磷（P）、铟（In）和锑（Sb）等。其中硅和锗是最常用的两种半导体材料。

一般说来，半导体的导电性能有如下三个显著特点：

①半导体的导电能力随温度的增高而显著增强，呈负温度系数的特性。通常利用这种半导体做成热敏元件。

②半导体的导电能力随光照强度的变化而变化，有些半导体的导电能力当光照强度很大时变化很大，例如硫化镉薄膜。利用半导体的这种特性，可以做成各种光敏元件。

③半导体的导电能力会随着掺杂浓度的变化而发生显著的变化。

1. 本征半导体

纯净的具有晶体结构的半导体称为本征半导体。

（1）本征半导体的晶体结构

将纯净的半导体经过一定的工艺工程制成单晶体，即为本征半导体。晶体中的原子在空间形成排列整齐的点阵，称为晶格。由于相邻原子间的距离很小，因此，相邻的两个原子的一对最外层电子（即价电子）不但各自围绕自身所属的原子核运动，而且出现在相邻原子所属的轨道上，成为共用电子，这样的组合称为共价键结构，如图6-1-1所示。

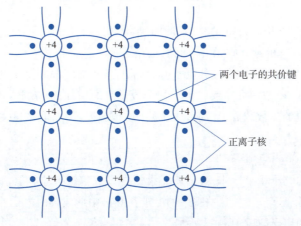

图6-1-1　本征半导体结构示意图

(2)本征半导体中的两种载流子

在热力学温度零度和没有外界能量激发时,价电子受共价键的束缚,晶体中不存在自由运动的电子,半导体是不能导电的。但是,当半导体的温度升高或受到光照等外界因素的影响,某些共价键中的价电子获得了足够的能量,足以挣脱共价键的束缚,成为自由电子,同时在共价键中留下相同数量的空穴。

由于空穴的存在,临近共价键中的价电子很容易跳过去填补这个空穴,从而使空穴转移到邻近的共价键中去,而后,新的空穴又被其相邻的价电子填补,这一过程持续下去,就相当于空穴在运动。带负电荷的价电子依次填补空穴的运动与带正电荷的粒子做反方向运动的效果相同,因此将空穴视为带正电荷的粒子。

载流子是指运载电荷的粒子。半导体中存在两种载流子,即带正电荷的空穴和带负电荷的自由电子。

在没有外加电场作用时,载流子的运动是无规则的,没有定向运动,所以形不成电流。在外加电场作用下,自由电子将产生逆电场方向的运动,形成电子电流,同时价电子也将逆电场方向依次填补空穴,其导电作用就像空穴沿电场运动一样,形成空穴电流。虽然在同样的电场作用下,电子和空穴的运动方向相反,但由于电子和空穴所带电荷相反,因而形成的电流是相加的,即顺着电场方向形成电子和空穴两种漂移电流。由于载流子数目很少,故导电性很差。

(3)本征半导体中载流子的浓度

在热激发下,本征半导体会产生自由电子和空穴对,这种现象称为本征激发。自由电子和空穴是由晶格中的原子受激发后产生的。当自由电子与空穴相遇时,它们会发生复合,即电子填补空穴,导致两者同时消失。在一定温度下,本征半导体中产生的自由电子和空穴对的数量相等,并且与复合的自由电子和空穴对的数量也相等,这样就达到了动态平衡。换句话说,对于特定的温度,本征半导体中载流子的浓度是稳定的,并且自由电子和空穴的浓度相等。

2. 杂质半导体

在本征半导体中掺入微量的其他元素就形成了杂质半导体。通过控制不同类型杂质元素的掺杂量和分布,可以制造出具有特定导电能力和导电类型的杂质半导体:N型半导体与P型半导体。

N型半导体:掺入五价键杂质元素(如磷)的半导体。

P型半导体:掺入三价键杂质元素(如硼)的半导体。

杂质半导体中,参与导电的多数载流子(简称多子)的浓度取决于掺杂的多少,其值几乎与温度无关;且少量的掺杂便可导致载流子几个数量级的增加,故杂质半导体的导电能力显著增大。而参与导电的少数载流子(简称少子)由本征激发产生,其浓度主要取决于温度,具有温度敏感性。

(1)N型半导体(电子型半导体)

N型半导体又称电子型半导体,其杂质元素通常是五价键元素,它们的外层电子数比四价键半导体中的硅原子多一个。这些多余的电子在晶格中形成自由电子,因此N型半导体的导电性主要来自自由电子,如图6-1-2所示。

N型半导体中自由电子是多数载流子,它主要由杂质原子提供;空穴是少数载流子,由热激发形成。提供自由电子的五价杂质原子因带正电荷而成为正离子,因此五价杂质原子也称为施主杂质。

(2) P型半导体(空穴型半导体)

P型半导体又称空穴型半导体,其杂质元素通常是三价键元素,与周围四价键硅原子形成共价键时,因缺少一个电子而形成一个空穴,如图6-1-3所示。

P型半导体中空穴是多数载流子,它主要由掺杂形成;自由电子是少数载流子,由热激发形成。空穴很容易俘获电子,使杂质原子成为负离子。三价杂质因而也称为受主杂质。

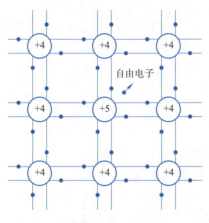

图6-1-2　N型半导体

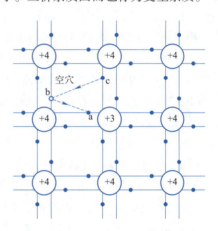

图6-1-3　P型半导体

3. PN结的形成及特性

采用不同的掺杂工艺,将一块半导体晶体一侧掺杂成P型半导体,另一侧掺杂成N型半导体,中间二者相连的接触面称为PN结。PN结具有单向导电性。

(1) PN结的形成

在P型半导体和N型半导体结合后,由于N型区内电子很多而空穴很少,而P型区内空穴很多电子很少,在它们的交界处就出现了电子和空穴的浓度差。这样,电子和空穴都要从浓度高的地方向浓度低的地方扩散。于是,有一些电子要从N型区向P型区扩散,也有一些空穴要从P型区向N型区扩散。它们扩散的结果就使P型区一边失去空穴,留下了带负电的杂质离子,N型区一边失去电子,留下了带正电的杂质离子。半导体中的离子不能任意移动,因此不参与导电。这些不能移动的带电粒子在P型区和N型区交界面附近,形成了一个很薄的空间电荷区,就是所谓的PN结,如图6-1-4所示。

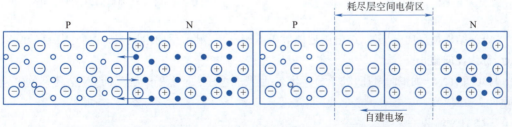

(a) 多数载流子的扩散运动　　　　　(b) 平衡时阻挡层形成

图6-1-4　PN结的形成

扩散越强,空间电荷区越宽。在空间电荷区,由于缺少多子,所以又称耗尽层。在出现了空间电荷区以后,由于正负电荷之间的相互作用,在空间电荷区就形成了一个内电场,其方向是从带正电的 N 型区指向带负电的 P 型区。显然,这个电场的方向与载流子扩散运动的方向相反,它是阻止扩散的。另一方面,这个电场将使 N 型区的少数载流子空穴向 P 型区漂移,使 P 型区的少数载流子电子向 N 型区漂移,漂移运动的方向正好与扩散运动的方向相反。从 N 型区漂移到 P 型区的空穴补充了原来交界面上 P 型区所失去的空穴,从 P 型区漂移到 N 型区的电子补充了原来交界面上 N 型区所失去的电子,这就使空间电荷减少,因此,漂移运动的结果是使空间电荷区变窄。当漂移运动达到和扩散运动的作用相等时,PN 结便处于动态平衡状态。内电场促使少子漂移,阻止多子扩散。最后,多子的扩散和少子的漂移达到动态平衡。

扩散:由于浓度不同产生的运动;由于扩散产生空间电荷区,也产生电场(自建电场)。

漂移:在自建电场的作用下,载流子也在电场力的作用下运动,称为漂移。

动态平衡:扩散运动和漂移运动的作用相等。

耗尽层:即阻挡层或空间电荷区。

(2) PN 结的单向导电性

PN 结加正向电压时,可以有较大的正向扩散电流,呈现低电阻,称为 PN 结导通。PN 结加反向电压时,只有很小的反向漂移电流,呈现高电阻,称为 PN 结截止。

①PN 结外加正向电压。将 P 型区接电源正极,N 型区接电源负极,则外电场削弱了内电场。扩散运动加强,漂移运动减弱,扩散大于漂移,形成正向电流。在电源的作用下,多数载流子向对方区域扩散形成电流,其方向由电源正极通过 P 型区、N 型区到达电源负极,如图 6-1-5 所示。

此时结电压很低,显示正向电阻很小,称为正向导通。正向电压越大,正向电流越大。

②PN 结外加反向电压。若将 P 型区接电源负极,N 型区接电源正极,如图 6-1-6 所示。此时外电场加强了内电场,扩散运动减弱,漂移运动增强,漂移大于扩散,形成反向电流。由于漂移运动由少子形成,数量很少,所以反向电流很小,可以忽略不计,但其值受温度影响较大。

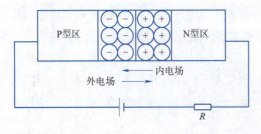

图 6-1-5　PN 结加正向电压时导通

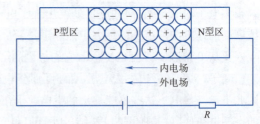

图 6-1-6　PN 结加反向电压时截止

PN 结外加反向电压时,结电压近似等于电源电压,显示反向电阻很大,高达几百千欧以上,称为反向截止。

可见,PN 结加正向电压,处于导通状态;加反向电压,处于截止状态,即 PN 结具有单向导电性。

(3) PN 结的击穿

对 PN 结施加的反向偏置电压增大到某一数值时,反向电流突然开始迅速增大的现象称为 PN 结击穿。发生击穿时的反向电压称为 PN 结的击穿电压。

击穿形式分为雪崩击穿和齐纳击穿。对于硅材料的 PN 结来说,击穿电压大于 7 V 时为雪崩击穿,小于 4 V 时为齐纳击穿。在 4 V 与 7 V 之间,两种击穿都有。

由于击穿破坏了 PN 结的单向导电性,使用时要避免。需要指出的是,发生击穿并不意味着 PN 结烧坏。

4. 二极管的结构与特性

(1)二极管的结构与类型

二极管就是由一个 PN 结加上相应的电极引线及管壳封装而成的。由 P 型区引出的电极称为阳极(又称正极),N 型区引出的电极称为阴极(又称负极)。因为 PN 结的单向导电性,二极管导通时电流方向是由阳极通过二极管内部流向阴极。

①二极管的结构。二极管的结构示意图如图 6-1-7(a)所示,在电路中的图形符号如图 6-1-7(b)所示。在图 6-1-7(b)所示的图形符号中,箭头指向为正向导通电流方向。

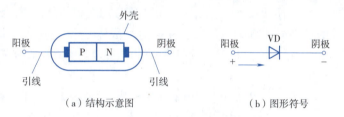

图 6-1-7 二极管的结构示意图及图形符号

②二极管的类型:

按材料分为锗管、硅管和砷化镓管等。

按结构分为点接触型、面接触型和平面型,如图 6-1-8 所示。点接触型二极管的 PN 结接触面积小,不能通过较大的正向电流和承受较高的反向电压,但它的高频性能好,适宜在高频检波电路和开关电路中使用。面接触型二极管的 PN 结接触面积大,可以通过较大的电流,也能承受较高的反向电压,适宜在整流电路中使用。平面型二极管往往用于集成电路制造工艺中,PN 结面积可大可小,PN 结面积大的,主要用于功率整流;PN 结面积小的,可作为数字脉冲电路中的开关管。

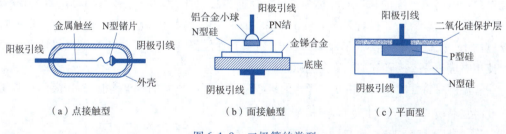

图 6-1-8 二极管的类型

(2)二极管的伏安特性

二极管的伏安特性是指在二极管两端加电压时,通过二极管的电流与所加电压的关系。若以电压为横坐标,电流为纵坐标,用作图法把电压、电流的对应值用平滑的曲线连接起来,就构成二极管的伏安特性曲线,如图 6-1-9 所示(图中虚线为锗管的伏安特性,实线为硅管的伏安特性)。

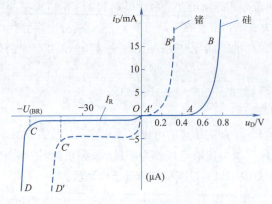

图 6-1-9 二极管的伏安特性曲线

① 正向特性。二极管两端加正向电压时,在正向特性的起始部分,正向电压很小,不足以克服 PN 结内电场的阻挡作用,正向电流几乎为零,这一段称为死区。这个不能使二极管导通的正向电压称为死区电压或门槛电压(又称阈值电压)。硅管约为 0.5 V,锗管约为 0.1 V,如图 6-1-9 中 $OA(OA')$ 段。

当正向电压大于死区电压以后,PN 结内电场被克服,二极管正向导通,电流随电压增大而迅速上升。在正常使用的电流范围内,导通时二极管的端电压几乎维持不变,这个电压称为二极管的正向导通电压。硅管的正向导通电压为 0.6~0.7 V,锗管为 0.2~0.3 V,如图 6-1-9 中 $AB(A'B')$ 段。

② 反向特性。外加反向电压不超过一定范围时,通过二极管的电流是少数载流子漂移运动所形成的反向电流。反向电流很小,二极管处于截止状态。反向电流又称反向饱和电流或漏电流 I_R,如图 6-1-9 中 $OC(OC')$,二极管的反向饱和电流受温度影响很大。

一般硅管的反向饱和电流比锗管小得多,小功率硅管的反向饱和电流在纳安数量级,小功率锗管在微安数量级。温度升高时,半导体受热激发,少数载流子数目增加,反向饱和电流也随之增加。

③ 反向击穿特性。外加反向电压超过某一数值时,反向电流会急剧增大,这种现象称为电击穿。引起电击穿的临界电压称为二极管反向击穿电压,用 $U_{(BR)}$ 表示,如图 6-1-9 中 CD $(C'D')$ 段。电击穿时二极管失去单向导电性。如果二极管没有因电击穿而引起过热,则单向导电性不一定会被永久破坏,在撤除外加电压后,其性能仍可恢复,否则二极管就损坏了。因而使用时应避免二极管外加的反向电压过高。

④ 温度对特性的影响。由于二极管的核心是一个 PN 结,它的导电性能与温度有关,温度升高时二极管正向特性曲线向左移动,正向压降减小,反向特性曲线向下移动,反向电流增大。温度每升高 10 ℃,I_R 增大一倍;温度每升高 1 ℃,正向压降减小 2~2.5 mV。

例 6-1-1 电路如图 6-1-10 所示,二极管 VD 导通电压 U_D 约为 0.7 V,试分别估算开关断开和闭合时输出电压 U_o 的数值。

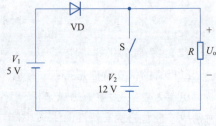

图 6-1-10 例 6-1-1 电路图

解 S断开:断开 VD,$U_D = 5$ V。

所以 VD 导通,$U_o = (5 - 0.7)$ V $= 4.3$ V。

S闭合:断开 VD,$U_D = (5 - 12)$ V $= -7$ V。

所以 VD 截止,$U_o = 12$ V。

练一练:利用 Multisim 仿真软件验证一下二极管的单向导电性。

(3)二极管的主要参数

二极管的参数是用来表示二极管的性能好坏和适用范围的技术指标,是选择器件的依据。不同类型的二极管有不同的特性参数,可以由厂家提供的数据手册获取。一般来说,二极管的主要参数有:

①最大整流电流 I_F。最大整流电流 I_F 是指二极管长期连续工作时,允许通过的最大正向平均电流值,其值与 PN 结面积及外部散热条件等有关。二极管使用中如果超过二极管最大整流电流值 I_F,会使管芯过热而损坏。

②最大反向工作电压 U_R。这是二极管允许的最大工作电压。当反向电压超过此值时,二极管可能被击穿。通常取击穿电压的一半作为 U_R。

③反向电流 I_R。反向电流 I_R 是指二极管在常温(25 ℃)和最高反向电压作用下,流过二极管的电流。反向电流越小,二极管的单向导电性能越好,该值受温度的影响很大。

④最高工作频率 f_M。最高工作频率是二极管工作的上限频率。f_M 的值主要取决于 PN 结结电容的大小,结电容越大,则二极管允许的最高频率越低。

5. 特殊二极管

(1)整流二极管

整流二极管用于整流电路,把交流电变换成脉动的直流电。采用面接触型二极管,结电容较大,故一般工作在 3 kHz 以下,如图 6-1-11 所示。

也有专门用于高压、高频整流电路的高压整流堆。

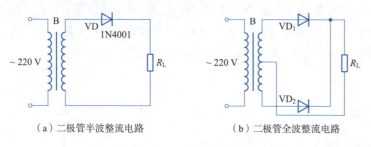

(a)二极管半波整流电路　　　(b)二极管全波整流电路

图 6-1-11　二极管整流电路

(2)稳压二极管

稳压二极管是利用 PN 结反向击穿状态,其电流可在很大范围内变化而电压基本不变的现象,制成的起稳压作用的二极管。它的反向击穿是可逆的。

稳压二极管稳压时工作在反向电击穿状态,如图 6-1-12 所示。

稳压管稳压时,虽然电流有很大增量,但只引起很小的电压变化。反向击穿曲线愈陡,动态电阻愈小,稳压管的稳压性能愈好。在稳压管稳压电路中一般都加限流电阻 R,使稳压管电流工作在 I_{Zmax} 和 I_{Zmin} 的稳压范围。另外,在应用中还要采取适当的措施限制通过稳压管的电流,以保证稳压管不会因过热而烧坏。

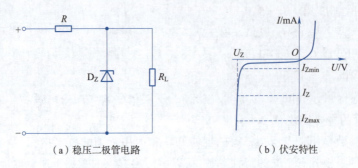

(a) 稳压二极管电路 (b) 伏安特性

图 6-1-12 稳压二极管电路及其伏安特性

例6-1-2仿真图与仿真结果

例 6-1-2 已知稳压管的稳压值 $U_Z = 6\text{ V}$，稳定电流的最小值 $I_{Zmin} = 4\text{ mA}$。求图 6-1-13 所示电路的 U_{o1}。

解 断开 D_Z，$U_{DZ} = \dfrac{R_L}{R+R_L} \times 10\text{ V} = 8\text{ V} > U_Z$

假设 D_Z 稳压，$I_Z = \dfrac{10 - U_Z}{R} - \dfrac{U_Z}{R_L} = (8-3)\text{ mA} = 5\text{ mA} > I_{Zmin}$，

所以，D_Z 处于稳压状态，$U_{o1} = 6\text{ V}$。

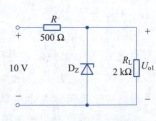

图 6-1-13 例 6-1-2 电路图

(3) 变容二极管

变容二极管的作用是利用 PN 结之间电容可变的原理制成的半导体器件，在高频调谐、通信等电路中作可变电容器使用。变容二极管属于反向偏压二极管，改变其 PN 结上的反向偏压，即可改变 PN 结电容量。反向偏压越高，结电容越小，反向偏压与结电容之间的关系是非线性的。

(4) 发光二极管

发光二极管（LED）能把电能转换为光能，即正向导通注入电子，与空穴直接复合而放出能量，发出红、绿、蓝、黄及红外光，可用作指示灯、照明、显示器件等。发光二极管的光谱范围比较窄，波长由所使用的基本材料而定。一般发光二极管的正向电阻较小。图 6-1-14 所示为几种发光二极管和驱动电路，改变 R 的大小就可改变发光二极管的亮度。

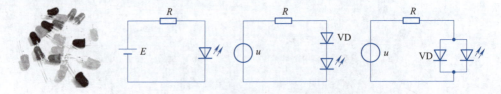

图 6-1-14 几种发光二极管和驱动电路

发光二极管也具有单向导电性。只有当外加的正向电压使得正向电流足够大时才发光，它的开启电压比普通二极管的大，红色的在 1.6~1.8 V 之间，绿色的约为 2 V。正向电流越大，发光越强。使用时，应特别注意不要超过最大功耗、最大正向电流和反向击穿电压等极限参数。

发光二极管因其驱动电压低、功耗小、寿命长、可靠性高等优点广泛用于显示电器之中。

(5) 光电二极管

光电二极管的结构与发光二极管类似，是由一个 PN 结构成，但它的结面积较大，管壳上

的窗口能接收外部的光照,将接收到的光的变化转换成电流的变化,如图 6-1-15 所示。光电二极管的优点是,抗干扰能力强、传输信息量大、传输损耗小且工作可靠,在光通信中可作为光电转换器件。

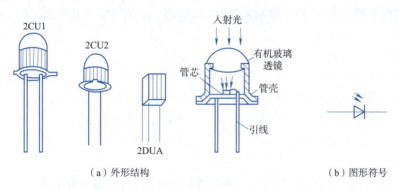

(a) 外形结构　　　　　　　　　　(b) 图形符号

图 6-1-15　光电二极管外形结构及电路图形符号

光电二极管总是工作在反向偏置状态,当在 PN 结上加反向电压,再用光照射 PN 结时,能形成反向光电流,光电流的大小与光照射强度成正比,其灵敏度的典型值为 0.1 mA/lx 数量级。

在无光照时,光电二极管与普通二极管一样,具有单向导电性。外加反偏电压时,反偏电流称为暗电流,通常小于 0.2 μA。光电二极管在反向电压下受到光照而产生的电流称为光电流,光照度越大,光电流越大。由于光电二极管的光电流较小,所以当其用于测量及控制等电路中时,需首先进行放大和处理。

例 6-1-3　电路如图 6-1-16 所示,已知某发光二极管的导通电压 $U_D = 1.6$ V,正向电流为 5~20 mA 时才能发光。试问:

① 开关处于何种位置时发光二极管可能发光?

② 为使发光二极管发光,电路中 R 的取值范围为多少?

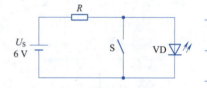

图 6-1-16　例 6-1-3 电路图

解　① 当开关断开时,发光二极管才有可能发光。当开关闭合时,发光二极管的端电压为零,因而不可能发光。

② 因为 $I_{Dmin} = 5$ mA, $I_{Dmax} = 20$ mA,所以

$$R_{max} = \frac{U_S - U_D}{I_{Dmin}} = \frac{6 - 1.6}{5} \text{ k}\Omega = 0.88 \text{ k}\Omega$$

$$R_{min} = \frac{U_S - U_D}{I_{Dmax}} = \frac{6 - 1.6}{20} \text{ k}\Omega = 0.22 \text{ k}\Omega$$

R 的取值范围为 220~880 Ω。

(6) 激光二极管

激光二极管是一种利用半导体材料通过注入电流来产生激光的电子元件。当 PN 结外加正向电压时,电流从 P 型材料进入 N 型材料,激发半导体中的载流子重新组合并释放出能量。如果这些能量在特定条件下达到了临界值,就会引起光子的放射,即产生激光。与传统的气体或晶体管激光器相比,激光二极管具有小型化、低功率消耗、易于集成等优点,主要应用于

小功率光电设备中,如光盘驱动器、激光打印机的打印头等。

6. 二极管的识别与典型应用电路

(1) 二极管的识别

二极管在电路中常用"VD"加数字表示。小功率二极管的极性通常标记在二极管外,大多采用色圈来标记,有的也用专用符号来标记,也有直接用"P"或"N"来标记的。发光二极管的正负极可从引脚长短来识别,长引脚为正,短引脚为负。

用数字式万用表测二极管时,红表笔接二极管的正极,黑表笔接二极管的负极,此时测得的阻值才是二极管的正向导通阻值,这与指针式万用表的表笔接法刚好相反。

① 普通二极管的检测。普通二极管是由一个PN结构成的半导体器件,具有单向导电性。通过用万用表检测其正、反向电阻值,可以判别出二极管的电极,还可估测出二极管是否损坏。

a. 极性的判别。将万用表置于 R×100 挡或 R×1k 挡,两表笔分别接二极管的两个电极,测出一个结果后,对调两表笔,再测出一个结果。两次测量的结果中,有一次测量出的阻值较大(为反向电阻),一次测量出的阻值较小(为正向电阻)。在阻值较小的一次测量中,黑表笔接的是二极管的正极,红表笔接的是二极管的负极。

b. 单向导电性能的检测及好坏的判断。通常,锗材料二极管的正向电阻为 1 kΩ 左右,反向电阻为 300 kΩ 左右。硅材料二极管的正向电阻为 5 kΩ 左右,反向电阻为无穷大。正向电阻越小越好,反向电阻越大越好。正、反向电阻值相差越悬殊,说明二极管的单向导电性能越好。

若测得二极管的正、反向电阻值均接近0或阻值较小,则说明该二极管内部已击穿短路或漏电损坏。若测得二极管的正、反向电阻值均为无穷大,则说明该二极管已开路损坏。

c. 反向击穿电压的检测。二极管反向击穿电压(耐压值)可以用晶体管直流参数测试表测量。其方法是:测量二极管时,应将测试表的"NPN/PNP"选择键设置为 NPN 状态,再将被测二极管的正极插入测试表的"c"插孔内,负极插入测试表的"e"插孔,然后按下"V(BR)"键,测试表即可指示出二极管的反向击穿电压值。

② 稳压二极管的检测。检测稳压二极管好坏,可直接用万用表的 R×100 挡或 R×1k 挡测其正向电阻或反向电阻,看其阻值的大小进行判断。

a. 正负极的判别。在稳压二极管的封装上通常会标有正负极的标记。常见的标记方式包括一个带箭头的"+"符号,表示正极,而没有箭头的一侧则是负极。有时,也会在正极旁边标上具体的电压值。金属封装稳压二极管管体的正极一端为平面形,负极一端为半圆面形。塑封稳压二极管管体上印有彩色标记的一端为负极,另一端为正极。

稳压二极管的管子通常有两种颜色:一种是黑色,另一种是有色透明的。其中,黑色管子的一端通常是正极,而有色透明管子的一端则是负极。这是因为黑色管子的材料为硅,而有色透明管子的材料为锗,二者的导电性质不同,因此管子颜色不同。

对标记不清楚的稳压二极管,可用万用表判别其极性,测量的方法与普通二极管相同,即用万用表 R×1k 挡,将两表笔分别接稳压二极管的两个电极,测出一个结果后,再对调两表笔进行测量。在两次测量结果中,阻值较小的那一次,黑表笔接的是稳压二极管的正极,红表笔接的是稳压二极管的负极,以上所用的是指针式万用表。数字式万用表因测量电阻挡所用电池与红黑表笔连接极性问题,测量二极管正负极结果与使用指针式万用表结果相反,即测量结果较小那一次,黑表笔接的是稳压二极管的负极,红表笔接的是稳压二极管的正极。

若测得稳压二极管的正、反向电阻均很小或均为无穷大,则说明该二极管已击穿或开路损坏。

b. 稳压值的测量。用 0 ~ 30 V 连续可调直流电源,对于稳压值在 13 V 以下的稳压二极管,可将稳压电源的输出电压调至 15 V,将电源正极串接一只 1.5 kΩ 限流电阻后与被测稳压二极管的负极相连接,电源负极与稳压二极管的正极相接,再用万用表测量稳压二极管两端的电压值,所测的读数即为稳压二极管的稳压值。若稳压二极管的稳压值高于 15 V,则应将稳压电源调至 20 V 以上。

③变容二极管的检测:

a. 正负极的判别。在外观上,变容二极管通常有明显的标记或区分,例如红色圆形表示正极,黑色部分表示负极。

也可以用数字式万用表的二极管挡,通过测量变容二极管的正、反向压降来判断其正负极。常见的变容二极管,其正向压降为 0.58 ~ 0.65 V,反向压降应显示为溢出符号"1"。在测量正向压降时,红表笔接的是变容二极管的正极,黑表笔接的是负极。

b. 性能好坏的判断。用指针式万用表的 R×10k 挡测量变容二极管的正、反向电阻值。正常的变容二极管,其正、反向电阻值均为无穷大。若被测变容二极管的正、反向电阻均有一定阻值或均为 0,则该变容二极管漏电或击穿损坏。

④发光二极管的检测:

a. 正负极的判别。观察发光二极管两个金属片的大小,通常情况下,金属片大的一端为负极、金属片小的一端为正极。

b. 性能好坏的判断。用指针式万用表 R×10k 挡,测量发光二极管的正、反向电阻值。在正常情况下,正向电阻值(黑表笔接正极时)为 10 ~ 20 kΩ,反向电阻值为 250 kΩ 到 ∞(无穷大)。在测量正向电阻值时,较高灵敏度的发光二极管,管内会发微光。如果用万用表 R×1k 挡测量发光二极管的正、反向电阻值,则会发现其正、反向电阻值均接近无穷大,原因在于发光二极管的正向压降约在 2 V 左右(部分发光二极管的正向压降在 3 V 左右,如白色发光二极管),而万用表 R×1k 挡内电池的电压值为 1.5 V,故不能使发光二极管正向导通。

用万用表的 R×10k 挡对一只 220 μF/25 V 电解电容器充电(黑表笔接电容器正极,红表笔接电容器负极),再将充电后的电容器正极接发光二极管正极、电容器负极接发光二极管负极,若发光二极管有很亮的闪光,则说明该发光二极管完好。

也可用 3 V 直流电源,在电源的正极串接 1 只 33 Ω 电阻后接发光二极管的正极,将电源的负极接发光二极管的负极,正常的发光二极管应发光。或将 1 节 1.5 V 电池串接在万用表的黑表笔(将万用表置于 R×10 或 R×100 挡,黑表笔接电池负极,等于与表内的 1.5 V 电池串联),将电池的正极接发光二极管的正极,红表笔接发光二极管的负极,正常的发光二极管应发光。

⑤光电二极管的检测

a. 电阻测量法。用万用表 R×1k 挡测量,光电二极管正向电阻约 10 kΩ。在无光照情况下,反向电阻为无穷大时,说明光电二极管是好的(反向电阻若不是无穷大,则说明漏电流大)。有光照时,反向电阻随光照强度增加而减小,阻值可达到几千欧或 1 kΩ 以下,说明光电二极管是好的,若反向电阻是无穷大或为零,则说明光电二极管已损坏。

b. 电压测量法。将万用表置于 1 V 直流电压挡。用红表笔接光电二极管正极,黑表笔接负极,在光照下,其电压与光照强度成比例,一般为 0.2～0.4 V。

c. 电流测量法。将万用表置于 50 μA 电流挡,用红表笔接光电二极管正极,黑表笔接光电二极管负极,在白炽灯光下(不能用荧光灯),随着光照强度的增加,正常的光电二极管电流将会从几微安增大至数百微安。

⑥激光二极管的检测

a. 电阻测量法。用万用表 R×1k 或 R×10k 挡测量激光二极管正、反向电阻值。正常时,正向电阻值在 20～40 kΩ 之间,反向电阻值为无穷大。若测得正向电阻值已超过 50 kΩ,则说明激光二极管的性能已下降;若测得正向电阻值大于 90 kΩ,则说明该激光二极管已严重老化,不能再使用了。

b. 电流测量法。用万用表测量激光二极管驱动电路中负载电阻两端的电压降,再根据欧姆定律估算出流过该管的电流值,当电流超过 100 mA 时,若调节激光功率电位器,电流无明显的变化,则可判断激光二极管严重老化;若电流剧增而失控,则说明激光二极管的光学谐振腔已损坏。

(2)二极管典型应用电路

①限幅电路。二极管限幅电路(又称二极管削波电路)是一种常用的电路,用于限制输入信号的幅度在特定范围内。它利用二极管单向导电性和导通后两端电压基本不变的特点,实现对输入信号的限制和削波,可以有效保护后续电路或设备不受过高或过低的输入信号幅度的影响,并在某些应用中实现削波和波形修整。图 6-1-17 所示为一双向限幅电路,设 u_i 为幅值大于直流电源电压 $U_{C1}(=U_{C2})$ 的正弦波,则输出电压 u_o 被限制在 $U_{C1}\sim U_{C2}$ 之间,将输入电压的幅度削掉了一部分。

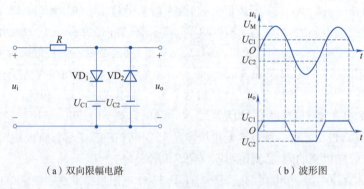

(a)双向限幅电路　　　　　　　(b)波形图

图 6-1-17　二极管双向限幅电路及波形图

②钳位电路。二极管钳位电路是利用二极管正向导通压降相对稳定,且数值较小的特点,来限制电路中某点的电位,将周期性变化的波形的顶部或底部保持在某一确定的直流电平上,如图 6-1-18 所示。若二极管为理想二极管,则

a. u_i 负半周,二极管导通,$u_o = u_D = 0$ V,导通电阻 R_D 很小,C 被充电到 u_i 的峰值。

b. u_i 正半周,二极管反偏截止,C 无法放电,输出电压为 $u_i + u_C = 5$ V。

c. 下一个负半周,二极管上的电压为 0,二极管截止,输出电压 $u_o = 0$ V。此后,二极管保持截止状态,电容无法放电,相当于恒压源,输出电压 $u_o = u_i + 2.5$ V,u_o 的底部被钳位于 0 V。

③开关电路。开关电路是利用二极管单向导电特性来控制电路的通断,广泛用于数字电

路中。开关电路如图 6-1-19 所示,根据输入电压 U_{i1} 和 U_{i2} 的高低,结合二极管的单向导电性,即可判断输出电压 U_o,见表 6-1-1。

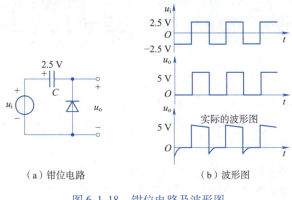

（a）钳位电路　　　　　　（b）波形图

图 6-1-18　钳位电路及波形图

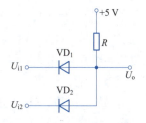

图 6-1-19　开关电路

表 6-1-1　开关电路工作状态分析表

U_{i1}	U_{i2}	二极管工作状态		U_o
		VD_1	VD_2	
0 V	0 V	导通	导通	0 V
0 V	5 V	导通	截止	0 V
5 V	0 V	截止	导通	0 V
5 V	5 V	截止	截止	5 V

④整流电路。将交流电变为直流电称为整流。利用二极管单向导电性,可以实现整流。整流电路广泛用于信号检测和直流稳压电源中。一个简单的二极管半波整流电路如图 6-1-20（a）所示。假设二极管为理想二极管,输入为正弦信号,正半周时,二极管导通（相当于开关闭合）,$u_o = u_i$;负半周时,二极管截止（相当于开关打开）,$u_o = 0$。其输入、输出波形如图 6-1-20（b）所示。

练一练：请分析图 6-1-21 所示二极管应用电路。A、B 两端的电压为 U_{AB},判断二极管 VD_1 和 VD_2 是导通还是截止,并利用 Multisim 仿真软件仿真验证你的分析结果。

二极管电路分析与仿真

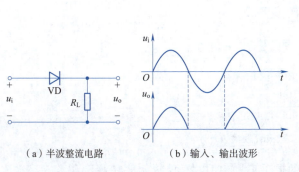

（a）半波整流电路　　　　（b）输入、输出波形

图 6-1-20　二极管半波整流电路及波形图

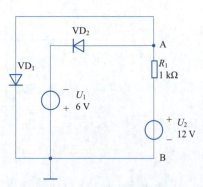

图 6-1-21　二极管应用电路

二、三极管

三极管是电子电路的核心器件,其最基本的作用是放大电信号。它可以将微弱的电信号转换为较强的电信号,在不违背能量守恒原理的前提下,将电源的能量转化为信号的能量。这一特性使得三极管成为各种电子电路不可缺少的组成部分。

1. 三极管的结构与类型

(1) 三极管的结构

三极管是一种由三片杂质半导体构成的器件,它同时利用电子载流子和空穴载流子参与电流的导电过程,因此被称为双极型三极管。它具有三个电极,所以又称半导体三极管、晶体三极管等,简称三极管。

与二极管类似,三极管也是由 PN 结构成的,它的内部包含两个 PN 结,这两个 PN 结由三片半导体构成。根据这三片半导体排列方式的不同,三极管可以分成 NPN 型和 PNP 型,其结构示意图及图形符号如图 6-2-1 所示。

以 NPN 型为例,三极管的结构特点可以概括为三极、三区、两结。从三片半导体中各引出一个引脚,就是三极,中间为基极(b),两边分别为集电极(c)和发射极(e)。与三个引脚相连的三片半导体即为"三区",即基区、集电区和发射区。

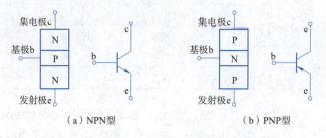

(a) NPN 型　　　　　　　　(b) PNP 型

图 6-2-1　三极管的结构示意图及图形符号

电流和水流类似,从高电位流向低电位。如果用水流类比电流,那么三极管就类似于一个 T 形水管,水管的三个口相当于三极管的三个极,对应集电极和基极位置上有控制出水量大小的联动阀门。小阀门靠水流冲击打开,大阀门在联动杆的带动下动作,三个极的电流就相当于水管三个口流过的水流,如图 6-2-2 所示。

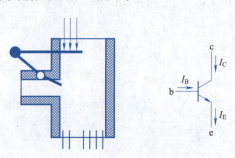

图 6-2-2　三极管放大类比示意图

当有水流冲击小阀门时,在联动杆的带动下大阀门也打开,较大水流流下,最终大小水流在下端汇聚流出。如果增大小阀门处的水流,大阀门开启角度也增大,水管下端流出的水流也就越多。小阀门处较小的水流流入,最终在下端有较大的水流流出,这就是放大状态。

通过以上类比讲解,不难得出三极管实现电流放大的条件:

①内部结构条件:

a. 发射极的掺杂浓度高,因此有足够的载流子用于"发射"。

b. 为了减少载流子在基区中的复合机会,基区做得很薄,通常为几微米,并且掺杂浓度极低。

c. 集电区体积大,为了顺利收集边缘载流子,掺杂浓度在发射极和基极之间。

②外部条件:

a. 发射结必须正向偏置,以促进发射区中电子的扩散。扩散电流是发射极电流,少数扩散电子与基区中的空穴复合以形成基极电流,多数继续向集电结边缘扩散。

b. 集电结必须反向偏置,以便于收集扩散到集电结的多数扩散电子,收集到集电区的电子形成集电极电流。

(2)三极管类型

按结构不同可分为 NPN 型和 PNP 型;按材料不同可分为硅管和锗管;按工作频率不同可分为高频管、低频管等;按功率不同分为大功率管、中功率管、小功率管等。其封装形式有金属封装、玻璃封装和塑料封装等。

2. 三极管电流分配与放大作用

(1)三极管电流分配

当三极管处在发射结正偏、集电结反偏的放大状态下,管内载流子的运动情况可用图 6-2-3 说明。按传输顺序分为以下几个过程进行描述。

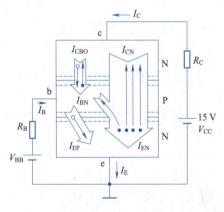

图 6-2-3 晶体管内载流子的运动和各极电流

①发射区向基区注入电子。由于发射结正偏,其两侧的多数载流子扩散占优势,并且电子的扩散流比空穴流大得多,发射区的电子源源不断地经过发射结注入基区,这些电子运动形成电子注入电流(I_{EN})。与此同时,基区的少数载流子(空穴)也同时向发射区注入。但由于发射区是重掺杂的,其电子浓度远高于基区的空穴浓度,空穴注入电流(I_{EP})可以被忽略。因此,发射极电流(I_E)几乎等于电子注入电流,并且方向相反于电子注入方向。

②电子在基区中边扩散边复合。从发射区扩散到基区的电子到达基区以后,由于基区靠发射区的一侧电子浓度较大,靠集电区一侧电子浓度较小,所以电子继续向集电区扩散。在

扩散过程中，电子有可能与基区的空穴相遇而复合，基极电源不断提供空穴，这就形成了基区复合电流(I_{BN})，它是基极电流I_B的主要部分。

③集电区收集电子。由于集电结加的是反向电压，经过基区继续向集电区方向扩散的电子是逆电场方向的，所以受到拉力，加速流向集电区，形成集电区的收集电流(I_{CN})，它是集电极电流I_C的主要部分。另外，集电区和基区的少子在集电结反向电压作用下，向对方漂移形成集电结反向饱和电流I_{CBO}，并流过集电极和基极支路，构成I_C、I_B的另一部分电流。

由以上分析可知，三极管三个电极上的电流与内部载流子传输形成的电流之间有如下关系：

$$I_E \approx I_{EN} = I_{BN} + I_{CN} \qquad (6\text{-}2\text{-}1)$$

$$I_B = I_{CN} - I_{CBO} \qquad (6\text{-}2\text{-}2)$$

$$I_C = I_{CN} + I_{CBO} \qquad (6\text{-}2\text{-}3)$$

式(6-2-1)~式(6-2-3)表明，在发射结正偏、集电结反偏的条件下，三极管三个电极上的电流不是孤立的，它们能够反映非平衡电子在基区扩散与复合的比例关系。这一比例关系主要由基区宽度、掺杂浓度等因素决定，三极管做好后就基本确定了。反之，一旦知道了这个比例关系，就不难得到三极管三个电极电流之间的关系，从而为定量分析三极管电路提供方便。

为了反映扩散到集电区的电流I_{CN}与基区复合电流I_{BN}之间的比例关系，定义共发射极直流电流放大系数为

$$\bar{\beta} = \frac{I_{CN}}{I_{BN}} = \frac{I_C - I_{CBO}}{I_B + I_{CBO}} \qquad (6\text{-}2\text{-}4)$$

其含义是，基区每复合一个电子，则有$\bar{\beta}$个电子扩散到集电区去。$\bar{\beta}$值一般在20~200之间。

确定了$\bar{\beta}$值之后，因I_{CBO}很小，在忽略其影响时，则有

$$I_C \approx \bar{\beta} I_B \qquad (6\text{-}2\text{-}5)$$

$$I_E \approx (1 + \bar{\beta}) I_B I_C \qquad (6\text{-}2\text{-}6)$$

(2)三极管的特性曲线

三极管特性曲线是反映三极管各电极电压和电流之间相互关系的曲线。常用的特性曲线有输入特性曲线和输出特性曲线。

如果将三极管的两个电极作输入、输出端，第三个电极作公共端，就可以构成输入和输出两个回路，如图6-2-4所示。三极管一般有三种基本接法，分别称为共发射极、共集电极和共基极接法。其中，共发射极接法更具代表性，所以主要讨论共发射极的特性曲线。

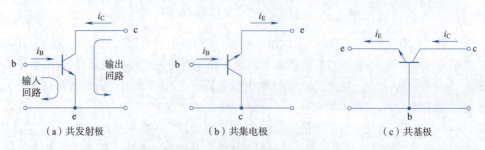

(a) 共发射极　　　　(b) 共集电极　　　　(c) 共基极

图6-2-4　三极管的三种基本接法

①共发射极输入特性曲线。该曲线表示当 e 极与 c 极之间的电压 u_{CE} 保持不变时,输入电流(即基极电流 i_B)和输入电压(即基极与发射极间电压 u_{BE})之间的关系曲线,如图 6-2-5 所示。

a. 在 $u_{CE} \geqslant 1\,V$ 的条件下,当 $u_{BE} < U_{BE(on)}$ 时,$i_B \approx 0$。$U_{BE(on)}$ 为三极管的导通电压或死区电压,硅管为 $0.5 \sim 0.6\,V$,锗管约为 $0.1\,V$。当 $u_{BE} > U_{BE(on)}$ 时,随着 u_{BE} 的增大,i_B 开始按指数规律增加,而后近似按直线上升。

b. 当 $u_{CE} = 0$ 时,三极管相当于两个并联的二极管,所以 b、e 间加正向电压时,i_B 很大。对应的曲线明显左移。

c. 当 u_{CE} 在 $0 \sim 1\,V$ 之间时,随着 u_{CE} 的增加,曲线右移。特别在 $0 < u_{CE} \leqslant U_{CE(sat)}$(临界饱和电压)的范围内,即工作在饱和区时,移动量会更大一些。

d. 当 $u_{BE} < 0$ 时,三极管截止,i_B 为反向电流。若反向电压超过某一值时,发射结也会发生反向击穿。

②共发射极输出特性曲线。输出特性曲线是描述三极管在输入电流 i_B 保持不变的前提下,集电极电流 i_C 和管压降 u_{CE} 之间的函数关系。

典型的共发射极输出特性曲线如图 6-2-6 所示。由图 6-2-6 可见,输出特性可以划分为三个区域,对应于三种工作状态。

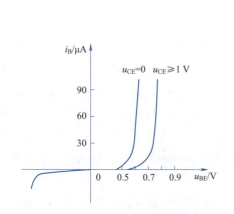

图 6-2-5　共发射极输入特性曲线

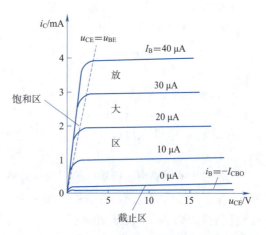

图 6-2-6　共发射极输出特性曲线

截止区:集电结与发射结都处于反偏状态。$i_B = 0$,仍然存在一微小电流 I_{CBO}(穿透电流),三极管相当于断路,此时三极管处于截止状态,没有放大作用。

放大区:集电结反偏,发射结正偏。随着 u_{CE} 增大,集电结的反偏电压增大,当 u_{CE} 增大到一定值时,集电结反向击穿,造成 i_C 剧增。此区域称为放大区,此时三极管处于放大状态,i_C 只与 i_B 有关,即 $i_C = \beta i_B$,各极之间电流关系为 $i_E = i_B + i_C = i_B + \beta i_B = (1 + \beta)i_B$。

饱和区:集电结与发射结都处于正偏状态,此区域中集电结正偏,$u_{CE} < u_{BE}$,$\beta i_B > i_C$,$u_{CE} \approx 0.3\,V$,此区域称为饱和区。处于饱和状态的三极管,基极电流 i_B 失去对集电极电流 i_C 的控制作用,因而三极管饱和时没有放大作用。通常把 $u_{CE} = u_{BE}$(即集电结零偏)的情况称为临界饱和,对应点的轨迹为临界饱和线,它是各特性曲线急剧拐弯点的连线。在临界饱和状态下的三极管,其集电极电流称为临界集电极电流,以 i_{CS} 表示,其基极电流称为临界基极电流,以 i_{BS} 表示。这时 i_{CS} 与 i_{BS} 的关系仍然成立,即 $i_{CS} = \beta i_{BS}$。

(3) 温度对三极管特性曲线的影响

温度对三极管的 u_{BE}、I_{CBO} 和 β 有不容忽视的影响。其中，u_{BE}、I_{CBO} 随温度变化的规律与 PN 结相同，即温度每升高 1 ℃，u_{BE} 减小 2~2.5 mV；温度每升高 10 ℃，I_{CBO} 增大一倍。温度对 β 的影响表现为：β 随温度的升高而增大，温度每升高 1 ℃，β 值增大 0.5%~1%。

例 6-2-1 若测得工作在放大电路中的几个三极管三个电极的电位 U_1、U_2、U_3 分别为

① $U_1 = 3.5$ V，$U_2 = 2.8$ V，$U_3 = 12$ V。

② $U_1 = 3$ V，$U_2 = 2.8$ V，$U_3 = 12$ V。

③ $U_1 = 6$ V，$U_2 = 11.3$ V，$U_3 = 12$ V。

④ $U_1 = 6$ V，$U_2 = 11.8$ V，$U_3 = 12$ V。

请判断它们是 NPN 型还是 PNP 型？是硅管还是锗管？并确定 e、b、c。

解 先求 U_{BE}，若等于 0.6~0.7 V，则为硅管；若等于 0.2~0.3 V，则为锗管。

三极管工作在放大状态时，要求发射结正偏、集电结反偏。

NPN 型管：$U_{BE} > 0$，$U_{BC} < 0$，即 $U_C > U_B > U_E$。

PNP 型管：$U_{BE} < 0$，$U_{BC} > 0$，即 $U_C < U_B < U_E$。

依据以上原则，可以得出如下结论：

① $U_1 \to b$，$U_2 \to e$，$U_3 \to c$，NPN 型硅管。

② $U_1 \to b$，$U_2 \to e$，$U_3 \to c$，NPN 型锗管。

③ $U_1 \to c$，$U_2 \to b$，$U_3 \to e$，PNP 型硅管。

④ $U_1 \to c$，$U_2 \to b$，$U_3 \to e$，PNP 型锗管。

3. 三极管主要参数

三极管的特性除用特性曲线表示外，还可用一些数据来说明，这些数据就是三极管的参数。三极管的参数也是设计电路、选用三极管的依据。主要参数有下面几个：

(1) 电流放大系数

电流放大系数是指三极管的输出电流与输入电流之比，此值越大，三极管的放大能力就越强。常用三极管的电流放大系数在 20~200 之间。

① 直流放大系数 $\bar{\beta}$：它是指无交流信号时，共发射极电路集电极输出直流 I_C 与基极输入直流 I_B 的比值，即 $\bar{\beta} = I_C / I_B$。

② 交流放大系数 β：这个参数是指有交流信号输入时，在共发射极电路中，集电极电流的变化量 ΔI_C 与基极电流的变化量 ΔI_B 的比值，即 $\beta = \Delta I_C / \Delta I_B$。

以上两个参数分别表明了三极管对直流电流的放大能力和对交流电流的放大能力。但由于这两个参数值近似相等，即 $\beta \approx \bar{\beta}$，因此在实际使用时一般不再区分。

(2) 极间反向饱和电流 I_{CBO} 和 I_{CEO}

① 集电极和基极之间的反向饱和电流 I_{CBO}：是指发射极开路，集电结加反向电压时测得的集电极电流。常温下，硅管的 I_{CBO} 在纳安（10^{-9}）数量级，通常可忽略。

② 集电极和发射极之间的反向饱和电流 I_{CEO}：是指基极开路时，集电极与发射极之间的反向电流，又称穿透电流。穿透电流的大小受温度的影响较大，在数值上约为 I_{CBO} 的 β 倍。穿透电流小的三极管热稳定性好。

(3) 极限参数

① 集电极最大允许电流 I_{CM}：指 β 下降到正常值的 2/3 时的电流 I_C。一般使用三极管时，

不允许超过此值,否则三极管的 β 会显著变差,甚至损坏。

②反向击穿电压 $U_{(BR)CEO}$:基极开路时,C、E 之间允许承受的最大反向电压。

③集电极最大允许耗散功率 P_{CM}:$P_{CM} = U_{CE}I_C$,若超过 P_{CM},则三极管易烧坏。

例 6-2-2 如图 6-2-7 所示,已知 $V_{CC} = 15\text{ V}$,$\beta = 100$,$U_{BE} = 0.7\text{ V}$。试求:①$R_B = 50\text{ k}\Omega$ 时,U_o 为多少?②若 VT 临界饱和,则 R_B 为多少?

解 ①
$$I_B = \frac{V_{BB} - U_{BE}}{R_B} = 26 \text{ μA}$$
$$I_C = \beta I_B = 2.6 \text{ mA}$$
$$U_o = V_{CC} - I_C R_C = 2 \text{ V}$$

②因 $I_{CS} = \dfrac{V_{CC} - U_{BE}}{R_C} = 2.86 \text{ mA}$,$I_{BS} = I_{CS}/\beta = 28.6 \text{ μA}$,所以,

$$R_B = \frac{V_{BB} - U_{BE}}{I_{BS}} = 45.5 \text{ k}\Omega$$

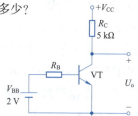

图 6-2-7　例 6-2-2 电路图

4. 三极管的判别与性能测试

(1) 三极管的引脚判别

三极管基极的判别:根据三极管的结构示意图,可以知道三极管的基极是三极管中两个 PN 结的公共极,因此,在判别三极管的基极时,只要找出两个 PN 结的公共极,即为三极管的基极。具体方法是将万用表调至电阻挡的 R×1k 挡,先用红表笔放在三极管的一只引脚上,用黑表笔去碰三极管的另两只引脚,如果两次测得的阻值均很小,则红表笔所接的引脚就是三极管的基极。如果一次没找到,则红表笔换到三极管的另一个脚,再测两次;如还没找到,则红表笔再换一下,再测两次。如果还没找到,则改用黑表笔放在三极管的一个引脚上,用红表笔去测两次看是否全通,若一次没成功再换。这样最多测量 12 次,总可以找到基极。

三极管类型的判别:找出三极管的基极后,就可以根据基极与另外两个电极之间 PN 结的方向来确定三极管的导电类型。将万用表的黑表笔接触基极,红表笔接触另外两个电极中的任一电极,若表头指针偏转角度很大,则说明被测三极管为 NPN 型管;若表头指针偏转角度很小,则被测三极管为 PNP 型。

练一练:请利用万用表对三极管的引脚进行判别,并确定三极管的类型。

(2) 三极管性能测试

在三极管安装前首先要对其性能进行测试。条件允许可以使用晶体管图示仪,亦可以使用普通万用表对三极管进行粗略测量。

①估测穿透电流 I_{CEO}。万用表电阻挡的量程一般选用 R×100 或 R×1k 挡,对于 PNP 型三极管,黑表笔接发射极,红表笔接集电极;对于 NPN 型三极管,黑表笔接集电极,红表笔接发射极。要求测得的电阻越大越好。集电极和发射极间的阻值越大,说明三极管的 I_{CEO} 越小;反之,所测阻值越小,说明被测三极管的 I_{CEO} 越大。一般来说,中、小功率 PNP 型锗管,所测阻值应在几千欧至几百千欧,NPN 型硅管的阻值为几百千欧至无穷大。

按上述方法测试,如果发现被测管集电极和发射极间阻值很小或为零,则说明被测管集电极和发射极间已经击穿损坏。如果测试时,万用表指针在数十欧位置上来回晃动,则表明

I_{CEO}很大,性能不稳定,这样的三极管不宜使用。

②估测电流放大系数β。以 PNP 型三极管为例,将万用表调到 R×1k(或 R×100)挡,红表笔接集电极,黑表笔接发射极,测出一个阻值。然后在集电极与基极间接入一个 100 kΩ 电阻,这时指针指示的阻值将变小,假如所测阻值减小到接入电阻阻值(100 kΩ)的 1/10 以下,说明三极管放大系数较高,可以使用。若前后两次所测阻值相差不大,表示三极管放大能力较弱,甚至没有放大能力,不能使用。假如要测试 NPN 型三极管的放大系数,只需要将万用表两表笔交换一下就可以了。如果使用数字式万用表,可直接将三极管插入测量管座中,三极管的β值可直接显示出来。

5. 三极管放大电路

(1)放大的概念

放大就是将微弱的变化信号放大成较大的信号。

放大的实质:用小能量的信号控制三极管,将放大电路中直流电源的能量转化成交流能量输出,即被放大的输出信号的能量实际上是由直流电源提供的,只是经过三极管的控制,实质是转换成信号能量,提供给负载。

对放大电路的基本要求:

①要有足够的放大系数(电压、电流、功率)。

②尽可能减小波形失真。

③对输入电阻、输出电阻、通频带等技术指标有一定要求。

(2)三极管的三种连接方式

三极管有三个主要引脚,分别是发射极、基极和集电极。这三个引脚的连接方式决定了三极管的工作状态。根据引脚的连接方式,三极管有三种主要的接法,分别是共发射极接法(common emitter,CE)、共基极接法(common base,CB)和共集电极接法(common collector,CC),如图 6-2-4 所示。

①共发射极接法。如图 6-2-4(a)所示,发射极是输入端,集电极是输出端,基极用于控制。在这种接法下,输入信号与输出信号是反相的。该接法常用于放大电路,因为它具有较高的电压增益和电流增益。

②共集电极接法。如图 6-2-4(b)所示,集电极是输入端,发射极是输出端,基极用于控制。在这种接法下,输入信号与输出信号是同相的。该接法常用于缓冲放大器,因为它具有较高的输入电阻。

③共基极接法。如图 6-2-4(c)所示,基极是输入端,发射极是输出端,集电极用于控制。在这种接法下,输入信号与输出信号是同相的。该接法常用于高频放大器,因为它具有较低的输入电阻和较高的电流增益。

三、共发射极放大电路

基本放大电路一般是由三极管组成的放大电路,其基本器件半导体三极管又可分为双极型晶体管和场效应晶体管。双极型晶体管是电流放大器件,有 NPN 型和 PNP 型两种。本书仅以 NPN 型管的共发射极放大电路为例,来说明放大电路的基本原理和分析方法。对于 PNP 型管,分析方法类似。

分析放大电路时,一般要求解决两个问题,即确定放大电路的静态和动态时的工作情况。放大电路按照信号波形的不同,可以分为交流放大电路和直流放大电路。静态分析是利用放大电路的直流通路,来确定没有输入交流信号时的各极电流与电压。动态分析是分析在正弦波信号作用下,利用交流通路来分析放大电路的电压放大倍数、输入电阻和输出电阻等。

1. 电路的组成

在三种组态放大电路中,共发射极放大电路用得比较普遍,如图 6-3-1 所示。

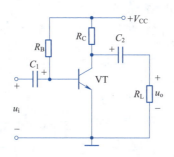

图 6-3-1　共发射极放大电路

2. 各元件的作用

(1) 集电极电源 V_{CC}

为输出信号提供能量,并保证发射结处于正向偏置、集电结处于反向偏置,使三极管工作在放大区。V_{CC} 取值一般为几伏到几十伏。

(2) 三极管 VT

三极管是放大电路的核心元件,利用三极管在放大区的电流控制作用,即 $i_c = \beta i_b$ 的电流放大作用,将微弱的电信号进行放大。

(3) 集电极电阻 R_C

R_C 是三极管的集电极负载电阻,它将集电极电流的变化转换为电压的变化,实现电路的电压放大作用。R_C 一般为几千欧到几十千欧。

(4) 基极电阻 R_B

R_B 使三极管有合适的静态工作点,保证其工作在放大状态。R_B 一般为几十千欧到几百千欧。

(5) 耦合电容 C_1、C_2

C_1、C_2 起隔直流、通交流的作用。在信号频率范围内,认为容抗近似为零。分析电路时,在直流通路中,电容视为开路;在交流通路中,电容视为短路。C_1、C_2 一般为十几微法到几十微法的有极性的电解电容。

3. 直流通路与交流通路

静态:只考虑直流信号,即 $u_i = 0$,各点电位不变(直流工作状态)。

动态:只考虑交流信号,即 u_i 不为 0,各点电位变化(交流工作状态)。

直流通路:电路中无变化量,电容相当于开路,电感相当于短路。

交流通路:电路中电容短路、电感开路、直流电源对公共端短路。

放大电路建立正确的静态是保证动态工作的前提。分析放大电路必须要正确地区分静态和动态,正确地区分直流通路和交流通路。

视频

放大电路直流通路与交流通路分析

视频

放大电路直流通路的仿真测量

4. 静态分析

静态分析就是确定放大电路的静态值,为电路设置一个合适的静态工作点,确保放大电路工作状态良好,输出的放大信号不失真。

静态工作点又称 Q 点,一般包含 I_B、I_C、U_{CE} 几个参数,常用的分析方法包含估算法与图解法两种。

（1）估算法

首先要画出共发射极放大电路的直流通路,也就是无输入信号时电流(直流电流)的通路。共发射极放大电路的直流通路和静态工作点如图 6-3-2 所示。

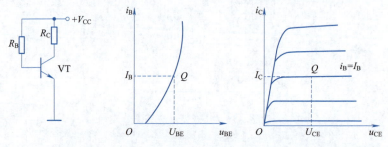

图 6-3-2　共发射极放大电路的直流通路和静态工作点

$$I_B = \frac{V_{CC} - U_{BE}}{R_B} \tag{6-3-1}$$

$$I_B \approx \frac{V_{CC}}{R_B} \tag{6-3-2}$$

$$I_C \approx \beta I_B \tag{6-3-3}$$

$$U_{CE} = V_{CC} - I_C R_C \tag{6-3-4}$$

（2）图解法

作直流负载线,由 $u_{CE} = V_{CC} - i_C R_C$,

令 $i_C = 0$ 时,$u_{CE} = V_{CC}$,在横轴上得 M 点 $(V_{CC}, 0)$。

令 $u_{CE} = 0$ 时,$i_C \frac{V_{CC}}{R_C}$,在纵轴上得 N 点 $\left(0, \frac{V_{CC}}{R_C}\right)$。

连接 MN 两点,即直流负载线。

直流负载线与 $i_B = I_B$ 对应的那条输出特性曲线的交点 Q,即为静态工作点,如图 6-3-3 所示。

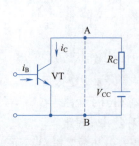 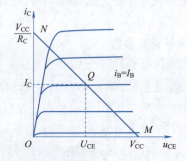

图 6-3-3　静态工作点的图解

例 6-3-1 试用估算法和图解法求图 6-3-4(a)所示放大电路的静态工作点,已知该电路中的三极管 $\beta = 37.5$,直流通路如图 6-3-4(b)所示,输出特性曲线如图 6-3-4(c)所示。

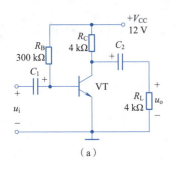
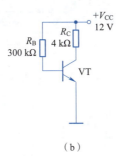
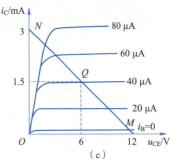

图 6-3-4　例 6-3-1 电路图

解　①用估算法求静态工作点:

由式(6-3-1)~(6-3-4)可得

$$I_B \approx 0.04 \text{ mA} = 40 \text{ μA}$$

$$I_C \approx \beta I_B = 37.5 \times 0.04 \text{ mA} = 1.5 \text{ mA}$$

$$U_{CE} = V_{CC} - I_C R_C = (12 - 1.5 \times 4) \text{ V} = 6 \text{ V}$$

②用图解法求静态工作点:

由 $u_{CE} = V_{CC} - i_C R_C = 12 - 4 i_C$,分别令 $i_C = 0$ 和 $u_{CE} = 0$,得 M 点坐标(12,0)和 N 点坐标(0,3),MN 与 $i_B = I_B = 40$ μA 的那条输出特性曲线相交的点,即静态工作点 Q。从输出特性曲线上可查出 $I_B = 40$ μA,$I_C = 1.5$ mA,$U_{CE} = 6$ V。与估算法所得结果一致。

(3)电路参数对静态工作点的影响

R_B 增大时,I_B 减小,Q 点降低,三极管趋向于截止。

R_B 减小时,I_B 增大,Q 点抬高,三极管趋向于饱和。

5. 动态分析

分析对象:各极电压和电流的交流分量。

分析主要任务:计算电压放大倍数 A_u、输入电阻 R_i、输出电阻 R_o。

分析目的:找出 A_u、R_i、R_o 与电路参数的关系,为设计打下基础。

分析方法:图解法、微变等效电路法。

(1)图解法

步骤一:负载开路时,输入和输出电压、电流波形的分析。

根据 u_i 波形,在输入特性曲线上求 i_B 和 u_{BE} 的波形。

根据 i_B 波形,在输出特性曲线和直流负载线上求 i_C、u_{R_C} 和 u_{CE} 的变化,如图 6-3-5 所示。

步骤二:带负载时,输入和输出电压、电流波形分析。

作交流负载线:

①先作出直流负载线,确定 Q 点。

②过 Q 点作斜率为 $-1/R'_L$ 的直线,该线是由交流通路得到的负载线,故称为交流负载线,如图 6-3-5 所示。

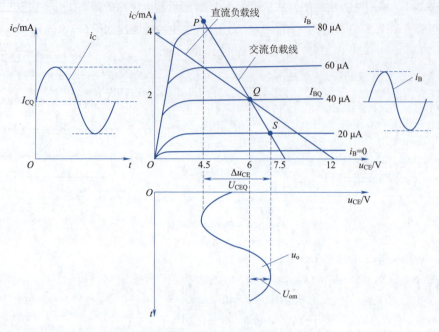

图 6-3-5　动态分析示意图

（2）微变等效电路法

由于放大电路中存在三极管这个非线性器件，所以要对放大电路进行线性化处理，处理成线性的微变等效电路。因此，放大电路的线性化关键在于三极管的线性化，当三极管在小信号（微变量）情况下工作时，在静态工作点附近小范围内的特性曲线可用直线近似代替。

三极管的微变等效电路如图 6-3-6 所示。

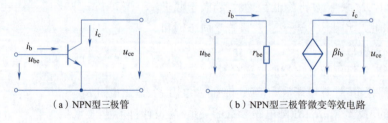

（a）NPN型三极管　　　　　　　（b）NPN型三极管微变等效电路

图 6-3-6　三极管的微变等效电路

在小信号的情况下，r_{be} 可看成一个常数，对于小功率三极管，r_{be} 可按式（6-3-5）进行估算。

$$r_{be} = 300 + (1+\beta)\frac{26(\text{mV})}{I_E(\text{mA})} \qquad (6\text{-}3\text{-}5)$$

式中，I_E 为放大电路静态时的发射极电流。

将图 6-3-1 所示电路中的直流电源 V_{CC} 和耦合电容 C_1、C_2 短路处理即可得到该电路的交流通路，如图 6-3-7（a）所示。然后将图 6-3-7（a）中三极管 VT 用图 6-3-6（b）所示的微变等效电路替换，就得到了放大电路的微变等效电路，如图 6-3-7（b）所示。

下面进行动态性能分析。

① 电压放大倍数 A_u：

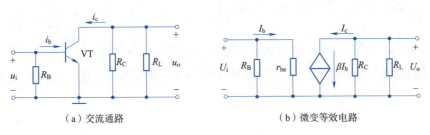

(a)交流通路　　　　　　　　(b)微变等效电路

图 6-3-7　共发射极基本放大电路交流通路和微变等效电路

$$A_u = \frac{U_o}{U_i} = \frac{-\beta I_b R'_L}{I_b r_{be}} = -\beta \frac{R'_L}{r_{be}} \tag{6-3-6}$$

式中，负号表示输出电压与输入电压相位相反。

②输入电阻 R_i。输入电阻指从放大电路输入端 AA′ 看进去的等效电阻，如图 6-3-8 所示，定义为

$$R_i = \frac{U_i}{I_i}$$

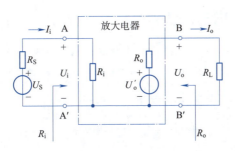

6-3-8　放大电路的输入电阻和输出电阻

对于共发射极放大电路的微变等效电路，如图 6-3-7(b) 所示，从输入端往里看，不难得出输入电阻为

$$R_i = \frac{U_i}{I_i} = r_{be} /\!/ R_B \tag{6-3-7}$$

若考虑信号源内阻，如图 6-3-8 所示，放大电路输入电压 U_i 是信号源 U_S 在输入电阻 R_i 上的分压，即

$$U_i = U_S \frac{R_i}{R_i + R_S} \tag{6-3-8}$$

在实际电路中，一般 $R_B \gg r_{be}$，因此 $R_i \approx r_{be}$，由此可得，共发射极放大电路的输入电阻并不高，为了减少 U_S 在信号源内阻上的损耗，输入电阻的阻值越大越好。

③输出电阻 R_o。输出电阻指在放大器信号源短路、负载开路下，从输出端看进去的等效电阻，定义为

$$R_o = \frac{U_o}{I_o}$$

由图 6-3-7 可知

$$R_o = \frac{U_o}{I_o} = R_C \qquad (6-3-9)$$

工程中,可用实验的方法求取输出电阻。在放大电路输入端加一正弦电压信号,测出负载开路时的输出电压 U_o';然后再测出接入负载 R_L 时的输出电压 U_o,则有

$$U_o = \frac{U_o'}{R_o + R_L} R_L \qquad (6-3-10)$$

$$R_o = \left(\frac{U_o'}{U_o} - 1\right) R_L \qquad (6-3-11)$$

式中,U_o'、U_o 是用晶体管毫伏表测出的交流有效值。

例 6-3-2 图 6-3-4(a)所示电路的交流通路和其对应的微变等效电路如图 6-3-9 所示,试用微变等效电路法求:

① 动态性能指标 $\dot{A}_u$、R_i、R_o。

② 断开负载 R_L 后,再计算 $\dot{A}_u$、R_i、R_o。

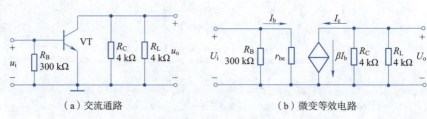

图 6-3-9 例 6-3-2 电路图

解 ① 由例 6-3-1 的求解,可知 $I_E = I_B + I_C \approx 1.5$ mA,

故 $r_{be} = 300 + (1+\beta)\dfrac{26 \text{ mV}}{I_E} = 300 + (1+37.5) \times \dfrac{26 \text{ mV}}{1.5 \text{ mA}} = 967 \ \Omega$。

$$\dot{A}_u = -\beta \frac{R_L'}{r_{be}} = -\frac{37.5 \times \left(\dfrac{4 \times 4}{4+4}\right)}{0.967} = -78$$

$$R_i = R_B \mathbin{/\mkern-5mu/} r_{be} \approx 0.964 \text{ k}\Omega$$

$$R_o = R_C = 4 \text{ k}\Omega$$

② 断开 R_L 后,

$$\dot{A}_u = -\beta \frac{R_C}{r_{be}} = -\frac{37.5 \times 4}{0.967} \approx -156$$

$$R_i = R_B \mathbin{/\mkern-5mu/} r_{be} \approx 0.964 \text{ k}\Omega$$

$$R_o = R_C = 4 \text{ k}\Omega$$

6. 放大电路的非线性失真

若静态工作点 Q 设置不合适,或输入信号的幅度过大,晶体管的工作范围超出其特性曲线的线性区,从而进入非线性区,导致输出信号在形状上与输入信号不同,将这种现象称为波形畸变。非线性失真将会导致波形畸变。

三极管进入截止区或饱和区工作,将造成非线性失真。

如图 6-3-10 所示,若静态工作点 Q 设置过高,如 Q_1,就会产生饱和失真(又称削顶失真),

此时输出电压的负半周出现平顶畸变。适当减小基极电流（增大基极偏置电阻 R_B 的阻值），即可消除饱和失真。

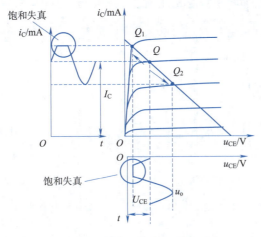

图 6-3-10　静态工作点 Q 设置过高

如图 6-3-11 所示，若静态工作点 Q 设置过低，就会产生截止失真（又称削底失真），此时输出电压的正半周出现平顶畸变。适当增加基极电流（减小基极偏置电阻 R_B 的阻值），即可消除截止失真。

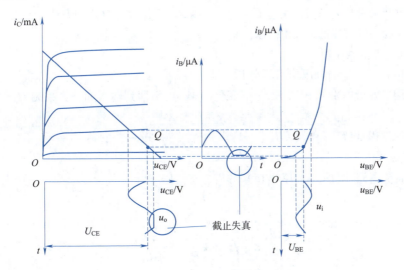

图 6-3-11　静态工作点 Q 设置过低

为了得到尽量大的输出信号，应把 Q 点设置在交流负载线的中间部分。当输入信号 u_i 的幅度较小时，为了减小三极管的功耗，Q 点可适当选低些。若出现了截止失真，通常采用提高静态工作点的办法来消除，即通过减小基极偏置电阻 R_B 的阻值来实现；若出现了饱和失真，则增大 R_B。

7. 静态工作点的稳定

前面所讲述的共发射极基本放大电路（又称固定偏置放大电路），结构简单、容易调整，但在温度变化、三极管老化、电源电压波动等外部因素的影响下，将引起静态工作点的变动。因此,必须采取措施稳定放大电路的静态工作点。常用的办法有两种:一是引入负反馈;二是引入温度补偿,使 I_B 在温度变化时与 I_C 产生相反的变化。这里介绍一种具有稳定静态工作点的分压式偏置放大电路,如图6-3-12(a)所示。

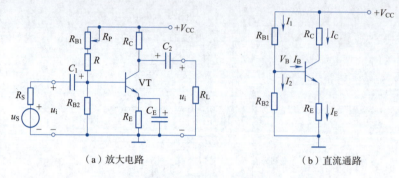

图6-3-12　分压式偏置放大电路及其直流通路

(1)各元件作用

①基极偏置电阻 R_{B1}、R_{B2}:为三极管提供合适的基极直流电流 I_B,通过调节 R_P 来控制 I_B 的大小。R 用来防止 R_P 阻值调到零时烧坏三极管。R_{B1} 的阻值为几十千欧至几百千欧,R_{B2} 的阻值为几十千欧。

②发射极电阻 R_E:引入直流负反馈稳定静态工作点,一般阻值为几千欧。

③发射极旁路电容 C_E:对交流而言,C_E 短接 R_E,确保放大电路动态性能不受影响。一般 C_E 也选择电解电容,容量为几十微法。

(2)稳定工作点原理

①利用 R_{B1} 和 R_{B2} 的分压作用固定 V_B。

②利用发射极电阻 R_E 产生反映 I_C 变化的 V_E,再引回到输入回路去控制 U_{BE},实现 I_C 基本不变。

稳定的过程是:$T\uparrow \to I_C\uparrow \to I_E\uparrow \to V_E\uparrow \to U_{BE}\downarrow \to I_B\downarrow \to I_C\downarrow$。

(3)静态分析

根据直流通路[见图6-3-12(b)]来分析静态工作点。

$$V_B = \frac{R_{B2}}{R_{B1}+R_{B2}}V_{CC} \tag{6-3-12}$$

$$I_C \approx I_E = \frac{V_B - U_{BE}}{R_E} \approx \frac{V_B}{R_E} \tag{6-3-13}$$

$$I_B = \frac{I_C}{\beta} \tag{6-3-14}$$

$$U_{CE} = V_{CC} - I_C R_C - I_E R_E \approx V_{CC} - I_C(R_C + R_E) \tag{6-3-15}$$

(4)动态分析

根据微变等效电路(见图6-3-13)来进行动态分析。

$$A_u = \frac{\dot{U}_o}{\dot{U}_i} = \frac{-\beta \dot{I}_b R'_L}{\dot{I}_b r_{be}} = \frac{-\beta R'_L}{r_{be}} = -\beta \frac{R_C // R_L}{r_{be}} \tag{6-3-16}$$

$$R_i = \frac{\dot{U}_i}{\dot{I}_i} = R_{B1} // R_{B2} // r_{be} \tag{6-3-17}$$

$$R_o = R_C \qquad (6\text{-}3\text{-}18)$$

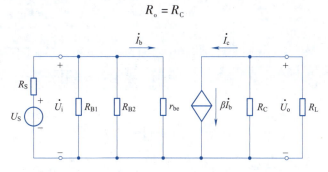

图 6-3-13　分压式偏置放大电路的微变等效电路

例 6-3-3　在图 6-3-14 所示的电路中,已知三极管的 $\beta = 50$。试求:

①静态工作点。

②电压放大倍数、输入电阻、输出电阻。

③不接 C_E 时的电压放大倍数、输入电阻、输出电阻。

④若换用 $\beta = 100$ 的三极管,重新计算静态工作点和电压放大倍数。

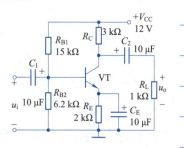

图 6-3-14　例 6-3-3 电路图

解　①求静工作点:

$$V_B = \frac{R_{B2}}{R_{B1} + R_{B2}} V_{CC} = \frac{6.2}{15 + 6.2} \times 12 \text{ V} = 3.5 \text{ V}$$

$$I_C \approx I_E = \frac{V_B - U_{BE}}{R_E} = \frac{3.5 - 0.7}{2} \text{ mA} = 1.4 \text{ mA}$$

$$I_B = \frac{I_C}{\beta} = \frac{1.4}{50} = 0.028 \text{ mA} = 28 \text{ μA}$$

$$U_{CE} \approx V_{CC} - I_C(R_C + R_E) = [12 - 1.4(3 + 2)] \text{ V} = 5 \text{ V}$$

②求 A_u、R_i、R_o:

$$r_{be} = 300 + (1 + \beta)\frac{26(\text{mV})}{I_E(\text{mA})} = \left[300 + (1 + 50)\frac{26}{1.4}\right] \Omega = 1.25 \text{ kΩ}$$

$$R'_L = R_C // R_L = \frac{3 \times 1}{3 + 1} \text{ kΩ} = 0.75 \text{ kΩ}$$

$$A_u = -\beta \frac{R'_L}{r_{be}} = -50 \times \frac{0.75}{1.25} = -30$$

$$R_i = r_{be} // R_{B1} // R_{B2} = 0.97 \text{ kΩ}$$

$$R_o \approx R_C = 3 \text{ kΩ}$$

③计算不接 C_E 时的 A_u、R'_i、R'_o:

当射极偏置电路中 C_E 不接或断开时的交流通路如图 6-3-15(a)所示,对应的微变等效电路如图 6-3-15(b)所示。

$$U_i = I_b r_{be} + I_e R_E = I_b r_{be} + (1 + \beta) I_b R_E$$

$$U_o = -I_o (R_C // R_L) = -I_c R'_L = -\beta I_b R'_L$$

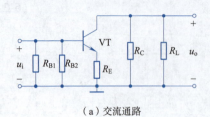
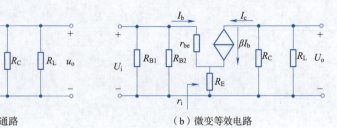

（a）交流通路　　　　　　　　　（b）微变等效电路

图 6-3-15　不接 C_E 时的电路

$$A'_u = \frac{U_o}{U_i} = \frac{-\beta I_b R'_L}{I_b r_{be} + (1+\beta) I_b R_E} = -\beta \frac{R'_L}{r_{be} + (1+\beta) R_E}$$

$$r_i = \frac{U_i}{I_b} = \frac{I_b r_{be} + (1+\beta) I_b R_E}{I_b} = r_{be} + (1+\beta) R_E$$

$$R'_i = r_i // R_{B1} // R_{B2} = [r_{be} + (1+\beta) R_E] // R_{B1} // R_{B2}$$

输出电阻可由图 6-3-16 求出。由图 6-3-16 可知 $I_b = 0$，所以

$$R'_o = \frac{U}{I} \approx R_C$$

将有关数据分别代入上式可得

$$A'_u = -0.36$$

$$R'_i = 103.25 \text{ k}\Omega$$

$$R'_o = 3 \text{ k}\Omega$$

由此可见，电压放大倍数下降了很多，但输入电阻得到了提高。

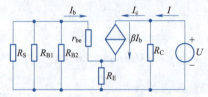

图 6-3-16　不接 C_E 时求输出电阻的等效电路

④当改用 $\beta = 100$ 的三极管后，其静态工作点为

$$I_E = \frac{V_B - U_{BE}}{R_E} = \frac{3.5 - 0.7}{2} \text{ mA} = 1.4 \text{ mA}$$

$$I_C \approx I_E = 1.4 \text{ mA}$$

$$I_B = \frac{I_C}{\beta} = \frac{1.4}{100} \text{ mA} = 14 \text{ μA}$$

$$U_{CE} = V_{CC} - I_C (R_C + R_E) = [12 - 1.4(3+2)] \text{ V} = 5 \text{ V}$$

可见，在射极偏置电路中，虽然更换了不同 β 的三极管，但静态工作点基本上不变。此时

$$r'_{be} = 300 + (1+\beta) \frac{26(\text{mV})}{I_E(\text{mA})}$$

$$= \left[300 + (1+100) \frac{26}{1.4}\right] \Omega = 2.2 \text{ k}\Omega$$

$$A_u = -\beta \frac{R'_L}{r'_{be}} = -100 \times \frac{0.75}{2.2} \approx -34$$

与 $\beta = 50$ 时的放大倍数差不多。

四、共集电极放大电路

共集电极放大电路是一种常用的电子电路,它主要用于增强电子设备中的微弱信号或者加以处理后的信号。一般来说,它具有低噪声、高效率放大和低漂移等特点,因此得到越来越多的使用。

1. 电路组成

共集电极放大电路如图 6-4-1(a)所示,它是由基极输入信号,发射极输出信号。对交流信号而言,从交流通路[见图 6-4-1(c)]来看,集电极是输入回路与输出回路的公共端,故称为共集电极放大电路。又因为信号从发射极输出,所以又称射极输出器。

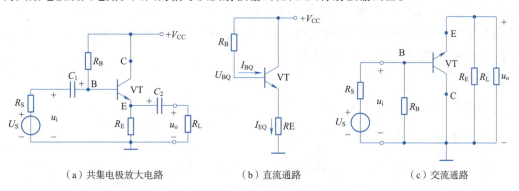

(a) 共集电极放大电路　　(b) 直流通路　　(c) 交流通路

图 6-4-1　共集电极放大电路及其交、直流通路

2. 静态分析

根据图 6-4-1(b)所示的直流通路,列出其基极回路电压方程:

$$V_{CC} = I_B R_B + U_{BE} + I_E R_E$$

由于 $I_E = (1+\beta)I_B$,则可以求得

$$I_B = \frac{V_{CC} - U_{BE}}{R_B + (1+\beta)R_E} \tag{6-4-1}$$

$$I_C = \beta I_B \tag{6-4-2}$$

$$U_{CE} = V_{CC} - I_E R_E \approx V_{CC} - I_C R_E \tag{6-4-3}$$

3. 动态分析

共集电极放大电路的交流通路如图 6-4-1(c)所示,其对应的微变等效电路如图 6-4-2 所示。

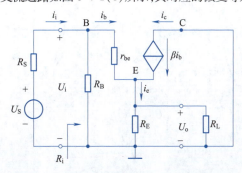

图 6-4-2　共集电极放大电路的微变等效电路

(1) 电压放大倍数

根据图 6-4-2 所示的微变等效电路,列出回路电压方程。

对于输入回路

$$U_i = i_b r_{be} + i_e R'_L = i_b r_{be} + i_b(1+\beta)R'_L$$

式中, $R'_L = R_E // R_L$。

对于输出回路

$$U_o = i_e R'_L = i_b(1+\beta)R'_L$$

所以,该电路的电压放大倍数为

$$A_u = \frac{U_o}{U_i} = \frac{(1+\beta)i_b R'_L}{i_b r_{be} + (1+\beta)i_b R'_L} = \frac{(1+\beta)R'_L}{r_{be} + (1+\beta)R'_L} \quad (6\text{-}4\text{-}4)$$

一般情况下,$\beta R'_L \gg r_{be}$,所以共集电极放大电路的电压放大倍数小于 1 但接近于 1,即输出电压与输入电压大小几乎相等,并且相位相同,表现出良好的电压跟随特性。因此,共集电极放大电路又称射极跟随器或电压跟随器。

(2) 输入电阻

如图 6-4-3 所示,$R'_i = \dfrac{U_i}{i_b} = \dfrac{[r_{be}+(1+\beta)R'_L]i_b}{i_b} = r_{be}+(1+\beta)R'_L$。

因此,共集电极放大电路的输入电阻为

$$R_i = \frac{U_i}{i_i} = R_b // R'_i = R_b // [r_{be}+(1+\beta)R'_L] \quad (6\text{-}4\text{-}5)$$

可以看出,共集电极放大电路的输入电阻 R_i 很大,可达几十千欧甚至几百千欧。

(3) 输出电阻

求输出电阻时,将信号源短路($U_S=0$),保留信号源内阻 R_S,去掉 R_L,同时在输出端接上一个电压 U_o,产生电流 i_o,如图 6-4-4 所示。

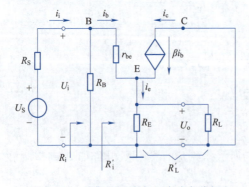
图 6-4-3 共集电极放大电路动态分析

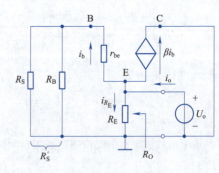
图 6-4-4 输出电阻的微变等效电路

由图 6-4-4 列出电路方程:

$$\begin{cases} i_o = i_b + \beta i_b + i_{R_E} \\ U_o = i_b(r_{be}+R'_S) \\ U_o = i_{R_E} R_E \end{cases}$$

式中, $R'_S = R_S // R_B$。

输出电阻为

$$R_o = \frac{U_o}{i_o} = R_E // \frac{R'_S + r_{be}}{1+\beta} \qquad (6\text{-}4\text{-}6)$$

可见,共集电极放大电路的输出电阻很小,一般在几十欧到几百欧之间,带负载能力强。所谓带负载能力强,是指当负载变化时,放大倍数基本不变。

综上分析,共集电极放大电路具有以下特点:

①电压放大倍数小于1但接近于1,输出电压与输入电压同相位。
②虽然没有电压放大能力,但具有电流放大和功率放大能力。
③输入电阻大,输出电阻小。

4. 共集电极放大电路的应用

主要利用它具有输入电阻高和输出电阻低的特点。

①因输入电阻高,它常被用在多级放大电路的第一级,可以提高输入电阻,减轻信号源负担。

②因输出电阻低,它常被用在多级放大电路的末级,可以降低输出电阻,提高带负载能力。

③利用 R_i 大、R_o 小以及 $A_u \approx 1$ 的特点,也可将共集电极放大电路放在放大电路的两级之间,起到阻抗匹配作用,这一级共集电极放大电路称为缓冲级或中间隔离级。

五、多级放大电路

前面讲过的基本放大电路,其电压放大倍数一般只能达到几十至几百。然而在实际工作中,放大电路所得到的信号往往都非常微弱,要将其放大到能推动负载工作的程度,仅通过单级放大电路放大是不行的,必须通过多个单级放大电路连续多次放大,才可满足实际要求。

1. 多级放大电路的组成

在电子工程领域,多级放大电路是一种常见且重要的电路。它可以有效地放大电信号,并使其保持相对较高的信噪比。

多级放大电路的本质是通过将多个放大器级联来实现信号的逐级放大。各个单级放大器根据其功能和在电路中所处的位置,可被划分为输入级、中间级和输出级。多级放大电路的组成可用图 6-5-1 所示的结构框图来表示。

图 6-5-1 多级放大电路的结构框图

第一级放大器通常被称为输入级。它的主要任务是接收来自输入源的弱电信号,并将其放大到一个更高的水平。输入级的输出将成为下一级的输入。

第二级放大器被称为中间级。它的主要任务是继续放大输入级传递过来的信号,并加以处理以适应下一级的要求。中间级通常具有相对较高的放大倍数,以保持信号的强度和质量。同时,它还可以提供对频率响应和相位响应的控制,以确保信号的准确传输和适应。

最后一级被称为输出级,也是整个多级放大电路的最后一个部分。在输出级,信号被进一步放大,并最终交付给负载。输出级通常具有较高的功率输出能力,以适应负载的需求。

除了放大作用以外,输出级还需要提供电流和电压稳定性,以保持信号质量的稳定性。

在多级放大电路中,每一级都有其独特的功能和特征。它们通过合作和互补来实现整个电路的功能。通过级联多个放大器,电路可以实现更高的放大倍数、更好的信号质量和更大的功率输出。合理设计和调整每一级的参数至关重要,以确保整个电路的性能和稳定性。

在实际应用中,多级放大电路广泛用于各种电子设备和系统中。例如,在音频放大器中,多级放大电路用于增强输入音频信号,从而产生更大的音量和更好的音质。在无线通信系统中,多级放大电路用于增强接收信号,以便更远距离的传输。此外,在各种测量和控制系统中,多级放大电路也被广泛应用于信号放大和处理中。

2. 多级放大电路的耦合方式

多级放大电路是由两级或两级以上的单级放大电路连接而成的。在多级放大电路中,把级与级之间的连接方式称为耦合方式。而级与级之间耦合时,必须满足:

①耦合后,各级电路仍具有合适的静态工作点。
②保证信号在级与级之间能够顺利地传输过去。
③耦合后,多级放大电路的性能指标必须满足实际的要求。

常用的耦合方式有:阻容耦合、直接耦合、变压器耦合以及光电耦合。

(1) 阻容耦合

级与级之间通过电容和电阻作为耦合元件的方式称为阻容耦合方式。图 6-5-2 所示为两级阻容耦合放大电路。

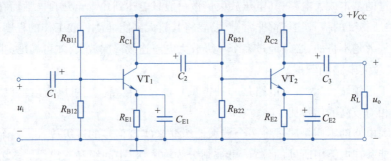

图 6-5-2 两级阻容耦合放大电路

阻容耦合放大电路的特点:

①优点:因电容具有隔直流作用,所以各级电路的静态工作点相互独立,互不影响。这给放大电路的分析、设计和调试带来了很大的方便。此外,还具有体积小、质量小等优点。

②缺点:因电容对交流信号具有一定的容抗,在信号传输过程中,会有一定的衰减。尤其对于变化缓慢的信号,容抗很大,不便于传输。此外,在集成电路中,制造大容量的电容很困难,所以这种耦合方式下的多级放大电路不便于集成。

(2) 直接耦合

为了避免电容对缓慢变化的信号在传输过程中带来的不良影响,也可以把级与级之间直接用导线连接起来,这种连接方式称为直接耦合,如图 6-5-3 所示。

直接耦合放大电路的特点:

①优点:既可以放大交流信号,也可以放大直流和变化非常缓慢的信号。电路简单,便于集成,所以集成电路中多采用这种耦合方式。

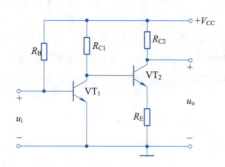

图 6-5-3 直接耦合放大电路

② 缺点:存在着各级静态工作点相互牵制和零点漂移这两个问题。

零点漂移简称零漂,是指在直接耦合放大电路中,当输入端无信号时,输出端的电压偏离初始值而上下漂动的现象,如图 6-5-4 所示。

a. 产生零点漂移的原因。主要是温度对三极管的影响。温度的变化会使三极管的静态工作点发生微小而缓慢的变化,这种变化量会被后面的电路逐级放大,最终在输出端产生较大的电压漂移。因此,零点漂移又称温漂。

b. 零点漂移的危害。漂移电压和有效信号电压无法分辨,严重时,漂移电压甚至把有效信号电压淹没,使放大电路无法正常工作。

c. 解决方法。输入级一般采用高性能的差分放大电路,以克服温度带来的零点漂移问题。

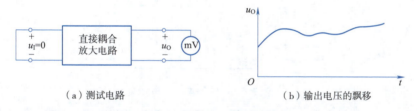

(a) 测试电路　　　　　　　(b) 输出电压的飘移

图 6-5-4 零点漂移现象

(3) 变压器耦合

将放大电路前级的输出端通过变压器接到后级的输入端或负载电阻上,称为变压器耦合,如图 6-5-5 所示。

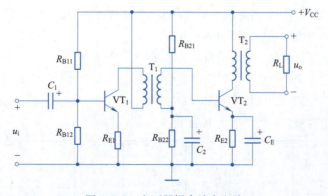

图 6-5-5 变压器耦合放大电路

变压器耦合的特点：

①优点：前后级靠磁路耦合，所以与阻容耦合电路一样，静态工作点相互独立，便于分析、设计和调试。可以实现阻抗变换，因而在分立器件功率放大电路中得到广泛应用。

②缺点：低频特性差，不能放大变化缓慢的信号，且非常笨重更不能集成化。

(4) 光电耦合

光电耦合是以光信号为媒介来实现电信号的耦合和传递，因其抗干扰能力强而得到越来越广泛的应用。光电耦合器是实现光电耦合的基本器件，它将发光器件（二极管）与光敏器件（光电三极管）相互绝缘地组合在一起，如图6-5-6所示，光电耦合放大电路如图6-5-7所示。

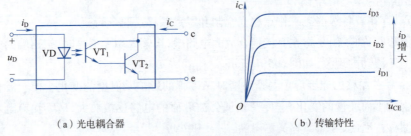

图 6-5-6　光电耦合器及其传输特性

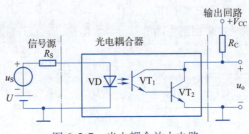

图 6-5-7　光电耦合放大电路

在图6-5-7中，信号源部分可以是真实的信号源，也可以是前级放大电路。当动态信号为零时，输入回路有静态电流 I_D，输出回路有静态电流 I_C，从而确定静态管压降 U_{CE}。当有动态信号时，随着 i_D 的变化，i_C 将产生线性变化，电阻 R_C 将电流的变化转换成电压的变化。

3. 多级放大电路的动态分析

多级放大电路框图如图6-5-8所示。该电路具有如下特点：

①由于电容的隔直作用，各级放大器的静态工作点相互独立，分别估算。

②前一级的输出电压是后一级的输入电压。

③总电压放大倍数为各级放大倍数的乘积，即 $A_u = A_{u1} A_{u2} \cdots A_{un}$。

④后一级的输入电阻是前一级的交流负载电阻。

⑤总输入电阻为第一级的输入电阻，即 $R_i = R_{i1}$。

⑥总输出电阻为最后一级的输出电阻，即 $R_o = R_{on}$。

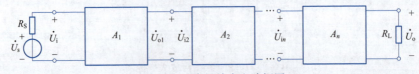

图 6-5-8　多级放大电路框图

例 6-5-1 如图 6-5-9 所示放大电路,已知 $R_{B1} = 33 \text{ k}\Omega$,$R_{B2} = R_{B3} = 10 \text{ k}\Omega$,$R_C = 2 \text{ k}\Omega$,$R_{E1} = R_{E2} = 1.5 \text{ k}\Omega$,两三极管的 $\beta_1 = \beta_2 = 60$,$r_{be1} = r_{be2} = 0.6 \text{ k}\Omega$。求总电压放大倍数。

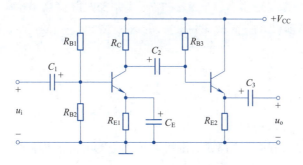

图 6-5-9　例 6-5-1 示意图

解　第一级为共射放大电路,它的负载电阻是第二级的输入电阻。

$$R_{L1} = R_{i2} = R_{B3} // [r_{be2} + (1+\beta_2)R_{E2}]$$

$$= \frac{10 \times [0.6 + (1+60) \times 1.5]}{10 + [0.6 + (1+60) \times 1.5]} \text{ k}\Omega = 8.46 \text{ k}\Omega$$

$$R'_{L1} = R_C // R_{L1} = \frac{2 \times 10^3 \times 8.46 \times 10^3}{2 \times 10^3 + 8.46 \times 10^3} \text{ k}\Omega = 1.62 \text{ k}\Omega$$

$$A_{u1} = -\frac{\beta_1 R'_{L1}}{r_{be}} = -60 \times \frac{1.62}{0.6} = -162$$

第二级为共集放大电路,可取 $A_{u2} = 1$,$A_u = A_{u1} \times A_{u2} = -162 \times 1 = -162$。

六、差分放大电路

从电路结构上说,差分放大电路由两个完全对称的单管放大电路组成,由于电路具有许多突出优点,几乎所有模拟集成电路中的多级放大电路都采用它作为输入级。差分放大电路可以与后级放大电路直接耦合,而且能够有效地抑制零点漂移。

1. 工作原理

基本差分放大电路如图 6-6-1 所示,它由两个完全对称的单管放大电路拼接而成。在该电路中,晶体管 VT_1、VT_2 型号一样,特性相同,R_{B1} 为输入回路限流电阻,R_{B2} 为基极偏流电阻,R_C 为集电极负载电阻。输入信号电压由两管的基极输入,输出电压从两管的集电极之间提取(又称双端输出),由于电路的对称性,在理想情况下,它们的静态工作点必然一一对应相等。

（1）抑制零点漂移

在输入电压为零,即 $u_{i1} = u_{i2} = 0$ 的情况下,由于电路对称,存在 $I_{C1} = I_{C2}$,所以两管的集电极电位相等,即 $U_{C1} = U_{C2}$,故 $u_o = U_{C1} - U_{C2} = 0$。

当温度升高引起三极管集电极电流增加时,由于电路对称,存在 $\Delta I_{C1} = \Delta I_{C2}$,导致两管集电极电位的下降量必然相等,即 $\Delta U_{C1} = \Delta U_{C2}$,所以输出电压仍为零,即 $u_o = \Delta U_{C1} - \Delta U_{C2} = 0$。

由以上分析可知,在理想情况下,由于电路的对称性,输出信号电压采用从两管集电极间提取的双端输出方式,对于无论什么原因引起的零点漂移,均能有效地抑制。

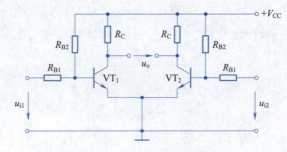

图6-6-1 基本差分放大电路

抑制零点漂移是差分放大电路最突出的优点。但必须注意,在这种最简单的差分放大电路中,每个三极管的漂移仍然存在。

(2)动态分析

差分放大电路的信号输入有共模输入、差模输入、比较输入三种类型,输出方式有单端输出、双端输出两种。

①共模输入。在电路的两个输入端输入大小相等、极性相同的信号电压,这种输入方式称为共模输入。大小相等、极性相同的信号称为共模信号。

很显然,由于电路的对称性,在共模输入信号的作用下,两管集电极电位的大小、方向变化相同,输出电压为零(双端输出)。说明差分放大电路对共模信号无放大作用。共模信号的电压放大倍数为零。差分放大电路抑制共模信号能力的大小,反映了它对零点漂移的抑制水平。

②差模输入。在电路的两个输入端输入大小相等、极性相反的信号电压,即 $u_{i1} = -u_{i2}$,这种输入方式称为差模输入。大小相等、极性相反的信号称为差模信号。

在如图6-6-1所示电路中,设 $u_{i1} > 0$,$u_{i2} < 0$,则在 u_{i1} 的作用下,VT_1 管的集电极电流增大 ΔI_{C1},导致集电极电位下降 ΔU_{C1}(为负值);同理,在 u_{i2} 的作用下,VT_2 管的集电极电流减小 ΔI_{C2},导致集电极电位升高 ΔU_{C2}(为正值),由于 $\Delta I_{C1} = -\Delta I_{C2}$,很显然,$\Delta U_{C1}$ 和 ΔU_{C2} 大小相等、一正一负,输出电压 $u_o = \Delta U_{C1} - \Delta U_{C2}$,若 $\Delta U_{C1} = -2\ \text{V}$,$\Delta U_{C2} = 2\ \text{V}$,则 $u_o = -2\ \text{V} - 2\ \text{V} = -4\ \text{V}$。可见,差分放大电路对差模信号具有较好的放大作用,这也是其电路名称的由来。

③差分输入。两个输入信号电压大小和相对极性是任意的,既非差模,又非共模。在自动控制系统中,经常运用这种比较输入的方式。

差分信号可以分解为一对共模信号和一对差模信号的组合:

$$\begin{cases} u_{i1} = u_{id} + u_{ic} \\ u_{i2} = -u_{id} + u_{ic} \end{cases} \quad (6\text{-}6\text{-}1)$$

式中,u_{id} 是差模信号;u_{ic} 是共模信号。它们由下式定义:

$$\begin{cases} u_{ic} = \dfrac{u_{i1} + u_{i2}}{2} \\ u_{id} = \dfrac{u_{i1} - u_{i2}}{2} \end{cases} \quad (6\text{-}6\text{-}2)$$

如果对于信号 $u_{i1} = 9\ \text{mV}$,$u_{i2} = -3\ \text{mV}$,则有 $u_{ic} = 3\ \text{mV}$,$u_{id} = 6\ \text{mV}$。

由以上分析可知,差分放大电路可以抑制温度引起的工作点漂移,抑制共模信号,放大差模信号。

差分放大电路是依靠电路的对称性和采用双端输出方式,用双倍的元件换取有效抑制零漂的能力。每个三极管的零漂并未受到抑制。另外,电路的完全对称是不可能的,如果采用单端输出(从一个三极管的集电极与地之间取输出电压)零点漂移就根本得不到抑制。因此,必须采取有效措施抑制每个三极管的零点漂移。

2. 典型差分放大电路

通常情况下,差分放大电路不可能绝对对称,因此零点漂移现象也不可能完全得到抑制,另外,两个单管放大电路的结构不是工作点稳定电路,输出漂移比较大。

为了改善差分放大电路的性能,在基本差分放大电路的基础上增加射极电阻 R_E,如图 6-6-2 所示。其中 R_E 的作用是稳定静态工作点,限制每个三极管的漂移。电源 E_E 用于补偿 R_E 上的压降,使三极管发射极基本保持零电位,以获得合适的工作点。电位器 R_P 起调零作用。

(1)静态分析

由于电路对称,其单管直流通路如图 6-6-3 所示。

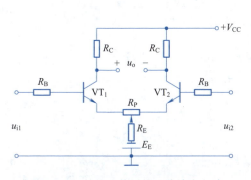

图 6-6-2 结构改善后的差分放大电路

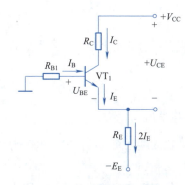

图 6-6-3 单管直流通路

在静态时,设 $I_{B1}=I_{B2}=I_B$,$I_{C1}=I_{C2}=I_C$,忽略阻值很小的 R_P,可列出基极回路方程

$$R_{B1}I_B + U_{BE} + 2R_E I_E = E_E$$

上式中,前两项较第三项小得多,可以忽略,则每管的集电极电流为

$$I_C \approx I_E \approx \frac{E_E}{2R_E} \tag{6-6-3}$$

发射极电位为

$$u_E \approx 0$$

每管的基极电流为

$$I_B = \frac{I_C}{\beta} \approx \frac{E_E}{2\beta R_E} \tag{6-6-4}$$

三极管的集电极、发射极之间的管压降为

$$U_{CE} = V_{CC} - R_C I_C \approx V_{CC} - \frac{E_E R_C}{2R_E} \tag{6-6-5}$$

由以上分析可知,对于该放大电路,当 E_E 和 R_E 确定以后,工作点就确定了。当温度升高

时，流过 R_E 的电流增加，射极电位升高，使得两个三极管的发射结压降同时减小，基极电流也都会减小，牵制了集电极电流的增加，从而稳定了工作点，使每个三极管的漂移得到了抑制。由于零点漂移等效于共模输入，所以，射极电阻 R_E 对于共模信号有很强的抑制能力。

(2) 动态分析

当差分放大电路输入差模信号 $u_{i1} = -u_{i2}$ 时，由于差模信号使两管的集电极电流一增一减，其变化量相等，因此，通过 R_E 的电流近似不变，R_E 上没有差模信号压降，故 R_E 对差模信号不起作用，据此可得出图 6-6-4 所示的单管差模信号通路。

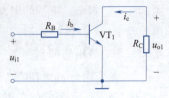

图 6-6-4 单管差模信号通路

单管差模电压放大倍数

$$A_{d1} = \frac{u_{o1}}{u_{i1}} = \frac{-\beta i_b R_C}{i_b(R_B + r_{be})} = -\frac{\beta R_C}{R_B + r_{be}}$$

同理可得

$$A_{d2} = \frac{u_{o2}}{u_{i2}} = -\frac{\beta R_C}{R_B + r_{be}} = A_{d1}$$

双端输入、双端输出差分放大电路的差模电压放大倍数为

$$A_d = \frac{u_o}{u_{i1} - u_{i2}} = A_{d1} = -\frac{\beta R_C}{R_B + r_{be}} \tag{6-6-6}$$

当在两管的集电极之间接入负载电阻时

$$A_d = -\frac{\beta R'_L}{R_B + r_{be}}$$

式中，$R'_L = R_C \mathbin{/\mkern-6mu/} \frac{1}{2} R_L$。

两输入端之间的差模输入电阻为

$$r_i = 2(R_B + r_{be}) \tag{6-6-7}$$

两集电极之间的差模输出电阻为

$$r_o \approx 2R_C \tag{6-6-8}$$

例 6-6-1 在图 6-6-2 所示的差分放大电路中，已知 $V_{CC} = 12\text{ V}, E_E = 12\text{ V}, \beta = 50, R_C = 10\text{ k}\Omega, R_E = 10\text{ k}\Omega, R_B = 20\text{ k}\Omega, R_P = 100\text{ }\Omega$，并在输出端接负载电阻 $R_L = 20\text{ k}\Omega$，试求电路的静态值和差模电压放大倍数。

解
$$I_C \approx \frac{E_E}{2R_E} = \frac{12}{2 \times 10 \times 10^3}\text{ A} = 0.6\text{ mA}$$

$$I_B = \frac{I_C}{\beta} = \frac{0.6}{50}\text{ mA} = 0.012\text{ mA}$$

$$U_{CE} = V_{CC} - R_C I_C = (12 - 10 \times 10^3 \times 0.6 \times 10^{-3})\text{ V} = 6\text{ V}$$

$$r_{be} \approx 300(\Omega) + (1+\beta)\frac{26}{I_E} = \left(300 + 51 \times \frac{26}{0.6}\right)\Omega = 2.51\text{ k}\Omega$$

$$R'_L = R_C \mathbin{/\mkern-6mu/} \frac{1}{2} R_L = 5\text{ k}\Omega$$

$$A_d = -\frac{\beta R'_L}{R_B + r_{be}} = -\frac{50 \times 5}{20 + 2.51} = -11$$

3. 差分放大电路的输入、输出方式

除了上述双端输入、双端输出外,差分放大电路的输入、输出方式还有以下三种:输入和输出有一公共接地端的单端输入、单端输出方式,如图 6-6-5(a)所示;只有输出一端接地的双端输入、单端输出方式,如图 6-6-5(b)所示;只有输入一端接地的单端输入、双端输出方式,如图 6-6-5(c)所示。

在单端输入时,从图 6-6-5(a)、(c)可知,输入信号仍然加于 VT_1 和 VT_2 的基极之间,只是一端接地。经过信号分解:

$$VT_1 \text{ 的基极电位} = \frac{1}{2}u_i + \frac{1}{2}u_i = u_i$$

$$VT_2 \text{ 的基极电位} = \frac{1}{2}u_i - \frac{1}{2}u_i = 0$$

因此可见单端输入时,差模信号为 $\frac{u_i}{2}$,共模信号也为 $\frac{u_i}{2}$,就差模信号而言,单端输入时,两管集电极电流和集电极电压的变化情况和双端输入一样。

在单端输出时,从图 6-6-5(a)、(b)可知,输出电压只和 VT_1 的集电极电压变化有关,因此输出电压 u_o 只有双端输出的一半,所以

$$A_{od} = \frac{1}{2}A_{d1} = -\frac{1}{2}\beta\frac{R_C /\!/ R_L}{R_B + r_{be}} \tag{6-6-9}$$

式中,负号表示输出电压 u_o 与输入电压 u_i 反相。若输出电压 u_o 从 VT_2 的集电极取出,则 u_o 与 u_i 同相。从图 6-6-5(a)、(b)中可以看出,单端输出时,不仅有差模信号,还有共模信号,这是使用差分放大电路时应该注意的情况。

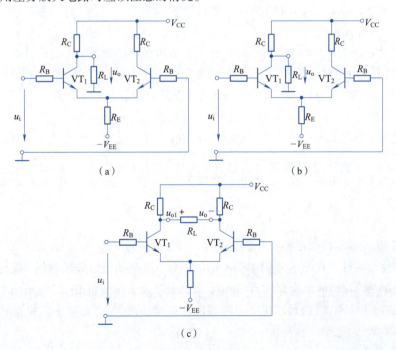

图 6-6-5 差分放大电路的几种输入、输出

学习笔记

4. 共模抑制比（common mode rejection ratio）

理想的差分放大电路对差模信号有放大作用，对共模信号无放大作用。为了衡量差分放大电路放大差模信号和抑制共模信号的能力，引入共模抑制比作为评价指标。共模抑制比一般用 K_{CMR} 表示，其定义为

$$K_{CMR} = \frac{A_d}{A_c} \tag{6-6-10}$$

式中，A_d 为差模放大倍数；A_c 为共模放大倍数。

若以对数的形式表示，其定义如式（6-6-11）所示，单位是分贝（dB）。

$$K_{CMR}(dB) = 20\lg\frac{A_d}{A_c}(dB) \tag{6-6-11}$$

K_{CMR} 越大，说明差分放大电路放大差模信号的能力越强，抑制共模信号的能力越强。

七、功率放大电路

实用电路中，往往要求放大电路的末级（即输出级）输出一定的功率，以驱动负载。能够向负载提供足够信号功率的放大电路称为功率放大电路，简称功放。从能量控制和转换的角度看，功率放大电路与其他放大电路在本质上没有根本区别，只是功率放大电路既不是单纯追求输出高电压，也不是单纯追求输出大电流，而是追求在电源电压确定的情况下，输出尽可能大的不失真的信号功率，并具有尽可能高的转换效率。因此，从功率放大电路的组成和分析方法，到其元器件的选择，都与小信号放大电路有明显的区别。

1. 功率放大电路的主要技术指标

功率放大电路的主要技术指标为最大输出功率、转换效率和非线性失真。

（1）最大输出功率 P_{om}

功率放大电路提供给负载的信号功率称为输出功率。在输入为正弦波且输出基本不失真条件下，输出功率是交流功率，表达式为 $P_o = I_o U_o$，式中 I_o 和 U_o 均为交流有效值。最大输出功率 P_{om} 是在电路参数确定的情况下，负载上可能获得的最大交流功率。

（2）转换效率 η

功率放大电路的最大输出功率与电源所提供的功率之比称为转换效率。电源提供的功率是直流功率，其值等于电源输出电流平均值及其电压之积。通常功放输出功率越大，电源消耗的直流功率也就越多。在一定的输出功率下，减小直流电源的功耗，就可以提高电路的效率。

（3）非线性失真

一般而言，失真度越小越好。由于三极管工作在大信号状态下，必然会出现信号进入非线性区而产生非线性失真的情况。通常输出功率越大，产生非线性失真的概率就越高。

根据不同场合对非线性失真的要求不同，比如在工业控制系统中，以输出功率为主要目的，为了提高输出功率，就会允许在一定范围内存在较小的失真，而对于测量系统和电声设备，就需要尽可能避免非线性失真。

2. 功率放大器的分类

按照输入信号频率的不同，功率放大器可以分为低频功率放大器和高频功率放大器。其中，低频功率放大器按照三极管静态工作点选择的不同又可以分为以下几类：

(1) 甲类功率放大器

在信号的整个周期内(正弦波的正负两个半周),三极管静态工作点 Q 处于放大区,基本在负载线的中间,如图 6-7-1(a)所示。在输入信号的整个周期内,三极管都有电流通过,导通角为 360°,静态 I_C 较大、波形好、管耗大、效率低,即使在理想情况下,效率只能达到 50%,但其特有的优点是不存在交越失真。

甲类功率放大器由于静态 I_C 的存在,无论有没有信号,电源始终不断地输送功率。当没有信号输入时,这些功率全部消耗在三极管和电阻上,并转化为热量形式耗散出去。有信号输入时,其中一部分转化为有用的输出功率。甲类功率放大器通常用于小信号电压放大器,也可以用于小功率的功率放大器。前面学习的三极管放大电路基本上都属于这一类。

(2) 乙类功率放大器

三极管只在输入信号的半个周期内导通,静态工作点 Q 处于截止区,如图 6-7-1(b)所示。只有半个周期内有电流流过三极管,三极管导通角为 180°。由于静态 $I_C = 0$,使得没有信号时,管耗很小,从而效率提高,最高能达到 78.5%。但波形被切掉一半,严重失真,还存在交越失真。

(3) 甲乙类功率放大器

其特性介于甲类和乙类之间,负责推挽放大对管中的每一个功放管导通时间大于信号的半个周期而小于一个周期,即导通角大于 180°而小于 360°,静态工作点 Q 处于放大区偏下,如图 6-7-1(c)所示。甲乙类功放的放大方式有效解决了乙类功率放大器的交越失真,效率比甲类功率放大器高,实际应用中极为广泛。

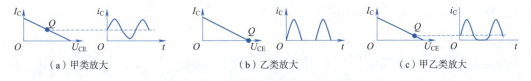

(a) 甲类放大　　　　　(b) 乙类放大　　　　　(c) 甲乙类放大

图 6-7-1　低频功率放大器的波形特点

3. 乙类双电源互补对称功率放大电路(OCL)

欲提高效率,需要从两方面入手:一是通过增加放大电路的动态工作范围来增加输出功率;二是尽可能减小电源供给的功率。所以就有了乙类和甲乙类功率放大电路。乙类效率最高能达到 78.5%,甲乙类也能在 50%~78.5%之间。另外,虽然乙类、甲乙类功率放大电路减小了静态功耗,提高了效率,但都出现了严重的波形失真,因此,既要保证静态管耗小,又要使失真不严重,就需要在电路结构上采取措施。

(1) 电路组成及工作原理

乙类双电源互补对称功率放大电路简称 OCL。OCL 是 output capacitorless(无输出电容)的缩写。采用双电源构成的乙类互补对称功率放大电路如图 6-7-2(a)所示,VT_1 和 VT_2 分别为 NPN 型管和 PNP 型管,两管的基极和发射极分别连接在一起,信号从基极输入,从发射极输出,R_L 为负载。要求两管特性相同,且 $V_{CC} = V_{EE}$。

电路特点:采用双电源供电,VT_1 与 VT_2 交替工作,正负电源交替供电,输入与输出之间双向跟随。

工作原理:静态即 $u_i=0$ 时,VT_1、VT_2 均零偏置,两管的 I_B、I_C 均为零,$u_o=0$,电路不消耗功率。

$u_i>0$ 时,VT_1 正偏导通,VT_2 反偏截止,$i_o=i_{E1}=i_{C1}$,$u_o=i_{C1}R_L$,如图 6-7-2(b) 所示。

$u_i<0$ 时,VT_1 反偏截止,VT_2 正偏导通,$i_o=i_{E2}=i_{C2}$,$u_o=i_{C2}R_L$,如图 6-7-2(c) 所示。

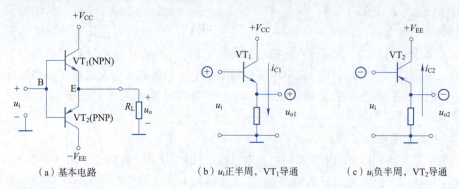

图 6-7-2 乙类双电源互补对称放大电路

问题:两管交替导通时刻,输入电压小于死区电压时,功率三极管截止,在输入信号的一个周期内,VT_1、VT_2 轮流导通时,基极电流波形在过零点附近一个区域内出现失真,称为交越失真,且输入信号幅度越小,失真越明显。交越失真波形如图 6-7-3 所示。

产生交越失真的原因:功率三极管处于零偏置状态,即 $U_{BE1}+U_{BE2}=0$。由于没有直流偏置,三极管的 i_B 必须在 $|u_{BE}|$ 大于某一个数值(即阈值电压,NPN 型硅管约为 0.6 V,PNP 型锗管约为 0.2 V)时才有显著变化。当输入信号 u_i 低于这个数值时,VT_1 和 VT_2 都截止,i_{C1} 和 i_{C2} 基本为零,负载 R_L 上无电流通过,出现一段死区。

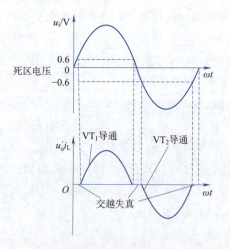

图 6-7-3 交越失真波形

(2)功率和效率

输出功率:输出电流和输出电压有效值的乘积就是功率放大电路的输出功率。

最大输出功率:
$$P_{om}=\frac{[V_{CC}-U_{CE(sat)}]^2}{2R_L}\approx\frac{1}{2}\frac{V_{CC}^2}{R_L} \qquad (6\text{-}7\text{-}1)$$

式中,$U_{CE(sat)}$ 为三极管的饱和管压降。

电源功率:两个三极管轮流工作半个周期,每个电源只提供半个周期的电流。最大输出功率时,两个电源提供的总平均功率为

$$P_{DC} = \frac{2V_{CC}[V_{CC} - U_{CE(sat)}]}{\pi R_L} \quad (6-7-2)$$

效率:效率是负载获得的信号功率 P_o 与直流电源供给功率 P_{DC} 之比,即

$$\eta = \frac{P_o}{P_{DC}} = \frac{\pi}{4} \cdot \frac{V_{CC} - U_{CE(sat)}}{V_{CC}} \quad (6-7-3)$$

在理想情况下,即忽略三极管的饱和管压降 $U_{CE(sat)}$ 时

$$\eta_{max} \approx \frac{\pi}{4} = 78.5\% \quad (6-7-4)$$

实际中,放大电路很难达到最大效率,由于饱和管压降及元件损耗等因素,乙类功率放大电路的效率仅为 60% 左右。

(3)管耗

直流电源提供的功率除了负载获得的功率外,便为 VT_1、VT_2 管消耗的功率,即管耗。

两管的总管耗为

$$P_T = \frac{2}{R_L}\left(\frac{V_{CC}U_{om}}{\pi} - \frac{U_{om}^2}{4}\right) = P_{DC} - P_o \quad (6-7-5)$$

式中,P_o 为输出功率。

当输出电压幅值 $U_{om} = \frac{2V_{CC}}{\pi} \approx 0.6V_{CC}$ 时,三极管的管耗最大,两管的最大管耗之和与输出功率的关系为 $P_{Tm} \approx 0.4P_{om}$,即每只三极管最大管耗为 $0.2P_{om}$。

(4)功放管的选择原则

功放管参数的选择应满足以下条件:

①每只功放管的最大允许管耗大于 $0.2P_{om}$。

②考虑到导通管饱和时,截止管承受 $2V_{CC}$ 的反向电压,因此,功放管的反向击穿电压应满足 $U_{(BR)CEO} > 2V_{CC}$。

③由于电路工作时通过功放管的最大集电极电流为 $\frac{V_{CC}}{R_L}$,因此,所选功放管的最大工作电流应满足 $I_{CM} > \frac{V_{CC}}{R_L}$。

OCL 放大电路输出的功率大、失真小、保真度高,因此广泛使用在高保真放大电路中,如较高档的音响等。但它要使用两组电源,电路较为复杂,且成本较高,所以在要求不太高的电路中,通常使用单电源互补对称功率放大电路,以降低成本和减少电路的复杂性。

4. 甲乙类互补对称功率放大电路

为消除交越失真,可以给每个三极管一个很小的静态电流,这样既能减少交越失真,又不至于使功率和效率有太大影响。就是说,让功率三极管在甲乙类状态下工作。

甲乙类双电源互补对称功率放大电路简称 OTL。OTL 是 output transformerless(无输出变压器)的缩写。图 6-7-4 所示的偏置电路是克服交越失真的一种方法。

由图 6-7-4 可见,VT_3 组成前置放大级(注意,图中未画出 VT_3 的偏置电路),VT_1 和 VT_2 组成互补输出级。静态时,在 VD_1、VD_2 上产生的压降为 VT_1、VT_2 提供了一个适当的偏压,使

之处于微导通状态。由于电路对称,静态时 $I_{C1}=I_{C2}$,$I_{R_L}=0$,$u_o=0$。有信号时,由于电路工作在甲乙类,即使 u_i 很小(VD_1 和 VD_2 的交流电阻也小),基本上也可线性地进行放大。

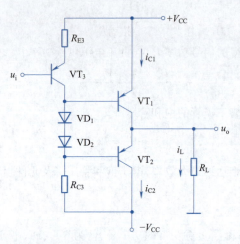

图 6-7-4　甲乙类互补对称电路

上述偏置方法的缺点是,其偏置电压不易调整,改进方法可采用 U_{BE} 扩展电路。

5. U_{BE} 扩展电路

利用二极管进行偏置的甲乙类互补对称功率放大电路,其偏置电压不易调整,常采用 U_{BE} 扩展电路来解决,如图 6-7-5 所示。

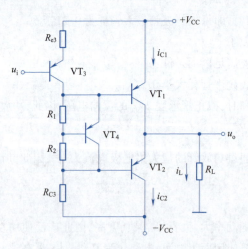

图 6-7-5　U_{BE} 扩展电路

在图 6-7-5 中,流入 VT_4 的基极电流远小于流过 R_1、R_2 的电流,由图可求出 $U_{CE4}=U_{BE4}(R_1+R_2)/R_2$。

因此,利用 VT_4 管的 U_{BE4} 基本为一固定值(硅管为 0.6~0.7 V),只要适当调节 R_1、R_2 的比值,就可改变 VT_1、VT_2 的偏压值。这种方法在集成电路中经常用到。

6. 单电源甲乙类互补对称放大电路

(1)电路结构与原理

图 6-7-6 是采用一个单电源的甲乙类互补对称放大电路原理图,图中的 VT_3 组成前置放

大级，VT_2 和 VT_1 组成互补对称电路输出级。在输入信号 $u_i = 0$ 时，一般只要 R_1、R_2 有适当的数值，就可使 I_{C3}、U_{B2} 和 U_{B1} 达到所需大小，给 VT_2 和 VT_1 提供一个合适的偏置，从而使 K 点电位 $U_K = U_C = V_{CC}/2$。

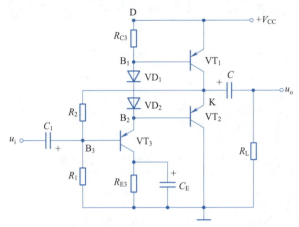

图 6-7-6　单电源甲乙类互补对称放大电路

当加入信号 u_i 时，在信号的负半周，VT_1 导电，有电流通过负载 R_L，同时向 C 充电；在信号的正半周，VT_2 导电，已充电的电容 C 起着双电源互补对称电路中电源 $-V_{CC}$ 的作用，通过负载 R_L 放电。只要选择时间常数 R_LC 足够大（比信号的最长周期还大得多），就可以认为用电容 C 和一个电源 V_{CC} 可代替原来的 $+V_{CC}$ 和 $-V_{CC}$ 两个电源的作用。

值得指出的是，采用单电源的互补对称放大电路，由于每个三极管的工作电压不是原来的 V_{CC}，而是 $V_{CC}/2$，即输出电压幅值 U_{om} 最大也只能达到约 $V_{CC}/2$，所以前面计算 P_{OM}、P_{DC} 的最大值公式，必须加以修正才能使用。修正的方法也很简单，只要以 $V_{CC}/2$ 代替原来公式中的 V_{CC} 即可。

单电源甲乙类互补对称放大电路虽然解决了工作点的偏置和稳定问题，但在实际运用中还存在其他方面的问题，如输出电压幅值达不到 $V_{CC}/2$。

（2）自举电路

在额定输出功率情况下，通常输出级的三极管是处在接近充分利用的状态下工作。例如，当 u_i 为负半周最大值时，i_{C3} 最小，u_{B1} 接近于 $+V_{CC}$，此时希望 VT_1 在接近饱和状态工作，即 $U_{CE1} = U_{CES}$，故 K 点电位 $U_K = +V_{CC} - U_{CES} \gg V_{CC}$。当 u_i 为正半周最大值时，VT_1 截止，VT_2 接近饱和导电，$U_K = U_{CES} \gg 0$。因此，负载 R_L 两端得到的交流输出电压幅值 $V_{CC}/2$。

上述情况是理想的。实际上，图 6-7-6 所示电路的输出电压幅值达不到 $V_{CC}/2$，这是因为当 u_i 为负半周时，VT_1 导电，因而 i_{B1} 增加，由于 R_{C3} 上的压降和 U_{BE1} 的存在，当 K 点电位向 $+V_{CC}$ 接近时，VT_1 的基极电流将受限制而不能增加很多，因而也就限制了 VT_1 输向负载的电流，使 R_L 两端得不到足够的电压变化量，致使输出电压幅值明显小于 $V_{CC}/2$。

如何解决这个矛盾呢？如果把图 6-7-6 中 D 点电位升高，使 $U_D > +V_{CC}$，例如将图中 D 点与 $+V_{CC}$ 的连线切断，U_D 由另一电源供给，则问题可以得到解决。通常的办法是在电路中引入 R_3、C_3 等元件组成自举电路，如图 6-7-7 所示。

在图 6-7-7 中，当 $u_i = 0$ 时，$U_D = V_{CC} - I_{C3}R_3$，而 $U_K = V_{CC}/2$，因此电容 C_3 被充电到 $U_{C3} = V_{CC}/2 - I_{C3}R_3$。

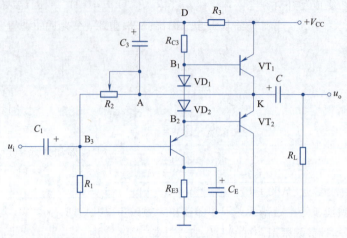

图 6-7-7　自举电路

当时间常数 R_3C_3 足够大时，U_{C_3}（电容 C_3 两端电压）将基本为常数，不随 u_i 而改变。这样，当 u_i 为负时，VT_1 导电，U_K 将由 $V_{CC}/2$ 向正方向变化，考虑到 $U_D = U_{C_3} + U_K$，显然，随着 K 点电位升高，D 点电位 U_D 也自动升高。因而，即使输出电压幅度升得很高，也有足够的电流 i_{B1}，使 VT_1 充分导电。这种工作方式称为自举，意思是电路本身把 U_D 提高了。

八、放大电路中的反馈

1. 反馈的基本概念

（1）反馈放大电路的原理框图

含有反馈的放大电路称为反馈放大电路。根据反馈放大电路各部分电路的主要功能，可将其分为基本放大电路和反馈网络两部分。整个反馈放大电路的输入信号称为输入量，其输出信号称为输出量；反馈网络的输入信号就是放大电路的输出量，其输出信号称为反馈量；基本放大电路的输入信号称为净输入量，它是输入量和反馈量叠加的结果，如图 6-8-1 所示。

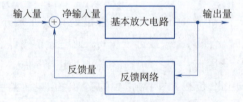

图 6-8-1　反馈放大电路的原理框图

图 6-8-1 中，基本放大电路放大输入信号产生输出信号，而输出信号又经反馈网络反向传输到输入端，形成闭合环路，这种情况称为闭环，所以反馈放大电路又称闭环放大电路。如果一个放大电路不存在反馈，即只存在放大器放大输入信号的传输途径，则不会形成闭合环路，这种情况称为开环。没有反馈的放大电路又称开环放大电路，基本放大电路就是一个开环放大电路。因此，一个放大电路是否存在反馈，主要是分析输出信号能否被送回输入端，即输入回路和输出回路之间是否存在反馈通路。若有反馈通路，则存在反馈，否则没有反馈。

(2) 单级负反馈放大电路

图 6-8-2 所示为共射分压式偏置电路,该电路利用反馈原理来使得工作点稳定,其反馈过程如下:

$$温度 T \uparrow \rightarrow I_C \uparrow \rightarrow I_E \uparrow \rightarrow U_E \uparrow \xrightarrow{U_B 不变} U_{BE} \downarrow \rightarrow I_B \downarrow$$
$$I_C \downarrow \longleftarrow$$

由反馈过程可以看出,由于温度的升高,导致静态电流 I_C 增大。而 I_C(输出电流)通过 R_E(反馈电阻)的作用得到 U_E(反馈电压),它与原 U_B(输入电压)共同控制 $U_{BE}(=U_B-U_E)$,使得 I_C 减小,从而达到稳定静态输出电流 I_C 的目的。该电路中 R_E 两端并联大电容 C_E,所以 R_E 两端的反馈电压只反映集电极电流直流分量 I_C 的变化,这种电路只对直流量起反馈作用,称为直流反馈。该电路中,R_E 引入的是直流负反馈,用以稳定放大电路的静态工作点。

若去掉旁路电容 C_E,图 6-8-2(a)的交流通路如图 6-8-2(b)所示,其中 $R_B=R_{B1}//R_{B2}$。此时,R_E 两端的电压反映了集电极电流交流分量的变化,即它对交流信号也起反馈作用,称为交流反馈。该电路中,R_E 引入的是交流负反馈,根据前述分压式偏置电路的性能指标分析可知,交流负反馈将导致电路放大倍数的下降。

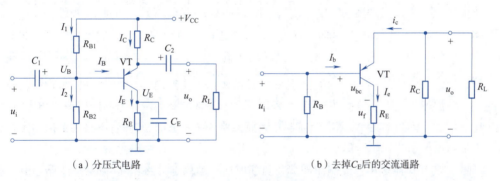

(a) 分压式电路　　　　　　(b) 去掉 C_E 后的交流通路

图 6-8-2　共射分压式偏置电路

2. 反馈的类型及判别

(1) 正反馈和负反馈

根据反馈影响(即反馈性质)的不同,可分为正反馈和负反馈两类。如果反馈信号加强输入信号,即在输入信号不变时输出信号比没有反馈时大,导致放大倍数增大,这种反馈称为正反馈;反之,如果反馈信号削弱输入信号,即在输入信号不变时输出信号比没有反馈时小,导致放大倍数减小,这种反馈称为负反馈。

放大电路中很少采用正反馈,虽然正反馈可以使放大倍数增大,但却使放大器的工作极不稳定,甚至产生自激振荡而使放大器无法正常工作。实际上,振荡器正是利用正反馈的作用来产生信号的。放大电路中更多采用负反馈,虽然负反馈降低了放大倍数,却使放大电路的性能得到改善,因此应用极其广泛。

判别反馈的性质可采用瞬时极性法。先假定输入信号瞬时对"地"有一正向的变化,即瞬时电位升高(用"↑"表示),相应的瞬时极性用"(+)"表示;然后按照信号先放大后反馈的传输途径,根据放大器在中频区有关电压的相位关系,依此得到各级放大器的输入信号与输出信号的瞬间电位是升高还是降低,即极性是"(+)"还是"(−)",最后推出反馈信号的瞬时极性,从而判断反馈信号是加强还是削弱输入信号。若为加强(即净输入信号增大)则为正反馈,若为削弱(即净输入信号减小)则为负反馈。

例 6-8-1 判断图 6-8-3 所示放大电路中反馈的性质。

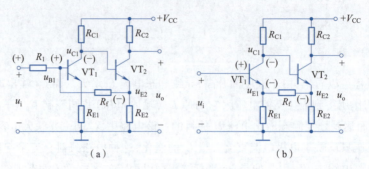

图 6-8-3　例 6-8-1 电路图

解　如图 6-8-3(a)所示电路,设 u_i 的瞬时极性为(+),则 VT_1 管基极电位 u_{B1} 的瞬时极性也为(+),经 VT_1 的反相放大,u_{C1}(亦即 u_{B2})的瞬时极性为(-),再经 VT_2 的同相放大,u_{E2} 的瞬时极性为(-),通过 R_f 反馈到输入端,使 u_{B1} 被削弱,因此是负反馈。

如图 6-8-3(b)所示电路,其电路结构与图 6-8-3(a)相似。设 u_i 的瞬时极性为(+),与图 6-8-3(a)同样的过程,u_{E2} 的瞬时极性为(-),通过 R_f 反馈至 VT_1 管的发射极,则 u_{E1} 的瞬时极性为(-)。该放大电路的有效输入电压(或净输入电压)$u_{BE1} = u_{B1} - u_{E1}$,$u_{B1}$ 的瞬时极性为(+),u_{E1} 的瞬时极性为(-),显然,u_{BE1} 增大,即反馈信号使净输入信号加强,因此是正反馈。

练一练：学习了这么多有关反馈的知识,请同学们三人一组,彼此向对方讲述如何判断图 6-8-3 所示的放大电路中反馈的性质,看看哪位同学分析得又对又快。

(2) 直流反馈和交流反馈

判断直流反馈或交流反馈可以通过分析反馈信号是直流量或交流量来确定,也可以通过放大电路的交、直流通路来确定,即在直流通路中引入的反馈为直流反馈,在交流通路中引入的反馈为交流反馈。

反馈电路中,如果反馈到输入端的信号是直流量,则为直流反馈;如果反馈到输入端的信号是交流量,则为交流反馈。当然,实际放大器中可以同时存在直流反馈和交流反馈。直流负反馈可以改善放大器静态工作点的稳定性,交流负反馈则可以改善放大器的交流特性。

(3) 电压反馈和电流反馈

一般情况下,基本放大电路与反馈网络在输出端的连接方式有并联和串联两种,对应的输出端的反馈方式分别称为电压反馈和电流反馈。

如图 6-8-4(a)所示,在反馈放大器的输出端,基本放大电路与反馈网络并联,反馈信号 x_f 与输出电压 u_o 成正比,即反馈信号取自于输出电压(称为电压采样),这种方式称为电压反馈;反之,如果在反馈放大器的输出端,基本放大电路与反馈网络串联,则反馈信号 x_f 与输出电流 i_o 成正比,或者说反馈信号取自于输出电流(称为电流采样),这种方式称为电流反馈,如图 6-8-4(b)所示。

电压反馈或电流反馈的判断可采用短路法或开路法。短路法是假定把放大器的负载短路,使 $u_o = 0$,这时如果反馈信号为 0(即反馈不存在),则说明输出端的连接为并联方式,反馈为电压反馈;如果反馈信号不为 0(即反馈仍然存在),则说明输出端的连接为串联方式,反馈为电流反馈。而开路法则是假定把放大器的负载开路,使 $i_o=0$,这时如果反馈信号为 0(即反馈不存在),则说明输出端的连接为串联方式,即反馈为电流反馈;如果反馈信号不为 0(即反馈仍然存在),则说明输出端的连接为并联方式,即反馈为电压反馈。

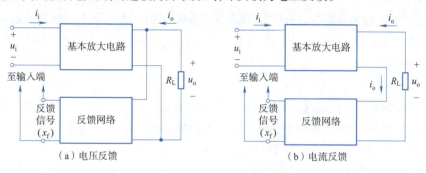

图 6-8-4 输出端的反馈方式

(4)串联反馈和并联反馈

一般情况下,基本放大电路与反馈网络在输入端的连接方式有串联和并联两种,对应的输入端的反馈方式分别称为串联反馈和并联反馈,如图 6-8-5 所示。

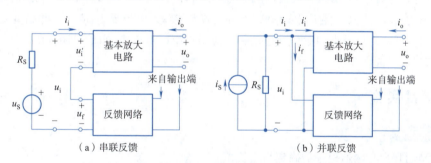

图 6-8-5 输入端的反馈方式

对于串联反馈来说,反馈对输入信号的影响可通过电压求和的形式(相加或相减)反映出来,即反馈电压 u_f 与输入电压 u_i 共同作用于基本放大电路的输入端,在负反馈时使净输入电压 $u_i' = u_i - u_f$ 变小(称为电压比较)。

对于并联反馈来说,反馈对输入信号的影响可通过电流求和的形式(相加或相减)反映出来,即反馈电流 i_f 与输入电流 i_i 共同作用于基本放大电路的输入端,在负反馈时使净输入电流 $i_i' = i_i - i_f$ 变小(称为电流比较)。

串联反馈或并联反馈的判断同样可采用短路法或开路法。短路法是假定把放大器的输入端短路,使 $u_i=0$,这时如果反馈信号为 0(即反馈不存在),则说明输入端的连接为并联方式,反馈为并联反馈;如果反馈信号不为 0(即反馈仍然存在),则说明输入端的连接为串联方式,反馈为串联反馈。而开路法是假定把放大器的输入端开路,使 $i_i=0$,这时如果反馈信号为 0(即反馈不存在),则说明输入端的连接为串联方式,即反馈为串联反馈;如果反馈信号不为 0(即反馈仍然存在),则说明输入端的连接为并联方式,即反馈为并联反馈。

3. 负反馈对放大电路的影响及引入负反馈的一般原则

(1)负反馈改善放大电路的基本性能

负反馈虽然使放大电路的放大倍数下降,但却能改善放大电路其他方面的性能,如:

①提高放大倍数的稳定性；

②扩展通频带；

③减小非线性失真；

④改变输入、输出电阻等。其中，串联负反馈使输入电阻增大，并联负反馈使输入电阻减小。而电压负反馈使输出电阻减小，电流负反馈使输出电阻增大。

因此，在实用放大电路中常常引入负反馈。

(2) 引入负反馈的一般原则

由于不同组态的负反馈放大器的性能，如对输入和输出电阻的改变以及对信号源要求等方面具有不同的特点，因此在放大电路中引入负反馈时，要选择恰当的反馈组态，否则效果可能适得其反。下面几点要求可以作为引入负反馈的一般原则：

①若要稳定静态工作点，应引入直流负反馈；若要改善动态性能，应引入交流负反馈。

②若放大器的负载要求电压稳定，即放大器输出（相当于负载的信号源）电压要稳定或输出电阻要小，应引入电压负反馈；若放大器的负载要求电流稳定，即放大器输出电流要稳定或输出电阻要大，应引入电流负反馈。

③若信号源希望提供给放大器（相当于信号源的负载）的电流要小，即负载向信号源索取的电流小或输入电阻要大，应引入串联负反馈；若希望输入电阻要小，应引入并联负反馈。

④当信号源内阻较小（相当于电压源）时应引入串联负反馈，当信号源内阻较大（相当于电流源）时应引入并联负反馈。

项目实施

步骤一 准备工作

(1) 项目分组，沟通讨论后确定小组长；

(2) 与现有音响设备制造商或技术团队沟通，了解其输出规格和接口标准，如输出电压、电流、阻抗等；

(3) 确定所需的功率放大倍数和输出功率等级，以满足音乐节现场音响需求。

步骤二 设计功率放大电路

(1) 根据需求分析结果，选择合适的功率放大电路类型，如 OTL、OCL 或 BTL 等；

(2) 根据所选电路类型，设计电路原理图，并计算所需的分立元件参数，如功率管、电阻、电容、电感等；

(3) 选择高品质的元件，以确保音频信号的纯净度和稳定性；

(4) 准备所需的工具和材料，如焊台、焊锡、导线、绝缘材料、散热片等；

(5) 按照电路原理图，在适当的电路板上焊接分立元件，完成功率放大电路的制作。

步骤三 测试与调试

(1) 使用信号发生器或音频测试仪器，对功率放大电路进行测试，检查电路是否按照预期工作；

(2) 调整元件参数和电路布局，以优化音频性能和减少失真；

(3) 在实际音响设备上进行连接测试，确保与前置部分的兼容性。

文档

音频功率放大器的设计与制作

步骤四 性能评估与优化

(1)对功率放大器进行性能评估,包括功率输出、失真度、频响等指标;
(2)根据评估结果,对电路进行优化调整,以提升音质和可靠性。

项目验收

整个项目完成之后,下面来检测一下完成的效果。具体测评细则见下表。

项目完成情况测评细则

评价内容	分值	评价细则	量化分值	得分
信息收集与自主学习	20 分	(1)是否准确理解任务要求,明确现有音响设备的规格和接口标准,以及所需的功率放大倍数和输出功率等级	5 分	
		(2)是否收集了与音频功率放大器设计相关的技术资料、电路图和元件参数等相关学习资料	10 分	
		(3)是否掌握了功率放大器的基本原理、分立元件的选择与计算方法,以及相关的电路设计技术	5 分	
电路设计与实施	40 分	(1)是否根据需求分析结果,设计符合要求的功率放大电路,包括电路原理图、元件参数计算等	15 分	
		(2)是否选用高品质的分立元件,确保音频信号的纯净度和稳定性	10 分	
		(3)是否按照电路原理图,在电路板上准确焊接元件,确保电路布局合理、焊接质量可靠	15 分	
测试与调试	30 分	(1)是否使用测试仪器对功率放大电路进行初步测试,检查电路是否按照预期工作	8 分	
		(2)是否对功率放大器进行性能评估,包括功率输出、失真度、频响等指标,确保满足设计要求	8 分	
		(3)是否根据测试结果,调整元件参数和电路布局,优化音频性能和减少失真	7 分	
		(4)在实际音响设备上进行连接测试,确保与前置部分的兼容性	7 分	
职业素养与职业规范	10 分	(1)在团队中积极沟通、协作,共同完成设计任务	2 分	
		(2)在设计、制作和测试过程中,遵守安全操作规程,确保人身和设备安全	3 分	
		(3)设计过程中产生的文档资料是否妥善保存,包括电路原理图、元件清单、测试报告等	3 分	
		(4)是否合理安排设计进度,确保按时完成设计任务	2 分	
总计		100 分		

巩固与拓展

一、知识巩固

1. 填空题

(1)半导体中有_____和_____两种载流子参与导电。

(2) PN 结在_____时导通，_____时截止，这种特性称为_____性。

(3) 当温度升高时，二极管的反向饱和电流将_____，正向压降将_____。

(4) 整流电路是利用二极管的_____性，将交流电变为单向脉动的直流电。稳压二极管是利用二极管的_____特性实现稳压的。

(5) 发光二极管是一种通以_____电流就会_____的二极管。

(6) 光电二极管能将_____信号转变为_____信号，它工作时需加_____偏置电压。制作电子器件的常用材料主要采用_____。

(7) P 型半导体中的少子是_____，多子是_____，N 型半导体中的少子是_____，多子是_____。

(8) 三极管具有放大作用的外部电压条件是发射结_____，集电结_____。

(9) 三极管工作在饱和区时，发射结_____，集电结_____；

(10) 三极管工作在截止区时，发射结_____，集电结_____。

(11) 反向饱和电流是由_____载流子形成的，其大小与_____有关，而与外加电压_____。

(12) 为了获得大的功率输出，要求功放管的_____和_____都有足够大的输出幅度，因此器件往往在接近极限运用状态下工作。

(13) 采用单电源的互补对称电路时，每个管子的工作电压不是原来的_____，而是_____。

(14) 根据三极管的静态工作点的位置不同，功率放大电路可分成以下几种类型：_____、_____、_____。

(15) 用指针式万用表检测二极管极性时，需选用欧姆挡的_____挡位，检测中若指针偏转较大，可判断与红表笔相接触的电极是二极管的_____极；与黑表笔相接触的电极是二极管的_____极。检测二极管好坏时，若两表笔位置调换前后万用表指针偏转都很大，说明二极管已经被_____；两表棒位置调换前后万用表指针偏转都很小时，说明该二极管已经_____。

(16) 基本放大电路的三种组态分别是：_____放大电路、_____放大电路和_____放大电路。

(17) 射极输出器具有_____恒小于 1、接近于 1，_____和_____同相，并具有_____高和_____低的特点。

2. 选择题

(1) 杂质半导体中，多数载流子的浓度主要取决于（　　）。
　　A. 温度　　　　　　B. 掺杂工艺　　　　C. 掺杂浓度

(2) PN 结形成后，空间电荷区由（　　）构成。
　　A. 自由电子　　　　B. 空穴　　　　　　C. 杂质离子

(3) 为增大电压放大倍数，集成运放的中间级多采用（　　）。
　　A. 共射放大电路　　B. 共集放大电路　　C. 共基放大电路

(4) 集成运放的输出级一般采用互补对称放大电路是为了（　　）。
　　A. 稳定电压放大倍数　　　　　　　　　B. 提高带负载能力
　　C. 减小线性失真

(5) 差分放大电路由双端输入改为单端输入,则差模电压放大倍数( )。
　　A. 提高一倍　　　　B. 不变　　　　　C. 减小为原来的一半
(6) P型半导体是在本征半导体中加入微量的( )元素构成的。
　　A. 三价　　　　　　B. 四价　　　　　C. 五价
(7) 稳压二极管的正常工作状态是( )。
　　A. 导通状态　　　　B. 截止状态　　　C. 反向击穿状态
(8) 用万用表检测某二极管时,发现其正、反向电阻均约等于 1 kΩ,说明该二极管( )。
　　A. 已经击穿　　　　B. 完好状态　　　C. 内部老化不通
(9) 测得NPN型三极管上各电极对地电位分别为 $V_E = 2.1$ V, $V_B = 2.8$ V, $V_C = 4.4$ V,说明此三极管处在( )。
　　A. 放大区　　　　　B. 饱和区　　　　C. 截止区
(10) 若使三极管具有电流放大能力,必须满足的外部条件是( )。
　　A. 发射结正偏、集电结正偏　　　　B. 发射结反偏、集电结反偏
　　C. 发射结正偏、集电结反偏
(11) 基本放大电路中,经过晶体管的信号有( )。
　　A. 直流成分　　　　B. 交流成分　　　C. 交直流成分均有
(12) 基本放大电路中的主要放大对象是( )。
　　A. 直流信号　　　　B. 交流信号　　　C. 交直流信号均有
(13) 分压式偏置共发射极放大电路中,若 V_B 过高,电路易出现( )。
　　A. 截止失真　　　　B. 饱和失真　　　C. 晶体管被烧损
(14) 共发射极放大电路的反馈元件是( )。
　　A. 电阻 R_B　　　　B. 电阻 R_E　　　C. 电阻 R_C
(15) 能够有效地抑制"零漂"的电路是( )。
　　A. OCL 电路　　　　B. OTL 电路　　　C. 差分放大电路
(16) 功放电路易出现的失真现象是( )。
　　A. 饱和失真　　　　B. 截止失真　　　C. 交越失真

3. 判断题

(1) 无论在任何情况下,三极管都具有电流放大能力。　　　　　　　　　　( )
(2) 只要在二极管两端加正向电压,二极管就一定会导通。　　　　　　　　( )
(3) 二极管只要工作在反向击穿区,一定会被击穿而造成永久损坏。　　　　( )
(4) 放大电路中的输入信号和输出信号的波形总是反相关系。　　　　　　　( )
(5) 放大电路中各电量的交流成分是由交流信号源提供的。　　　　　　　　( )
(6) 分压偏置式共射放大电路是一种能够稳定静态工作点的放大器。　　　　( )
(7) 设置静态工作点的目的是让交流信号叠加在直流量上全部通过放大器。　( )
(8) 晶体管的电流放大倍数通常等于放大电路的电压放大倍数。　　　　　　( )
(9) 共集电极放大电路的输入信号与输出信号相位上相差180°。　　　　　　( )
(10) 共射放大电路输出波形出现上削波,说明电路出现了饱和失真。　　　　( )
(11) 放大电路的集电极电流超过极限值 I_{CM},必定造成三极管烧损。　　　　( )
(12) 多级放大电路的电压增益等于各级放大电路电压增益之和。　　　　　　( )

(13)甲类、乙类和甲乙类功放电路均存在交越失真。（　　）
(14)差分放大电路能够有效地抑制零漂,因此具有很高的共模抑制比。（　　）
(15)射极输出器是典型的电压串联负反馈放大电路。（　　）
(16)采用适当的静态起始电压,可达到消除功放电路中交越失真的目的。（　　）
(17)共模信号和差模信号都是电路传输和放大的有用信号。（　　）
(18)功放电路中,输出功率最大时,功放管的损耗最大。（　　）
(19)负反馈可以提高放大电路放大倍数的稳定性。（　　）
(20)只要在放大电路中引入反馈,就一定能使其性能得到改善。（　　）

4. 分析与计算题

(1)电路如下图所示,设二极管的导通电压 $U_{D(on)} = 0.7\ V$,试写出各电路的输出电压 U_o 值。

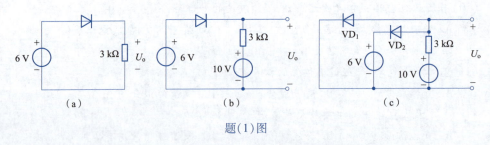

题(1)图

(2)电路如下图所示,二极管具有理想特性,已知 $u_i = \sin \omega t\ V$,试对应画出 u_i、u_o、i_D 的波形。

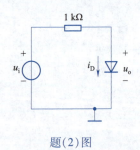

题(2)图

(3)在下图所示电路中,设 $u_i = 12\sin \omega t\ V$,试分别画出 i_D、u_D 和 u_o 的波形(要求时间坐标对齐),并将二极管电流 i_D 的峰值和其所承受的反向电压峰值标于图中(假定 VD 为理想二极管)。

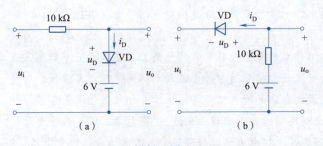

题(3)图

(4) 二极管电路如下图所示,试判断图中的二极管是导通还是截止,并求出 AO 两端电压 U_{AO}。设二极管为理想器件。

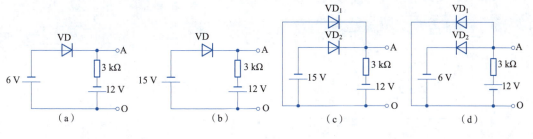

题(4)图

(5) 已知稳压管的稳压值 $U_Z = 6$ V,稳定电流的最小值 $I_{Zmin} = 5$ mA。试求下图所示电路中 U_{O1} 和 U_{O2} 各为多少伏。

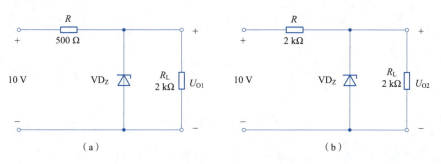

题(5)图

(6) 下图所示电路中的晶体管为硅管,试判断其工作状态。

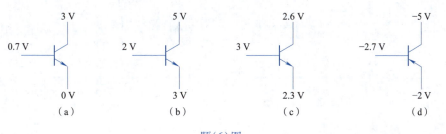

题(6)图

(7) 放大电路的直流通路如下图所示,试求 Q 值(写出表达式即可)。

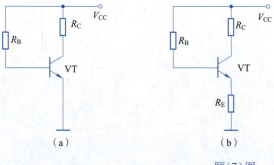
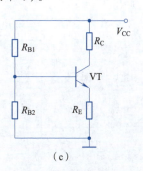

题(7)图

(8) 放大电路如下图所示,试画出其小信号等效电路。

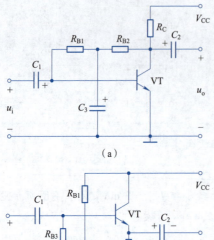
(a)

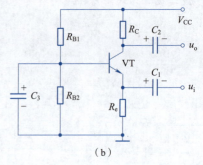
(b)

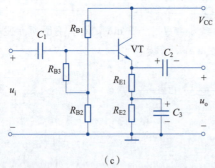
(c)

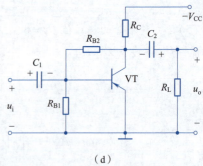
(d)

题(8)图

(9) 放大电路的小信号等效电路如下图所示,试写出 A_u、R_i 和 R_o 的表达式。

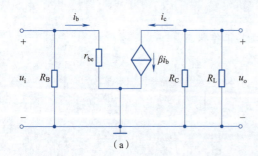
(a)

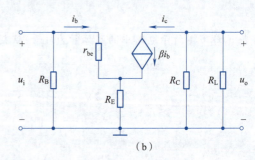
(b)

题(9)图

(10) 如下图所示电路中,晶体管均为硅管,$\beta=100$,试判断各晶体管工作状态,并求各管的 I_B、I_C、U_{CE}。

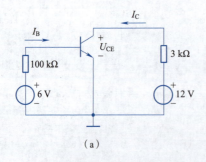
(a)

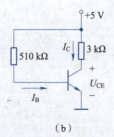
(b)

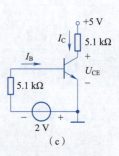
(c)

题(10)图

(11) 放大电路如下图所示,已知三极管的 $U_{BEQ} = 0.7$ V, $\beta = 99$, $r_{bb'} = 200$ Ω,各电容在工作频率上的容抗可略去。

①试求静态工作点 I_{CQ}、U_{CEQ};

②画出放大电路的交流通路和微变等效电路,并求出 r_{be};

③求电压放大倍数 $A_u = u_o/u_i$ 及输入电阻 R_i、输出电阻 R_o。

(12) 差分放大电路如下图所示,已知 $I_0 = 2$ mA。

①试求放大电路的静态工作点 I_{CQ2}、U_{CQ2};

②当 $u_i = 10$ mV 时,$i_{C1} = 1.2$ mA,求 VT_2 管集电极电位 V_{C2}、输出电压 u_o 以及电压放大倍数 $A_u = u_o/u_i$。

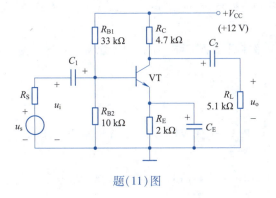
题(11)图

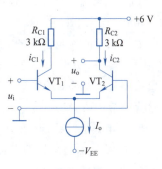
题(12)图

(13) 判断下图所示各电路中是否引入了反馈,是直流反馈还是交流反馈,是正反馈还是负反馈,是何种类型的反馈。设图中所有电容对交流信号均可视为短路。

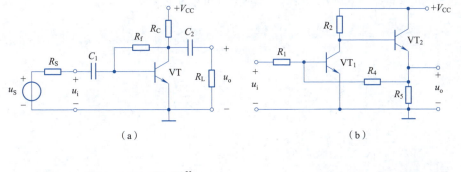

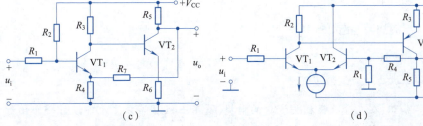

题(13)图

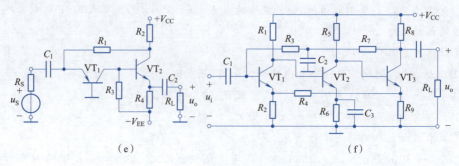

(e)　　　　　　　　　　　　(f)

题(13)图(续)

(14) 一双电源互补对称功率放大电路如下图所示,设已知 $V_{CC} = 12$ V, $R_L = 16$ Ω, u_1 为正弦波。求:

① 在三极管的饱和管压降 U_{CES} 可以忽略不计的条件下,负载上可能得到的最大输出功率 P_{om};

② 每个管子允许的管耗 P_{Tm} 至少应为多少?

③ 每个管子的耐压 $|U_{(BR)CEO}|$ 应大于多少?

(15) 电路如下图所示,已知 $V_{CC} = 12$ V, $R_L = 16$ Ω,VT_1、VT_2 管的饱和管压降 $|U_{CES}| \approx 0$ V, u_1 为正弦波,如何选择功率晶体管?

(16) 在下图所示电路中,已知 $V_{CC} = 16$ V, $R_L = 4$ Ω,VT_1、VT_2 管的饱和管压降 $|U_{CES}| = 2$ V,输入电压足够大。试问:

① 最大输出功率 P_{om} 和效率 η 各为多少?

② 三极管的最大功耗 P_{Tmax} 为多少?

③ 为了使输出功率达到 P_{om},输入电压的有效值约为多少?

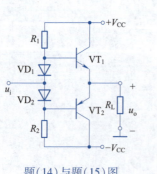　　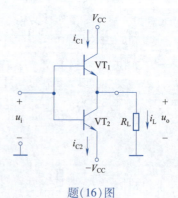

题(14)与题(15)图　　　　　　题(16)图

二、实践拓展

利用所学知识,在充分收集相关资料的前提下,用三极管等分立元件设计一个由红、黄、绿三色共18个LED构成的爱心花样流水灯,要求利用Multisim仿真软件进行设计与仿真。

项目 7
仪表放大电路的设计与制作

项目目标

知识目标：
(1) 了解理想运算放大器的特点、组成以及传输特性；
(2) 熟悉基本运放电路的分析方法和输入/输出关系；
(3) 掌握集成运放电路的一般分析方法。

技能目标：
(1) 能够根据参数对集成运放进行选型；
(2) 能够设计并分析比例运算、加减运算等常规的放大电路；
(3) 能够对常见的滤波电路进行分析；
(4) 能够利用集成运放进行电压比较器设计与参数分析。

素质目标：
(1) 具有团队协作和吃苦耐劳精神，强调团队协作和沟通能力培养；
(2) 能够跟踪集成运放相关领域的前沿技术与新应用，培养查阅和收集文献资料的能力、理论分析能力；
(3) 具有独立思考、独立解决问题的能力；
(4) 拥有一定的国际视野，能够通过再学习持续提升适应社会发展和行业竞争的能力。

项目描述

什么是仪表放大电路？简单来说，它是一种能够将微弱信号放大，使人们可以更清晰地观测到细微变化的电路。这样的电路在生活中有着广泛的应用场景。

在医学领域，医生在使用心电图时，就需要仪表放大电路来放大患者的心电信号，以便更准确地分析患者的心脏健康情况。同样地，在脑电图、血压计等医疗设备中也需要用到仪表放大电路。

在许多音响设备中，仪表放大电路被用于放大音频信号，使得人们能够欣赏到高质量的音乐。

除此之外，在通信领域，仪表放大电路也扮演着重要的角色。当使用手机通话时，信号会经过一系列的放大电路才能够传达到对方。这就保证了我们不论在哪个角落都能够顺畅地进行通信。

任务布置：
下面请设计一个仪表放大电路，用来解决现实生活中的一个问题。

可以选择你感兴趣的领域,比如医学、音响、通信等,然后思考在该领域中什么问题可以通过仪表放大电路来解决。然后,根据创意和想法,设计出一个仪表放大电路方案。可以利用各种元器件、电路拓扑和技术原理来设计电路方案。并且,还可以附加一些创新的功能,比如自动调节放大倍数、节能环保等。

最后,将设计方案进行简短的展示,介绍创意、解决方案和设计理念。

相关知识

一、集成运算放大器概述

集成运算放大器简称集成运放,是一种具有高电压放大倍数的直接耦合多级放大电路。它是利用半导体的集成工艺,实现电路、电路系统和元件三结合的产物。由于采用集成工艺,可使相邻元器件参数的一致性高,且采用多三极管的复杂电路,使之性能十分优越。当外部接入不同的线性或非线性元器件组成负反馈电路时,可以灵活地实现各种特定的函数关系。

集成运算放大器具有如下特点:
① 直接耦合方式,充分利用三极管性能的一致性,采用差分放大电路和电流源电路;
② 用有源器件代替无源器件,如用三极管代替占面积大的大电阻、三极管当二极管用等;
③ 利用纵向 NPN 型管 β 值较大、横向 PNP 型管耐压比较高的特点,接成复合管的组态,形成性能优良的各种放大电路;
④ 体积小巧、可靠性高、功耗低、成本低、使用方便。

1. 集成运放的分类

(1) 通用型集成运算放大器

通用型集成运算放大器是指它的技术参数比较适中,可满足大多数情况下的使用要求。通用型集成运算放大器又分为Ⅰ型、Ⅱ型和Ⅲ型,其中Ⅰ型属低增益运算放大器,Ⅱ型属中增益运算放大器,Ⅲ型为高增益运算放大器。Ⅰ型和Ⅱ型基本上是早期的产品,其输入失调电压在 2 mV 左右,开环增益一般大于 80 dB。这类器件的主要特点是价格低廉、产品量大面广,其性能指标能适合于一般性使用。常见的型号有 μA741、LM358、LM324。

(2) 高精度集成运算放大器

高精度集成运算放大器是指那些失调电压小、温度漂移非常小,以及增益、共模抑制比非常高的运算放大器。这类运算放大器的噪声也比较小。其中单片高精度集成运算放大器的失调电压可小到几微伏,温度漂移小到几十微伏每摄氏度。常见的型号有 CF725M、AD797。

(3) 高速型集成运算放大器

高速型运算放大器主要特点是具有高的转换速率和宽的频率响应。通用型集成运放不适合于高速应用场合,如在快速 A/D 和 D/A 转换器、视频放大器中,要求集成运算放大器的输出电压转换速率很高,有的可达 2~3 kV/μs。常见的型号有 LM318、AD8052、AD8054 以及 EL5171I。

(4) 高输入阻抗集成运算放大器

高输入阻抗集成运算放大器的输入阻抗十分大,输入电流非常小。这类运算放大器的输入级往往采用 MOS 管。常见的型号有 LF355、LF347、CA3130 和 CA3140。

视频
集成运算放大电路

（5）低功耗集成运算放大器

低功耗集成运算放大器工作时的电流非常小，电源电压也很低，整个运算放大器的功耗仅为几十微瓦。这类集成运算放大器多用于便携式电子产品中。常见的型号有 LM321、AD849 以及 DN148。

（6）宽频带集成运算放大器

宽频带集成运算放大器的频带很宽，其单位增益带宽可达千兆赫以上，往往用于宽频带放大电路中。常见的型号有 F1590、F1590B。

（7）高压型集成运算放大器

一般集成运算放大器的供电电压在 15 V 以下，而高压型集成运算放大器的供电电压可达数十伏。运算放大器的输出电压主要受供电电源的限制。在普通的运算放大器中，输出电压的最大值一般仅几十伏，输出电流仅几十毫安。若要提高输出电压或增大输出电流，集成运放外部必须要加辅助电路。高压、型集成运算放大器外部不需要附加任何电路，即可输出高电压和大电流。常见的型号有 PA44、A791 以及 SG143L。

（8）功率型集成运算放大器

功率型集成运算放大器的输出级，可向负载提供比较大的功率输出。常见的型号有 OPA2244EA/2K5、PAD108。

（9）低温漂型集成运算放大器

在精密仪器、弱信号检测等自动控制仪表中，总是希望运算放大器的失调电压要小，且不随温度变化。低温漂型集成运算放大器就是为此而设计的。常见的型号有 OP-07（TI）、OP-27（TI）、ICL7650。

（10）可编程控制集成运算放大器

在仪器仪表的使用过程中都会涉及量程的问题，为了得到固定电压输出，就必须改变运算放大器的放大倍数，这就是可编程控制集成运算放大器。常见的型号有 PGA103A、LTC6910。

2. 集成运放的基本组成

集成运算放大器的电路可分为输入级、中间级、输出级和偏置电路四个基本组成部分，如图 7-1-1 所示。

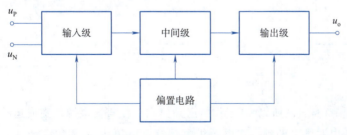

图 7-1-1　集成运放框图

（1）输入级

输入级又称前置级，一般要求其输入电阻高、差模放大倍数大、抑制共模信号的能力强、静态电流小。输入级一般都采用差分放大电路，输入级的好坏直接影响着集成运放的大多数性能参数，因此，在几代产品的更新过程中，输入级的变化最大。

(2) 中间级

中间级是整个放大电路的主放大器,其作用是使集成运放具有较强的放大能力,一般多采用共射极放大电路。为了能够得到足够的放大倍数,经常采用复合管作为放大管,以恒流源作为集电极负载。经过这样设计,其电压放大倍数可达千倍以上。

(3) 输出级

输出级应具有输出电压线性范围宽、输出电阻小(即带负载能力强)、非线性失真小、能输出足够大的电压和电流等特点。集成运放的输出级多采用互补输出电路。

(4) 偏置电路

偏置电路主要用于设置集成运放各级放大电路的静态工作点。与分立器件不同,集成运放采用电流源电路为各级提供合适的集电极(或发射极)静态工作电流,从而确定合适的静态工作点。

3. 集成运放的图形符号与供电方式

集成运算放大器是一种高增益的直流放大器,它一般采用双端输入、单端输出的结构形式。其图形符号如图7-1-2所示。双端输入中的同相输入端用"+"或"u_+"表示,反相输入端用"-"或"u_-"表示,u_o为输出端,u_+为正电源输入端,u_-为负电源输入端。

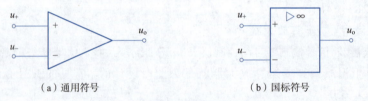

(a) 通用符号　　　　　　　(b) 国标符号

图7-1-2　集成运放的图形符号

对于同相输入端,该输入端信号的相位与输出信号相位相同,如图7-1-3(a)所示。对于反相输入端,该输入端信号的相位与输出信号相位相反,如图7-1-3(b)所示。如果在同相输入端和反相输入端之间加入差模信号,则输出与输入的相位关系如图7-1-3(c)所示。

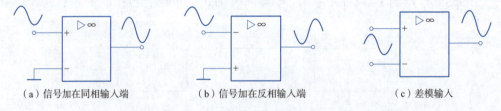

(a) 信号加在同相输入端　　(b) 信号加在反相输入端　　(c) 差模输入

图7-1-3　输出、输入的相位关系

集成运放是有源器件,所以,其工作时必须给它提供直流电源。集成运放的供电方式有双电源供电和单电源供电两种。双电源供电是指正电源$+V_{CC}$和负电源$-V_{CC}$同时供电,如图7-1-4(a)所示。单电源供电是指供电端一端接电源,另一端接地,如图7-1-4(b)所示。

4. 集成运放的开环电压传输特性

开环电压传输特性是指集成运放在不引入反馈的前提下,差模输出电压u_o和差模输入电压$u_+ - u_-$(即同相输入端与反相输入端之间的电位差)之间的关系,又称集成运放的电压传输特性,即$u_o = f(u_+ - u_-)$。对于正、负两路电源供电,即双电源供电的集成运放的电压传输特性如图7-1-5所示。

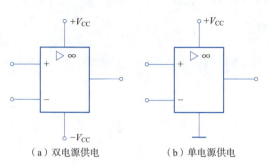
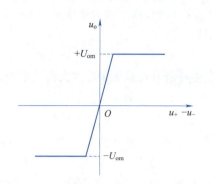

（a）双电源供电　　　（b）单电源供电

图 7-1-4　集成运放的供电方式　　　　图 7-1-5　集成运放的开环电压传输特性

从图 7-1-5 所示曲线可以看出，当差模输入电压在一定范围的时候，差模输出电压和差模输入电压之间成线性关系，放大器对差模信号进行无失真的放大，这是集成运放的线性区。当差模输入电压超过规定范围，输出端的三极管开始出现饱和，放大器进入非线性区。这时输出电压不再随输入变化而变化，只能保持正值（$+U_{om}$）或负值（$-U_{om}$）。

事实上，由于集成运放的开环电压放大倍数非常大，因此只有当差模输入电压很小（通常在微伏级以下）时，才不会进入非线性区，即集成运放电压传输特性中的线性区非常窄。

5. 集成运放的主要参数

（1）直流参数

①输入偏置电流 I_{IB}。输入偏置电流 I_{IB} 定义为输出电压为零时，两个输入端静态基极电流 I_{B+} 和 I_{B-} 的算术平均值。理想运放的 I_{IB} 为零，一般输入级为双极型三极管的集成运放，I_{IB} 为 10 nA～1 μA，输入级采用场效应管的集成运放，$I_{IB} < 1$ nA。

②输入失调电流 I_{IO}。当集成运放的输出电压为零时，两个输入端的静态基极电流之差，称为输入失调电流 I_{IO}，即 $I_{IO} = |I_{B+} - I_{B-}|$。造成输入电流失调的主要原因是差分对管的 β 失调。I_{IO} 越小越好，一般为 1～10 nA。

③输入失调电压 U_{IO}。在理想情况下，输入信号电压为零，输出直流电压也为零。但实际上，输入信号电压为零时，输出电压不等于零。为使输出电压为零，在输入端加一个补偿电压，该补偿电压称为输入失调电压 U_{IO}。它表征输入级差分放大电路两个三极管不对称的程度，U_{IO} 越小越好，一般为几毫伏。

（2）交流参数

①开环差模电压放大倍数 A_{uo}。A_{uo} 是决定运算精度的主要参数，其值为在输出端开路，没有外接反馈电路，在标称电源电压作用下，两个输入端加信号电压，测得的差模电压放大倍数。其值越大，所构成的运算电路越稳定，运算精度越高。

②最大差模输入电压 U_{Idm}。U_{Idm} 是集成运放两输入端所能承受的最大差模输入电压。超过这个值，集成运放输入级三极管的发射结将出现反向击穿。

③最大共模输入电压 U_{Icm}。U_{Icm} 是指集成运放的输入端所能允许施加共模电压的最大值。超过这个值，将引起共模抑制比明显下降，甚至造成集成运放损坏。

④最大输出电压 U_{opp}。U_{opp} 是指输出端接上额定负载与标称电源电压作用时，所能输出的不明显失真的最大电压，一般为 ±13 V 左右。

⑤转换速率 S_R。转换速率 S_R 又称上升速率或压摆率，通常是指运算放大器在闭环状态

下,输入为大幅度阶跃信号条件下,输出电压的最大变化率,即

$$S_R = \left| \frac{du_o(t)}{dt} \right|_{max}$$

这个指标反映了运算放大器的输出对于高速变化的大输入信号的响应能力。S_R 越大,表示运算放大器的高频性能越好。

⑥差模输入电阻 r_{id}。差模输入电阻 r_{id} 是差分对管向差模输入信号索取电流大小的标志。它是集成运放在开环状态下,两个输入端对差模输入信号呈现的动态电阻。r_{id} 为差模输入电压 U_{id} 与相应的输入电流 I_{id} 的变化量之比。r_{id} 愈大,则集成运放对信号源索取的电流愈小。一般 r_{id} 为 3 MΩ 左右,目前高的集成运放可达 1 000 MΩ,甚至更高。

⑦开环输出电阻 r_o。开环输出电阻 r_o 是集成运放工作在开环时,在输出端对地之间看进去的等效电阻。r_o 的大小反映了运算放大器的带负载能力。其值越小越好,一般为 600 Ω 以下。

⑧共模抑制比 K_{CMR}。共模抑制比 K_{CMR} 是输入级各参数对称程度的标志,定义为差模放大倍数与共模放大倍数比值的绝对值。共模抑制比越大,表示集成运放对共模信号的抑制能力越强。理想运放的共模抑制比为无穷大,大多数集成运放的 $K_{CMR} \geqslant 80$ dB,优质集成运放可达 160 dB。

6. 理想运算放大器

在分析具体电路时,通常把集成运放看作是理想的,这样可以使得电路分析大大简化,而且所得的分析结果与实际情况也差别不大。理想运算放大器的模型符号与电压传输特性如图 7-1-6 所示。

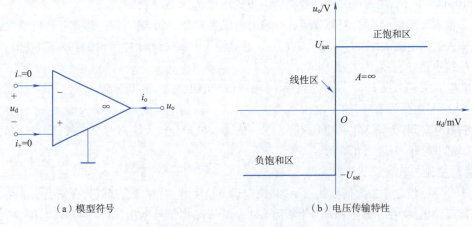

(a)模型符号　　　　　　　　　　(b)电压传输特性

图 7-1-6　理想运算放大器的模型符号与电压传输特性

一个理想运算放大器必须具备下列特性:

(1)差模输入电阻 r_{id} 无限大

理想运算放大器输入端不容许任何电流流入,即图 7-1-6 中的 u_+ 与 u_- 两端点的电流信号恒为零,亦即输入阻抗无限大。

(2)开环输出电阻 r_o 为零

理想运算放大器的输出端是一个完美的电压源,无论流至放大器负载的电流如何变化,

放大器的输出电压恒为一个定值,亦即开环输出电阻为零。

(3)开环差模电压放大倍数 A_{uo} 无限大

理想运算放大器的一个重要性质就是在输出端开路,没有外接反馈电路的情况下,输入端的差分信号有无限大的电压增益,这个特性使得运算放大器十分适合在实际应用时加上负反馈组态。

(4)共模抑制比 K_{CMR} 无限大

理想运算放大器只对 u_+ 与 u_- 两端点电压的差值有反应,亦即只放大 $u_+ - u_-$ 的部分。对于两输入信号的相同部分(即共模信号)将完全忽略不计。

(5)带宽无限大

理想运算放大器对于任何频率的输入信号都将以一样的差分增益放大,不因为信号频率的改变而改变。

7. 深度负反馈

(1)深度负反馈的特点

集成运放在工作时一般都会引入负反馈网络。基本放大电路框图如图7-1-7所示。

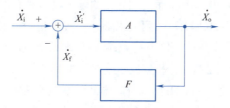

图 7-1-7　基本放大电路框图

净输入信号为输入信号与反馈信号之差,即

$$\dot{X}_i' = \dot{X}_i - \dot{X}_f \tag{7-1-1}$$

输出信号与净输入信号之比称为基本放大电路的传输增益(开环增益或开环放大倍数),即

$$A = \frac{\dot{X}_o}{\dot{X}_i'} \tag{7-1-2}$$

输出信号与输入信号之比称为反馈网络的输出增益(闭环增益),即

$$A_f = \frac{\dot{X}_o}{\dot{X}_i} \tag{7-1-3}$$

反馈信号与输出信号之比称为反馈网络的传输系数(反馈系数),即

$$F = \frac{\dot{X}_f}{\dot{X}_o} \tag{7-1-4}$$

文档·反馈深度的几种情况

通过变换,有

$$\dot{X}_f = F\dot{X}_o = AF\dot{X}_i'$$

$$\dot{X}_o = A\dot{X}_i' = A(\dot{X}_i - \dot{X}_f) = A(\dot{X}_i - F\dot{X}_o)$$

$$(1 + AF)\dot{X}_o = A\dot{X}_i$$

学习笔记

$$A_\mathrm{f} = \frac{\dot{X}_\mathrm{o}}{\dot{X}_\mathrm{i}} = \frac{A}{1+AF} \qquad (7\text{-}1\text{-}5)$$

式中，AF 称为环路放大倍数（环路增益），它是无量纲量。

由式(7-1-5)可知，引入负反馈后，电路增益为原来的 $1/(1+AF)$ 倍。因此，$|1+AF|$ 是衡量反馈程度的一个很重要的量，称为反馈深度，其值越大，负反馈作用越强，$|A_\mathrm{f}|$ 越小。当 $|1+AF| \gg 1$ 时，称为深度负反馈，有

$$A_\mathrm{f} \approx \frac{1}{F} \qquad (7\text{-}1\text{-}6)$$

式(7-1-6)表明，在深度负反馈状态下，闭环增益取决于反馈元件，而与开环增益无关。

(2) 集成运放的"虚短"与"虚断"

集成运放处于深度负反馈状态时，工作在线性区，会出现"虚短"与"虚断"现象。

① "虚短"现象。"虚短"是指在分析运算放大器处于线性状态时，可把两输入端视为等电位，即 $u_- = u_+$，这一特性称为虚假短路，简称"虚短"。

产生"虚短"现象的原因是由于集成运放的电压放大倍数很大，一般通用型运算放大器的开环电压放大倍数都在 80 dB 以上。而集成运放的输出电压是有限的，一般在 10~14 V。因此集成运放的差模输入电压不足 1 mV，两输入端近似等电位，相当于"短路"（但显然不能将两输入端真正短路）。开环电压放大倍数越大，两输入端的电位越接近相等。

② "虚断"现象。"虚断"是指在分析集成运放处于线性状态时，可以把两输入端视为等效开路，即 $i_+ = i_- = 0$，这一特性称为虚假开路，简称"虚断"（显然不能将两输入端真正断路）。

产生"虚断"现象的原因是由于集成运放的差模输入电阻很大，一般通用型运算放大器的输入电阻都在 1 MΩ 以上。因此流入集成运放输入端的电流往往不足 1 μA，远小于输入端外电路的电流。故通常可把集成运放的两输入端视为开路，且输入电阻越大，两输入端越接近开路。

利用"虚短"和"虚断"的概念，为深度负反馈放大电路的分析和计算带来了极大的方便。具体方法是，在求解反馈放大器外电路各电压及相互间的关系时，可将基本放大电路输入端短路；在求解反馈放大器外电路各电流及相互间的关系时，可将基本放大电路输入端开路。这就完全回避了对基本放大电路本身的复杂分析和计算，只要对简单的外电路进行分析和计算即可。

二、集成运算放大器的基本运算电路

集成运放的应用主要有线性应用和非线性应用。线性应用主要是两方面，一是实现模拟信号之间的各种运算，如比例运算、加法运算等，二是在信号处理方面的应用，如有源滤波、无源滤波等。集成运放的典型非线性应用是电压比较器。

1. 集成运算放大器的线性应用

在线性应用方面，可组成比例、加法、减法、积分、微分等模拟运算电路。

(1) 比例运算电路

① 反相输入比例运算电路。反相输入比例运算电路是一种基本的运算电路，通常由一个差分放大器和一组电阻网络组成。它的目的是将输入信号进行放大，并且产生与输入信号成比例的输出信号，但其极性与输入信号相反。基本的反相输入比例运算电路如图 7-2-1 所示。

视频
集成运算放大电路的应用

反相输入比例运算电路具有简单的电路结构和线性放大特性,广泛应用于信号放大、滤波、数据采集等领域。

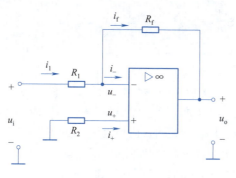

图 7-2-1　反相输入比例运算电路

视频
反向比例放大电路

由图 7-2-1 分析可知,反相输入比例运算电路中反馈的组态是电压并联负反馈。由于集成运放的开环差模增益很高,因此容易满足深度负反馈的条件,故可以认为集成运放工作在线性区。因此,可以利用理想运放工作在线性区时"虚短"和"虚断"的特点来分析反相输入比例运算电路的电压放大倍数。

在图 7-2-1 中,由于"虚断",故

$$i_+ = i_- = 0 \tag{7-2-1}$$

R_2 上没有压降,则 $u_+ = 0$。又因"虚短",可得

$$u_- = u_+ = 0 \tag{7-2-2}$$

由反馈支路列 KCL 方程

$$i_1 = i_- + i_f \tag{7-2-3}$$

其中

$$i_1 = \frac{u_i - u_-}{R_1} \tag{7-2-4}$$

$$i_f = \frac{u_- - u_o}{R_f} \tag{7-2-5}$$

由式(7-2-1)~式(7-2-5),得到

$$u_o = -\frac{u_i}{R_1} R_f = -\frac{R_f}{R_1} u_i \tag{7-2-6}$$

电压放大倍数为

$$A_{uf} = \frac{u_o}{u_i} = -\frac{R_f}{R_1} \tag{7-2-7}$$

在图 7-2-1 中,输入电压 u_i 经电阻 R_1 加到集成运放的反相输入端,其同相输入端经电阻 R_2 接地。输出电压 u_o 经 R_f 接回到反相输入端。集成运放的反相输入端和同相输入端,实际上是集成运放内部输入级两个差分对管的基极。为使差分放大电路的参数保持对称,应使两个差分对管基极对地的电阻尽量一致,以免静态基极电流流过这两个电阻时,在集成运放输入端产生附加的偏差电压。因此,通常选择 R_2 的阻值为

$$R_2 = R_1 /\!/ R_f \tag{7-2-8}$$

综合以上分析,反相输入比例运算电路有以下几个特点:

a. 反相输入比例运算电路实际上是一个深度的电压并联负反馈电路。在理想情况下,反相输入端的电位等于零,称为"虚地"。因此,加在集成运放输入端的共模输入电压很小。

b. 电压放大倍数 $A_{uf} = \dfrac{u_o}{u_i} = -\dfrac{R_f}{R_1}$,即输出电压与输入电压的幅值成正比,但相位相反。也就是说,电路实现了反相比例运算。比值 A_{uf} 决定于电阻 R_f 和 R_1 之比,而与集成运放内部各项参数无关。只要 R_f 和 R_1 的阻值比较准确而稳定,就可以得到准确的比例运算关系。比值 A_{uf} 可以大于1,也可以小于1。当 $R_f = R_1$ 时,$A_{uf} = -1$,称为单位增益倒相器。

c. 由于引入了深度电压并联负反馈,因此电路的输入电阻不高,输出电阻很低。

② 同相输入比例运算电路。同相输入比例运算电路如图7-2-2所示,输入信号经由 R_2 送到同相输入端,反相输入端与输出端之间跨接 R_f,反相输入端与地之间跨接 R_1。R_1 为采样电阻,R_f 为反馈电阻。输入信号和反馈信号分别加到集成运放的同相输入端和反相输入端(串联反馈的特征)。

如图7-2-2所示,由于"虚断",故 $i_+ = i_- = 0$,则

$$i_1 = i_f \tag{7-2-9}$$

由于"虚短",则

$$u_- = u_+ = u_i \tag{7-2-10}$$

由于

$$i_1 = \dfrac{0 - u_-}{R_1}, \quad i_f = \dfrac{u_- - u_o}{R_f} \tag{7-2-11}$$

由式(7-2-9)~式(7-2-11)得

$$u_o = \left(1 + \dfrac{R_f}{R_1}\right)u_i \tag{7-2-12}$$

$$A_{uf} = 1 + \dfrac{R_f}{R_1} \tag{7-2-13}$$

考虑到电阻平衡,实际使用中需满足 $R_2 = R_1 /\!/ R_f$。

由式(7-2-12)可知,输出电压 u_o 与输入电压 u_i 同相,故称为同相比例运算电路,又称同相放大器。若令 $R_f = 0$(短路),$R_1 = \infty$(开路),则比例系数 $A_{uf} = 1$,此时电路便成为电压跟随器,如图7-2-3所示。电压跟随器与射极跟随器类似,但其跟随性能更好,有输入阻抗高、输出阻抗低的特点,常用作变换器或缓冲器,在电子电路中得以广泛应用。

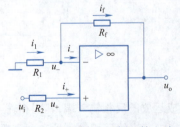

图7-2-2 同相输入比例运算电路

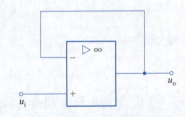

图7-2-3 电压跟随器

综合以上分析,同相输入比例运算电路有以下几个特点:

a. A_{uf} 为正值,即 u_o 与 u_i 极性相同。

b. A_{uf} 只与外部电阻 R_1、R_f 有关,与集成运放本身参数无关。

c. $u_- = u_+ \neq 0$,反相输入端不存在"虚地"现象。

(2)加法运算电路

在自动控制电路中,往往需要将多个信号按照一定比例叠加后输入放大电路中,这就需要用到加法运算电路。

①反相加法运算电路。反相加法运算电路如图7-2-4所示。考虑到电阻平衡,实际使用中需满足 $R_3 = R_1 /\!/ R_2 /\!/ R_f$。

由于"虚断"$i_+ = i_- = 0$,可得

$$i_f = i_1 + i_2 \tag{7-2-14}$$

由于"虚短"

$$u_+ = u_- = 0 \tag{7-2-15}$$

又由于

$$i_1 = \frac{u_{i1} - u_-}{R_1}, \quad i_2 = \frac{u_{i2} - u_-}{R_2}, \quad i_f = \frac{u_- - u_o}{R_f} \tag{7-2-16}$$

由式(7-2-14)~式(7-2-16),可得

$$-\frac{u_o}{R_f} = \frac{u_{i1}}{R_1} + \frac{u_{i2}}{R_2}$$

$$u_o = -R_f \left(\frac{u_{i1}}{R_1} + \frac{u_{i2}}{R_2} \right) \tag{7-2-17}$$

若 $R_f = R_1 = R_2$,则 $u_o = -(u_{i1} + u_{i2})$。

对于反相加法运算电路,当调节一路输入端电阻时,并不影响其他路信号产生的输出值,调节方便,使用较多。

②同相加法运算电路。同相加法运算电路如图7-2-5所示。考虑到电阻平衡,实际使用中需满足 $R_2 /\!/ R_3 = R_1 /\!/ R_f$。

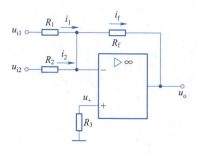

图7-2-4 反相加法运算电路

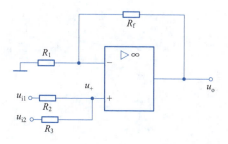

图7-2-5 同相加法运算电路

由于"虚断"$i_+ = i_- = 0$,可得

$$\frac{u_{i1} - u_+}{R_2} + \frac{u_{i2} - u_+}{R_3} = 0 \tag{7-2-18}$$

$$\frac{0 - u_-}{R_1} = \frac{u_- - u_o}{R_f} \tag{7-2-19}$$

由于"虚短"

$$u_+ = u_- \tag{7-2-20}$$

由式(7-2-18)~式(7-2-20),可得

$$u_o = \left(1 + \frac{R_f}{R_1}\right) u_+$$

$$u_+ = \frac{R_3}{R_2+R_3}u_{i1} + \frac{R_2}{R_3+R_2}u_{i2}$$

$$u_o = \left(1+\frac{R_f}{R_1}\right)\left(\frac{R_3}{R_2+R_3}u_{i1} + \frac{R_2}{R_3+R_2}u_{i2}\right) \tag{7-2-21}$$

若 $R_2 = R_3 = R_1 = R_f$,则 $u_o = u_{i1} + u_{i2}$。

练一练:请根据以上所学的知识,分析图7-2-6所示电路的输入与输出关系。

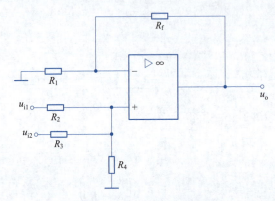

图7-2-6 常见的加法运算电路

与反相加法运算电路比较,同相加法运算电路共模输入电压较高,调节不太方便,但其输入电阻大,常用于输入电阻较大的场合。

(3) 减法运算电路

基本减法运算电路如图7-2-7所示。考虑到电阻平衡,实际使用中需满足 $R_1' \mathbin{/\mkern-6mu/} R_f' = R_1 \mathbin{/\mkern-6mu/} R_f$。

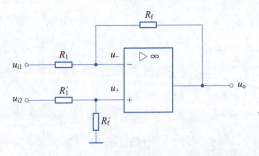

图7-2-7 基本减法运算电路

由于"虚断" $i_+ = i_- = 0$,可得

$$\frac{u_{i1}-u_-}{R_1} = \frac{u_- - u_o}{R_f} \tag{7-2-22}$$

$$u_+ = \frac{R_f'}{R_1'+R_f'}u_{i2} \tag{7-2-23}$$

由于"虚短"

$$u_+ = u_- \tag{7-2-24}$$

由式(7-2-22)~式(7-2-24),可得

$$u_o = \left(1+\frac{R_f}{R_1}\right)\left(\frac{R_f'}{R_1'+R_f'}\right)u_{i2} - \frac{R_f}{R_1}u_{i1} \tag{7-2-25}$$

若 $R_1 = R_1'$，$R_f = R_f'$，则

$$u_o = \frac{R_f}{R_1}(u_{i2} - u_{i1}) \tag{7-2-26}$$

若 $R_1 = R_1' = R_f = R_f'$，则式(7-2-26)可写为 $u_o = u_{i2} - u_{i1}$。

例 7-2-1 如图 7-2-8 所示的加减混合运算电路，试分析运算结果。

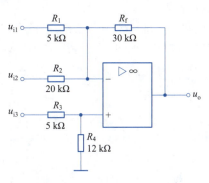

图 7-2-8 加减混合运算电路

解 运用集成运放深度负反馈工作在线性区存在"虚短"和"虚断"的特征，按照前面的分析思路和方法，列出 KCL 方程，可求得

$$u_o = -\frac{R_f}{R_1}u_{i1} - \frac{R_f}{R_2}u_{i2} + \left(1 + \frac{R_f}{R_1 /\!/ R_2}\right)\frac{R_4}{R_3 + R_4}u_{i3}$$

$$= -6u_{i1} - 1.5u_{i2} + 6u_{i3}$$

（4）积分运算电路

积分运算电路如图 7-2-9 所示。考虑到电阻平衡，实际使用中需满足 $R_1 = R_2$。

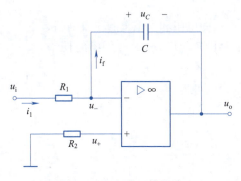

图 7-2-9 积分运算电路

由于"虚短"$u_+ = u_- = 0$，则可以推导出：

$$u_C = u_- - u_o = -u_o \tag{7-2-27}$$

由于"虚断"

$$i_1 = i_f \tag{7-2-28}$$

又因为

$$i_1 = \frac{u_i}{R_1}, \quad i_f = C\frac{du_C}{dt} = -C\frac{du_o}{dt} \tag{7-2-29}$$

由式(7-2-27)~式(7-2-29)，可得

$$u_o = -\frac{1}{R_1 C}\int u_i \mathrm{d}t \tag{7-2-30}$$

由式(7-2-30)可知,输出电压与输入电压对时间的积分成正比。

为防止低频信号增益过大,在实际使用时,常在电容两端并联一个电阻加以限制,如图 7-2-10 中虚线所示。

当输入为阶跃信号时,若 $t=0$ 时刻电容上电压为零,电容将以近似恒流的方式充电,当输出电压达到集成运放输出的饱和值时,积分作用无法继续,波形如图 7-2-11(a)所示。

当输入为方波时,积分运算电路可以将矩形波变成三角波,波形如图 7-2-11(b)所示。

当输入为正弦波时,输出波形相位与输入波形相差 90°,波形如图 7-2-11(c)所示。

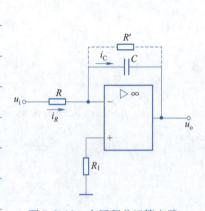

图 7-2-10 实用积分运算电路　　图 7-2-11 不同输入情况下的积分运算电路电压波形

(5) 微分运算电路

将图 7-2-9 中反相输入端的电阻和反馈电容位置互换,便构成基本微分运算电路,如图 7-2-12 所示。为实现电阻平衡,要求 $R' = R$。

根据电容的伏安关系特性,可得

$$i_C = C\frac{\mathrm{d}u_i}{\mathrm{d}t} \tag{7-2-31}$$

根据电阻的伏安关系特性,可得

$$i_R = -\frac{u_o}{R} \tag{7-2-32}$$

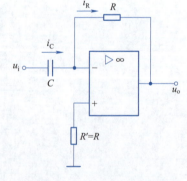

图 7-2-12 基本微分运算电路

根据"虚短"特性和 KCL 方程,可得

$$i_R = i_C \tag{7-2-33}$$

由式(7-2-31)~(7-2-33),可得

$$u_o = -Ri_R = -RC\frac{\mathrm{d}u_i}{\mathrm{d}t} \tag{7-2-34}$$

由式(7-2-34)可知,输出电压与输入电压对时间的微分成正比。其中,RC 为时间常数。

图 7-2-12 所示电路并不实用,当输入电压产生阶跃变化,或者有脉冲式大幅值干扰时,会使集成运放内部的放大管进入饱和或截止状态,以至于信号消失,内部放大管还不能脱离原状态而回到放大区,出现阻塞现象,电路无法正常工作,只有切断电源后才能恢复。此外,基本微分运算电路容易产生自激振荡,使电路不能稳定工作。

实用微分运算电路如图 7-2-13(a)所示。R_1 限制输入电流,亦即限制了 R 中的电流,VD_{Z1}、VD_{Z2} 用以限制输出电压,防止发生阻塞现象,C_1 为小容量电容,起相位补偿作用,防止产生自激振荡。

若输入为方波,且 $RC \ll T/2$(T 为方波周期),则输出为尖顶波,如图 7-2-13(b)所示。

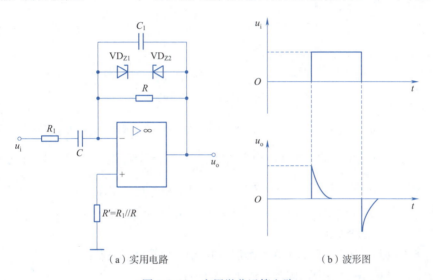

(a)实用电路 (b)波形图

图 7-2-13 实用微分运算电路

练一练:以上学习中,对每个放大电路都进行了分析推导。下面请自行总结集成运放电路的一般分析方法,并以小组为单位进行讨论与分享,最后总结出相对完善的集成运放电路的分析方法。

文档●

集成运放电路的一般分析方法

(6)滤波电路

在电子电路的输入信号中,一般包含很多频率分量,其中有需要的频率分量,也有不需要的,有的甚至是对电路工作有害的频率分量(如高频干扰和噪声)。滤波电路的作用实质上就是"选频",即容许某一频段的信号顺利通过,而使其余频段的信号被尽可能地抑制或削弱(即被滤掉)。通常将能够通过滤波电路的信号频率范围称为滤波电路的"通带"(通频带)。在通带内,滤波电路的增益应保持常数。将滤波电路加以抑制或削弱的信号频率范围称为"阻带"。在阻带内,滤波电路的增益应该为零或很小。

①滤波电路的分类。根据滤波电路工作信号的频率范围的不同,滤波电路可以分为四大类,分别是低通滤波电路、高通滤波电路、带通滤波电路和带阻滤波电路,其理想幅频特性如图 7-2-14 所示。

②无源滤波电路。无源滤波电路使用电阻器、电容器和电感器,这些元件不提供放大,因此无源滤波电路只能维持或减小输入信号的振幅。由于此类滤波电路不用加电源,因而称为无源滤波电路。图 7-2-15 所示为常见的 RC 无源低通滤波电路和 RC 无源高通滤波电路。

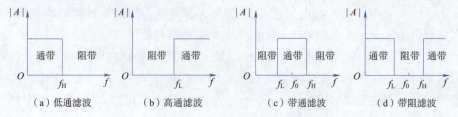

(a)低通滤波　　(b)高通滤波　　(c)带通滤波　　(d)带阻滤波

图 7-2-14　滤波电路的理想幅频特性

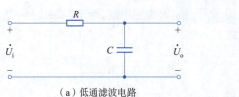 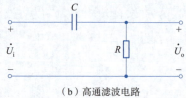

(a)低通滤波电路　　　　　　　　(b)高通滤波电路

图 7-2-15　RC 无源滤波电路

如图 7-2-15 所示,高通与低通是对偶的,只要将低通的电阻和电容互换位置即是高通。图 7-2-15 中,RC 滤波电路的截止频率均为 $f_P = \dfrac{1}{2\pi RC}$,当信号频率等于截止频率时,也就是电容的容抗等于电阻阻值,此时 $|\dot{U}_o| = 0.707 |\dot{U}_i|$。对于频率 $f \ll f_P$ 的信号,容抗 $X_C \gg R$,信号只能从图 7-2-15(a)所示电路通过。对于频率 $f \gg f_P$ 的信号,容抗 $X_C \ll R$,信号只能从图 7-2-15(b)所示电路通过。

无源滤波电路的优点是结构简单,无须外加电源。但有以下缺点:

a. R 和 C 上有信号电压降,因此要消耗信号能量。

b. 带负载能力差,当在输出端接入负载 R_L 时,滤波特性随之改变。

c. 滤波性能不大理想,通带与阻带之间存在着一个频率较宽的过渡区。

③有源滤波电路。利用集成运放开环增益高、输入电阻高、输出电阻低等优点,由集成运放与 R、C 元件构成的无源滤波电路组合在一起,即可构成有源滤波电路。它克服了无源滤波电路放大倍数低、带负载能力差以及负载电阻影响通带截止频率等缺点。具有不用电感、体积小、质量小等优点。但是,集成运放的带宽有限,所以目前有源滤波电路的工作频率最高只能到 1 MHz 左右,这是其不足之处。

a. 同相输入一阶有源低通滤波电路。电路如图 7-2-16 所示,由一个 RC 低通滤波电路及同相放大电路组成,不仅使低频信号通过,还能使通过的信号得到放大。

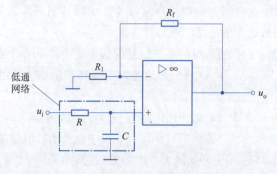

图 7-2-16　同相输入一阶有源低通滤波电路

b. 反相输入一阶有源低通滤波电路。电路如图 7-2-17 所示。与图 7-2-16 所示的同相输入一阶有源低通滤波电路不同的是，滤波电容 C 与负反馈电阻 R_f 并联，因此信号频率不同，负反馈深度也不同。当信号频率趋于零时，滤波电容 C 视为开路，电压放大倍数为最大。信号频率趋于无穷大时，滤波电容 C 视为短路，电压放大倍数为最小。由此可见，该电路属于低通滤波电路。

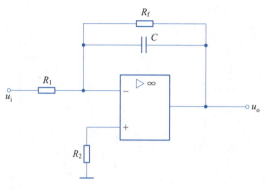

图 7-2-17　反相输入一阶有源低通滤波电路

c. 有源高通滤波。高通滤波电路与低通滤波电路具有对偶性，如果将高通滤波环节的电容换成电阻，电阻换成电容，则可分别得到图 7-2-18 所示四种形式的有源高通滤波电路。

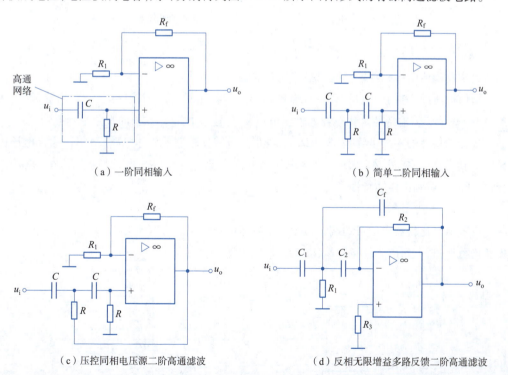

（a）一阶同相输入　　　　　　　　　（b）简单二阶同相输入

（c）压控同相电压源二阶高通滤波　　　（d）反相无限增益多路反馈二阶高通滤波

图 7-2-18　有源高通滤波电路

2. 集成运算放大器的非线性应用

理想运放工作在开环或者正反馈状态时，其增益很高，在非负反馈状态下，其线性区的工作状态是极不稳定的，此时，集成运放主要工作在非线性区。

理想运放工作在非线性区时,由于其输入电阻高、输入偏置电流小,因此,仍然可以使用"虚断"的概念,即 $i_+ = i_- = 0$。但此时不具有"虚短"的特征,输出电压和输入电压不是线性关系,输出电压只有两种可能性:若 $u_+ > u_-$,集成运放输出高电平 U_{oH};若 $u_+ < u_-$,集成运放输出低电平 U_{oL}。

(1)过零比较器

电压比较器是将一个模拟输入信号 u_i 与一个固定的参考电压 U_R 进行比较和鉴别的电路。

参考电压为零的比较器称为零电平比较器,也称过零比较器。按输入方式的不同可分为反相输入和同相输入两种,如图 7-2-19 所示。

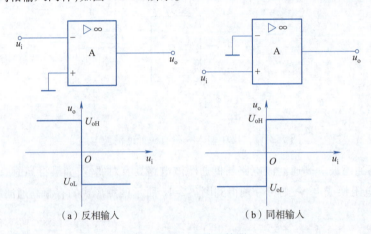

(a)反相输入　　(b)同相输入

图 7-2-19　过零比较器

通常用阈值电压和传输特性来描述比较器的工作特性。

阈值电压(又称门槛电平)是使比较器输出电压发生跳变时的输入电压值,简称阈值,用符号 U_{TH} 表示。传输特性是比较器的输出电压 u_o 与输入电压 u_i 在平面直角坐标上的关系。

画传输特性的一般步骤是:先求阈值,再根据电压比较器的具体电路,分析在输入电压由最低变到最高(正向过程)和输入电压由最高变到最低(负向过程)两种情况下,输出电压的变化规律,然后画出传输特性。

(2)任意电平比较器

将零电平比较器中的接地端改接为一个参考电压 U_R(设为直流电压),由于 U_R 的大小和极性均可调整,电路成为任意电平比较器,如图 7-2-20 所示。

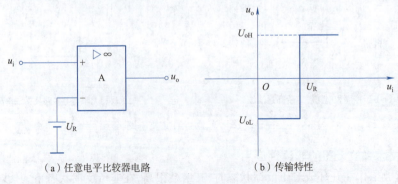

(a)任意电平比较器电路　　(b)传输特性

图 7-2-20　任意电平比较器及其传输特性

图 7-2-21 是根据图 7-2-20 改进之后构成的电平检测比较器。

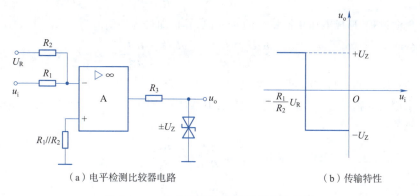

(a) 电平检测比较器电路　　　　(b) 传输特性

图 7-2-21　电平检测比较器及其传输特性

(3) 滞回电压比较器

电平电压比较器结构简单、灵敏度高,但它的抗干扰能力差。也就是说,如果输入信号因干扰在阈值附近变化时,输出电压将在高、低两个电平之间反复地跳变,可能使输出状态产生误动作。为了提高电压比较器的抗干扰能力,下面介绍有两个不同阈值的滞回电压比较器。

滞回电压比较器又称施密特触发器、迟滞比较器。这种比较器的特点是当输入信号 u_i 逐渐增大或逐渐减小时,它有两个阈值,且不相等,其传输特性具有"滞回"曲线的形状。

滞回电压比较器也有反相输入和同相输入两种方式。U_R 是某一固定电压,改变 U_R 的值能改变阈值及回差大小,如图 7-2-22 所示。

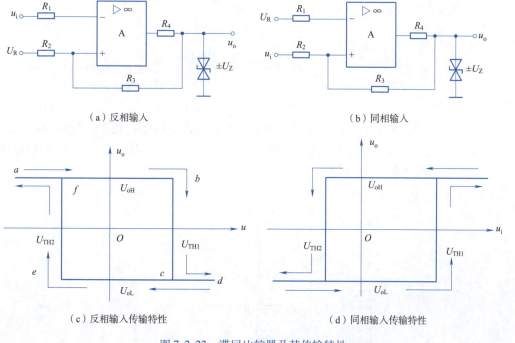

(a) 反相输入　　　　(b) 同相输入

(c) 反相输入传输特性　　　　(d) 同相输入传输特性

图 7-2-22　滞回比较器及其传输特性

对于正向过程,形成电压传输特性的 *abcd* 段,其正向过程的阈值为

$$U_{\text{TH1}} = \frac{R_3 U_R + R_2 U_{oH}}{R_2 + R_3} = \frac{R_3 U_R + R_2 U_Z}{R_2 + R_3} \tag{7-2-35}$$

对于负向过程,形成电压传输特性的 defa 段,其负向过程的阈值为

$$U_{\text{TH2}} = \frac{R_3 U_R + R_2 U_{oH}}{R_2 + R_3} = \frac{R_3 U_R - R_2 U_Z}{R_2 + R_3} \tag{7-2-36}$$

由于传输特性曲线与磁滞回线形状相似,故称为滞回电压比较器。

利用求阈值的临界条件和叠加定理方法,不难计算出图 7-2-22(b)所示的同相滞回比较器的两个阈值:

$$U_{\text{TH1}} = \left(1 + \frac{R_2}{R_3}\right) U_R - \frac{R_2}{R_3} U_{oL} \tag{7-2-37}$$

$$U_{\text{TH2}} = \left(1 + \frac{R_2}{R_3}\right) U_R - \frac{R_2}{R_3} U_{oH} \tag{7-2-38}$$

两个阈值的差值 $\Delta U_{\text{TH}} = U_{\text{TH1}} - U_{\text{TH2}}$ 称为回差。

由以上分析可知,改变 R_2 值可改变回差大小,调整 U_R 可改变 U_{TH1} 和 U_{TH2},但不影响回差大小。即滞回比较器的传输特性将平行右移或左移,滞回曲线宽度不变。

例 7-2-2 滞回比较器的传输特性和输入电压波形如图 7-2-23 所示。根据传输特性和两个阈值($U_{\text{TH1}} = 2$ V,$U_{\text{TH2}} = -2$ V),画出输出电压 u_o 的波形。

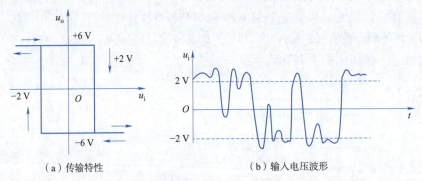

(a)传输特性　　　　　　　　(b)输入电压波形

图 7-2-23　例 7-2-2 示意图

解　根据图 7-2-23,按照滞回比较器的传输特性和 u_i 波形画出 u_o 波形如图 7-2-24 所示。从图 7-2-24 可见,u_i 在 U_{TH1} 与 U_{TH2} 之间变化,不会引起 u_o 的跳变。但回差也导致了输出电压的滞后现象,使电平鉴别产生误差。

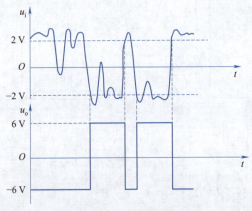

图 7-2-24　例 7-2-2 输出波形

(4)窗口电压比较器

电平电压比较器和滞回电压比较器有一个共同特点,即 u_i 单方向变化(正向过程或负向过程)时,u_o 只跳变一次,只能检测一个输入信号的电平,这种比较器称为单限比较器。

双限比较器又称窗口比较器,如图7-2-25(a)所示。它的特点是输入信号单方向变化(例如 u_i 从足够低单调升高到足够高),可使输出电压 u_o 跳变两次,其传输特性如图7-2-25(b)所示,它形似窗口,称为窗口比较器。窗口比较器提供了两个阈值和两种输出稳定状态,可用来判断 u_i 是否在某两个电平之间。

电路由两个电压比较器和一些二极管与电阻构成。设 $R_1 = R_2$,VD_1 和 VD_2 上的电压为 U_D,则有

$$U_L = \frac{(V_{CC} - 2U_D)R_2}{R_1 + R_2} = \frac{1}{2}(V_{CC} - 2U_D) \qquad (7\text{-}2\text{-}39)$$

$$U_H = U_L + 2U_D \qquad (7\text{-}2\text{-}40)$$

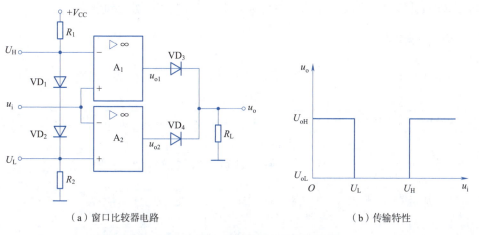

图7-2-25 窗口比较器电路及传输特性

项目实施

步骤一 选择领域与问题定义

(1)确定感兴趣的领域,如医学、音响、通信等;

(2)在所选领域中,识别一个可以通过仪表放大电路来解决的问题。例如,在医学领域,心电图(ECG)信号的放大和读取可能是一个需要解决的问题。

步骤二 需求分析与电路设计

(1)分析所选问题的具体需求,明确仪表放大电路的关键参数,如放大倍数、带宽、噪声水平等;

(2)设计合适的仪表放大电路,选择适当的元器件、电路拓扑(如差分放大、反馈放大等)和技术原理;

(3)考虑增加附加功能,如自动调节放大倍数、节能环保等,以提高电路的性能和应用范围。

基于Multisim的仪器放大器的设计与仿真

步骤三　方案实现与验证

（1）根据设计的电路方案，选择合适的元器件，搭建实际的电路；
（2）进行初步的电路测试，检查电路是否正常工作，调整电路参数以满足需求；
（3）在实际应用场景中验证电路性能，确保电路能够有效地解决所选问题。

步骤四　方案展示与讨论

（1）准备简短的展示材料，包括电路原理图、实物照片、测试数据等；
（2）在展示中介绍创意、解决方案和设计理念，强调电路的创新性和实用性；
（3）邀请同学们讨论和交流，听取他们的建议和反馈，进一步完善设计方案。

步骤五　总结与反思

（1）对整个设计过程进行总结，梳理成功经验和不足之处；
（2）反思设计方案在实际应用中的表现，思考如何进一步优化和改进电路；
（3）将设计方案和展示材料整理归档，为后续相关项目提供参考和借鉴。

项目验收

整个项目完成之后，下面来检测一下完成的效果。具体测评细则见下表。

项目完成情况测评细则

评价内容	分值	评价细则	量化分值	得分
信息收集与自主学习	20分	（1）是否选择了与仪表放大电路相关的实际应用领域	5分	
		（2）是否能够准确识别领域内需要仪表放大电路解决的问题	5分	
		（3）是否收集了足够的仪表放大电路相关资料，包括基本原理、电路拓扑、技术原理等	5分	
		（4）是否能够利用收集的资料进行自主学习，加深对仪表放大电路的理解	5分	
电路设计与实施	40分	（1）设计的电路方案是否具有创新性，是否能够有效地解决问题	8分	
		（2）元器件的选择是否合理，是否考虑到性能、成本和可靠性	8分	
		（3）电路拓扑是否合适，是否充分考虑了信号传输、放大倍数和噪声抑制等因素	8分	
		（4）是否能够熟练运用所学的技术原理来设计电路	8分	
		（5）是否添加了创新功能，如自动调节放大倍数、节能环保等	8分	
测试与调试	30分	（1）是否进行了电路测试，包括功能测试和性能测试	8分	
		（2）是否详细记录了测试数据，包括电压、电流、放大倍数等	7分	
		（3）在测试过程中遇到问题时，是否能够迅速定位并解决问题	7分	
		（4）是否通过调试优化了电路性能，使其满足设计要求	8分	

续表

评价内容	分值	评价细则	量化分值	得分
职业素养与职业规范	10 分	(1)展示是否清晰、有条理,是否能够有效地传达设计理念和解决方案	2 分	
		(2)在完成任务过程中是否能够与同学有效合作,分享知识和资源	3 分	
		(3)在设计、测试和调试过程中是否始终考虑到安全问题,如防止短路、防止过电流等	3 分	
		(4)在设计、测试和调试过程中是否严格遵守了相关规范和标准	2 分	
总计		100 分		

巩固与拓展

一、知识巩固

1. 填空题

(1)理想集成运放的开环电压增益_____,差模输入电阻_____,输出电阻为_____,共模抑制比为_____。

(2)集成运放的两个重要概念是_____和_____。

(3)集成运放工作于线性区时,必须在电路中引入_____反馈;集成运放若工作在非线性区时,则必须在电路中引入_____反馈或处于_____状态。

(4)集成运放工作在非线性区的特点:一是输出电压只具有_____种状态,二是其净输入电流约等于_____。

(5)滤波电路的作用实际上是_____。为获得输入电压中的高频信号,应选用_____滤波器。

(6)_____运算电路可实现 $A_u>1$ 的放大器,_____运算电路可实现 $A_u<0$ 的放大器,_____运算电路可实现将方波电压转换成尖脉冲波电压。

(7)_____门限电压比较器的基准电压 $U_R=0$ 时,输入电压每经过一次零值,输出电压就要产生一次_____,这时的比较器称为_____比较器。

2. 选择题

(1)为增大电压放大倍数,集成运放的中间级大多采用(   )。

　　A. 共射放大电路　　B. 共集放大电路　　C. 共基放大电路

(2)集成运放的输入级之所以采用差分放大电路,主要是可以(   )。

　　A. 提高输入电阻　　B. 增大电压增益　　C. 抑制零漂

(3)用集成运放构成对共模信号有很大抑制作用的功能电路,应选用(   )。

　　A. 反相比例运算电路　　　　B. 同相比例运算电路

　　C. 差分输入运算电路

(4)由集成运放组成的电路中,工作在非线性状态的电路是(   )。

　　A. 反相放大器　　B. 积分运算器　　C. 电压比较器

(5)理想运放的两个重要结论是(   )。

　　A. 虚短与虚地　　B. 虚断与虚短　　C. 断路与短路

(6) 集成运放一般分为两个工作区,它们分别是( )。
　　A. 正反馈与负反馈　　B. 线性与非线性　　C. 虚断和虚短
(7) 集成运放非线性应用不存在( )现象。
　　A. 虚短　　　　　　B. 虚断　　　　　　C. 虚断和虚短
(8) 各种电压比较器的输出状态只有( )。
　　A. 一种　　　　　　B. 两种　　　　　　C. 三种
(9) 基本积分运算电路中的电容器接在电路的( )。
　　A. 反相输入端　　　B. 同相输入端　　　C. 反相端与输出端之间
(10) 欲将方波转换成三角波,应选用( )。
　　A. 微分运算电路　　B. 积分运算电路　　C. 差分输入运算电路

3. 判断题

(1) 凡是运算电路都可利用"虚短"和"虚断"的概念估算运算关系。　　　　　　(　)
(2) 集成运算放大器实质上是一种采用阻容耦合的多级放大器。　　　　　　　(　)
(3) 电压比较器的输出电压只有两种数值。　　　　　　　　　　　　　　　　(　)
(4) 集成运放使用时不接反馈环节,电路中的电压增益称为开环电压增益。　　(　)
(5) 集成运放非线性应用中,"虚断"的概念不再成立。　　　　　　　　　　　(　)
(6) 积分运算电路输入为方波时,输出可获得三角波或梯形波。　　　　　　　(　)
(7) 集成运放不但能处理交流信号,也能处理直流信号。　　　　　　　　　　(　)
(8) 集成运放工作于开环状态,其输入与输出之间存在线性关系。　　　　　　(　)
(9) 理想运放构成的线性应用电路,电压增益与集成运放内部的参数无关。　　(　)
(10) 单门限电压比较器的输出只有一种状态。　　　　　　　　　　　　　　　(　)

4. 分析与计算题

(1) 写出下图所示各电路的输入与输出关系,并说明其是什么电路。

题(1)图

(2) 电路如下图所示,试求电流 I_o 与 u_i 的关系(提示:①求 u_o;②根据电位求电流;③列 KCL 方程)。

(a)　　　　　(b)

题(2)图

(3) 电路如下图所示,试求电压 u_o 与 u_i 的关系(提示:①逐级分析;②前级输出是后级的输入)。

(a)

(b)

题(3)图

(4) 电路如下图所示,试求输出电压 u_o 与 u_{i1}、u_{i2} 的关系(提示:应用叠加定理分析)。

(a)　　　　　(b)　　　　　(c)

题(4)图

(5) 电路如下图所示,试求输出电压 u_o 与 u_{i1}、u_{i2} 和 u_{i3} 的关系(提示:应用叠加定理分析)。

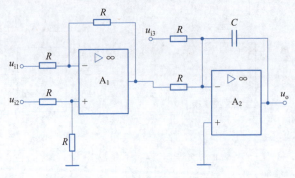

题(5)图

(6) 试分别画出下图所示各电路的电压传输特性,并指出它们属于什么电压比较器。

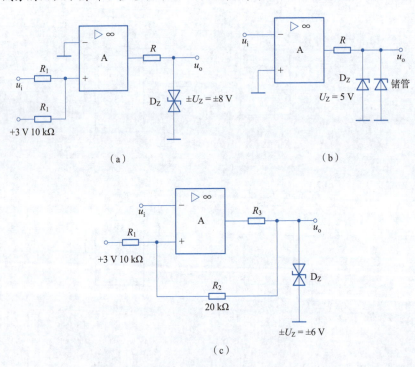

题(6)图

二、实践拓展

请利用 Multisim 仿真软件,按照下图所示电路,设计出原理图并进行仿真实验。该图中集成运放采用 MC4558,R_1、R_2、R_{f1} 和 R_{f2} 阻值均为 $1\ k\Omega$。

(1) 接入 u_{i1} 和 u_{i2} 均为 $0.1\ V$、$5\ kHz$ 的正弦波信号,用示波器观察输出、输入电压波形,画出各波形并记录:输出电压幅值与输入电压幅值相比_____(基本为零/基本相等/要大得多),即该电路_____(能/不能)实现输入电压相减($u_o = u_{i1} - u_{i2}$)。

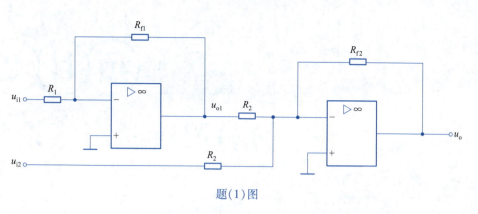

题(1)图

（2）改接 u_{i2} 为 1 V、500 Hz 的方波信号，用示波器观察输出电压和输入电压 u_{i2} 波形，并记录各波形。

项目 8 简易逻辑状态笔设计

项目目标

知识目标：
(1) 了解数字电路与逻辑代数的基本概念和原理；
(2) 掌握基本逻辑运算和复合逻辑运算的表达方式；
(3) 理解逻辑函数的不同表示方法。

技能目标：
(1) 能够应用逻辑代数的基本定律和规则进行逻辑函数的化简；
(2) 能够根据逻辑函数的真值表构建卡诺图，并使用卡诺图进行逻辑函数的化简；
(3) 能够根据实际需求选择合适的逻辑门组合来构建数字电路，并理解复合门的逻辑实现；
(4) 能够分析和解决基于与、或、非逻辑门和复合门的实际数字电路问题。

素质目标：
(1) 培养逻辑思维和分析问题的能力；
(2) 培养解决问题的方法论和实践能力；
(3) 通过解决复杂逻辑问题时的合作与讨论，进一步培养团队合作能力；
(4) 培养对数字电路和逻辑代数的学习兴趣和热情，激发学生科技报国之志。

项目描述

在医疗仪器维修中，逻辑电路状态的准确判断非常重要。为了了解电路工作情况和故障位置，经常需要对电路板的逻辑电路的输出状态进行判断。以往，通常使用万用表来测量，但当引脚众多时，这种方法非常不方便，而且还有一些高阻状态是万用表无法测量的。因此需要一种更加智能、方便的工具——"数字智慧眼"。

设计一款便携式的"数字智慧眼"，专门用于测定逻辑电路的输出状态，为仪器的维护和维修提供方便。

任务布置：

(1) 外观设计：设想一下"数字智慧眼"的外观。它可能是一款小巧、智能化的设备，充满未来感和科技感。可以采用透明材质，突出内部结构，让使用者一目了然。无论形状如何，它都应该便于携带，方便在仪器维修时使用。

(2) 功能设计：这款"数字智慧眼"能够快速且准确地测量逻辑电路的输出状态。可以考虑增加一些创新的功能，比如，在数字显示屏上显示输出状态，或者通过声音提示辅助判断。

它也可以具备存储和分享功能,帮助工程师记录和研究电路信息。

希望你们以生动有趣的语言描述你们的设计,营造出一个激动人心的画面,让你们的作品充满视觉冲击和想象力的火花。"数字智慧眼"将成为你们未来手中的宝贝,指引你们穿越逻辑电路的迷宫,解开电路谜题,让我们一起探索数字世界的奥秘吧!

相关知识

一、基本逻辑门电路及其组合

1. 数字电路与逻辑代数概述

1)数字电路概述

用数字信号完成对数字量进行逻辑运算和算术运算的电路称为数字电路。由于它具有逻辑运算和逻辑处理功能,所以又称数字逻辑电路。现代的数字电路由半导体工艺制成的数字集成器件构造而成。逻辑门是数字电路的基本单元电路,就如同在模拟电路中基本放大电路是模拟电路的基本单元电路。

模拟信号:幅度随时间连续变化。

数字信号:断续变化(离散变化),时间上离散幅值上整量化,多采用0、1两种数值组成,又称二进制信号,如图8-1-1所示。

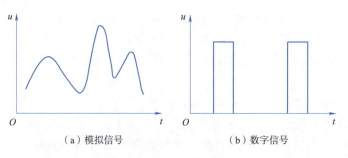

(a)模拟信号　　　　(b)数字信号

图8-1-1　模拟信号和数字信号

视频
数字逻辑电路认知

(1)数字电路按功能分类

①组合逻辑电路。组合逻辑电路是由基本的逻辑门电路组合而成。特点是:输出值只与当时的输入值有关,即输出唯一地由当时的输入值决定。电路没有记忆功能,输出状态随着输入状态的变化而变化,类似于电阻电路,如编码器、译码器、数据选择器、加法器等都属于此类电路。

②时序逻辑电路。时序逻辑电路是由最基本的逻辑门电路加上反馈逻辑回路(输出反馈送回输入)或器件组合而成的电路,与组合逻辑电路最本质的区别在于时序逻辑电路具有记忆功能。特点是:输出不仅取决于当时的输入值,而且还与电路过去的状态有关,类似于含储能功能的电容或电感电路,如触发器、寄存器、锁存器、计数器等都属于此类电路。

(2)数字电路的特点

①同时具有算术运算和逻辑运算功能。数字电路是以二进制逻辑代数为数学基础,使用二进制数字信号(矩形波),既能进行算术运算又能方便地进行逻辑运算(与、或、非等),因此

极其适合于运算、比较、存储、传输、控制等应用。

②实现简单,系统可靠。以二进制作为基础的数字逻辑电路,具有简单可靠、准确度高的优点。

③集成度高、功能实现容易。集成度高、体积小、功耗低是数字电路突出的优点之一。电路的设计、维修、维护灵活方便,随着集成电路技术的高速发展,数字逻辑电路的集成度越来越高,集成电路块的功能随着小规模集成电路(SSI)、中规模集成电路(MSI)、大规模集成电路(LSI)、超大规模集成电路(VLSI)的发展也从元件级、器件级、部件级、板卡级上升到系统级。

电路的设计组成只需要采用一些标准的集成电路块单元连接而成。对于非标准的特殊电路,还可以使用编程逻辑阵列电路,通过编程实现任意的逻辑功能。

④数字电路中晶体管的工作状态。在模拟电子电路中,专门研究的是如何进行放大、控制和振荡,电路中的晶体管一般工作于放大区,标准信号一般为正弦波,分析方法采用估算法、图解法、微变等效电路法。

在数字电路中,主要研究的是输入与输出之间的逻辑关系,其逻辑关系的结果用 0 或 1 表示,电路中的晶体管多工作于开关状态,即饱和区或截止区,一般标准信号为方波或矩形波,分析的方法是逻辑代数,表达电路的功能主要有逻辑函数、真值表、逻辑符号、波形图等。

2)逻辑代数概述

逻辑代数是由英国数学家乔治·布尔(George Boole)提出的,因此又称布尔代数。布尔代数是用一种数学运算来描述人的逻辑思维规律和推理过程的代数系统,直到后来人们发现布尔代数的二值性应用于两态元件组成的数字电路(开关电路)尤为合适,因此又被称为开关代数。

逻辑代数:将布尔代数的一些基本前提和定理应用于继电器电路的分析与描述,即开关代数,也就是二值布尔代数(由一个逻辑变量集 K,常量 0 和 1,以及与、或、非三种基本运算所构成)。与普通代数不同,逻辑常量没有大小的概念,而是表示事物的两种对立的逻辑状态。

逻辑变量:参与逻辑运算的变量称为逻辑变量,用字母 A、B…表示。每个变量的取值非即 1。0、1 不表示数的大小,而是代表两种不同的逻辑状态,如用于描述开关接通与断开,电平的高与低,信号的有和无,晶体管的导通与截止等。

用电平的高和低表示逻辑值 1 和 0 的关系并不是唯一的。既可以规定用高电平表示逻辑 1、低电平表示逻辑 0,也可以规定用高电平表示逻辑 0,低电平表示逻辑 1。这就引出了正逻辑和负逻辑的概念。正、负逻辑规定如下:

正逻辑体制规定:高电平为逻辑 1,低电平为逻辑 0。

负逻辑体制规定:低电平为逻辑 1,高电平为逻辑 0。

在数字电路中,大多数情况下使用的是正逻辑,如无特殊说明,本书均采用正逻辑体制。

2. 逻辑运算与逻辑函数

1)基本逻辑运算

在逻辑运算中,有三种最基本的运算:"与"运算、"或"运算和"非"运算,其他逻辑运算可由这三种基本运算进行组合表示。

(1)与逻辑

在图 8-1-2 所示的串联开关电路中,开关 A、B 的状态(闭合或断开)与灯 Y 的状态(亮和灭)之间存在确定的因果关系。如果用逻辑 1 来表示灯亮和开关闭合,用逻辑 0 表示灯灭和开关断开,则开关 A、B 的全部状态组合与灯 Y 状态之间的关系见表 8-1-1。这种关系可简单表述为:影响某个事件产生的全部条件都成立(开关 A、B 都闭合)时,这个事件(灯 Y 亮)才会发生。这种因果关系称为与逻辑,对应的逻辑运算称为与运算。表 8-1-1 也称为与逻辑真值表。

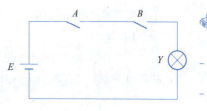

图 8-1-2　串联开关电路

基本逻辑门电路

表 8-1-1　与逻辑真值表

A	B	Y
0	0	0
0	1	0
1	0	0
1	1	1

与运算又称"逻辑乘"。与运算的逻辑表达式为

$$Y = A \cdot B \quad 或 \quad Y = AB \qquad (8\text{-}1\text{-}1)$$

式(8-1-1)中,"·"为与运算的运算符,可省略。对于多变量的与运算,可写成:

$$Y = A \cdot B \cdot C \cdots \quad 或 \quad Y = ABC \cdots \qquad (8\text{-}1\text{-}2)$$

与逻辑的运算规律为:有 0 得 0,全 1 得 1。

能够实现与逻辑的门电路称为与门,其逻辑符号如图 8-1-3 所示。

图 8-1-3　与门逻辑符号

(2)或逻辑

和与逻辑的分析方法一样,由图 8-1-4 所示的并联开关电路可知,开关 A 和 B 中,只要有一个或一个以上闭合,灯泡 Y 就被点亮,只有开关 A 和 B 同时断开,灯泡 Y 才熄灭,这就是典型的或逻辑,即当影响某个事件产生的全部条件中,只要有一个或一个以上条件成立,该事件就会发生,这种因果关系称为或逻辑。对应的逻辑运算称为或运算。表 8-1-2 称为或逻辑真值表。

表 8-1-2　或逻辑真值表

A	B	Y
0	0	0
0	1	1
1	0	1
1	1	1

或运算又称"逻辑加"。或运算的逻辑表达式为

$$Y = A + B \qquad (8\text{-}1\text{-}3)$$

式(8-1-3)中,"+"为或运算的运算符。对于多变量的或运算,可写成:

$$Y = A + B + C + \cdots \qquad (8\text{-}1\text{-}4)$$

或逻辑运算的规律为:有 1 得 1,全 0 得 0。

能够实现或逻辑的门电路称为或门,其逻辑符号如图 8-1-5 所示。

(3) 非逻辑

由图 8-1-6 所示的开关与灯并联电路可知,开关 A 的状态与灯 Y 的状态满足表 8-1-3 所表示的逻辑关系。它反映当开关闭合时,灯灭;当开关断开时,灯亮。这种相互否定的因果关系,称为非逻辑。表 8-1-3 称为非逻辑真值表。

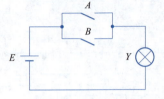

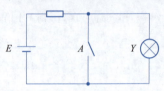

图 8-1-4　并联开关电路　　　　图 8-1-5　或门逻辑符号　　　　图 8-1-6　开关与灯并联电路

表 8-1-3　非逻辑真值表

A	Y
0	1
1	0

非运算又称"反运算"。非运算的逻辑表达式为

$$Y = \overline{A} \tag{8-1-5}$$

式(8-1-5)中,"−"为非运算的运算符,$\overline{A}$ 读作 A 非。

非运算的规律为:0 变 1,1 变 0,即非 0 即 1,非 1 即 0。

能够实现非逻辑的门电路称为非门,其逻辑符号如图 8-1-7 所示。

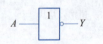

图 8-1-7　非门逻辑符号

基本逻辑运算中,非运算的优先级最高,其次是与运算,或运算的优先级最低。可以通过加括号改变运算的优先级。

2) 常用的复合逻辑运算

几种常见的复合逻辑关系的逻辑表达式、逻辑符号及真值表见表 8-1-4。

表 8-1-4　几种常见的复合逻辑关系的逻辑表达式、逻辑符号及真值表

逻辑名称	与非	或非	与或非	异或	同或
逻辑表达式	$Y = \overline{AB}$	$Y = \overline{A+B}$	$Y = \overline{AB+CD}$	$Y = A \oplus B$	$Y = A \odot B$
逻辑符号	(&)	(≥1)	(&, ≥1)	(=1)	(=1)
真值表	A B　Y 0 0　1 0 1　1 1 0　1 1 1　0	A B　Y 0 0　1 0 1　0 1 0　0 1 1　0	A B C D　Y 0 0 0 0　1 0 0 0 1　1 … … … 1 1 1 1　0	A B　Y 0 0　0 0 1　1 1 0　1 1 1　0	A B　Y 0 0　1 0 1　0 1 0　0 1 1　1
逻辑运算规律	有 0 得 1 全 1 得 0	有 1 得 0 全 0 得 1	与项为 1 结果为 0 其余输出全为 1	不同为 1 相同为 0	不同为 0 相同为 1

视频
复合数字逻辑

其中,与非运算中,先进行与运算,后进行非运算;或非运算中,先进行或运算,后进行非运算;与或非运算中,先进行与运算,再进行或运算,最后进行非运算。

比较异或运算与同或运算的真值表可知,异或函数与同或函数在逻辑上互为反函数。

3) 逻辑函数的表示方法

常用的逻辑函数表示方法有真值表、逻辑表达式、逻辑图以及波形图。它们之间各有特点,又相互联系,还可以相互转换。

(1) 真值表

将输入变量所有的取值下对应的输出值找出来,列成表格,即可得到真值表。由于每个输入变量有 0 和 1 共两种取值,则 N 个输入变量就有 2^N 个不同的取值组合。

(2) 逻辑表达式

将输出与输入之间的逻辑关系写成与、或、非等运算的组合式,即逻辑代数式,就得到了所需的逻辑表达式。

(3) 逻辑图

将逻辑表达式中各变量之间的与、或、非等逻辑关系用逻辑符号表示出来,就可以画出表示函数关系的逻辑图。

(4) 波形图

如果将逻辑函数输入变量每一种可能出现的取值与对应的输出值按时间顺序依次排列起来,就得到了表示该逻辑函数的波形图(又称时序图)。

例 8-1-1 图 8-1-8 所示为楼梯照明灯控制电路。两个单刀双掷开关 A 和 B 分别安装在楼上和楼下。上楼之前,在楼下开灯,上楼后关灯;反之,下楼之前,在楼上开灯,下楼后关灯。①请列出控制楼梯照明灯电路的逻辑函数的真值表;②根据真值表写出逻辑表达式;③画出与控制功能相同的逻辑图。

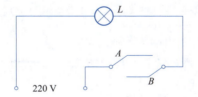

图 8-1-8 楼梯照明灯控制电路

解 ①分析逻辑问题,建立逻辑函数的真值表。设开关 A、B 合向左侧时为"0"状态,合向右侧时为"1"状态;Y 表示灯,灯亮时为"1"状态,灯灭时为"0"状态,则可列出真值表见表 8-1-5。

表 8-1-5 楼梯照明灯控制电路真值表

A	B	Y
0	0	1
0	1	0
1	0	0
1	1	1

②根据真值表写出逻辑表达式:

$$Y = AB + \bar{A}\bar{B} = A \odot B = \overline{A \oplus B} \tag{8-1-6}$$

③画逻辑图。由式(8-1-6)可知,逻辑表达式并不唯一,不同形式的逻辑表达式,采用不同的逻辑门,对应的逻辑图就不一样。

对于与或表达式,可用两个非门、两个与门和一个或门实现,如图8-1-9(a)所示。

对于异或非表达式,可用一个异或门和一个非门实现,如图8-1-9(b)所示。

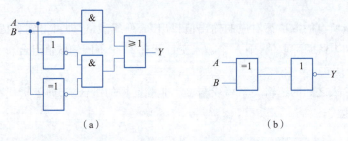

图 8-1-9 楼梯照明灯控制电路逻辑图

例 8-1-2 已知函数 Y 的逻辑图如图 8-1-10 所示,写出函数 Y 的逻辑表达式。

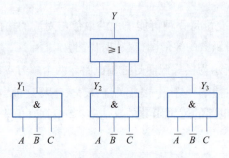

图 8-1-10 例 8-1-2 逻辑图

解 根据逻辑图逐级写出输出端逻辑表达式如下:

$$Y_1 = A\bar{B}C, \quad Y_2 = A\bar{B}\bar{C}, \quad Y_3 = \bar{A}\bar{B}C$$

最后得到函数 Y 的表达式为

$$Y = A\bar{B}C + A\bar{B}\bar{C} + \bar{A}\bar{B}C$$

练一练:请根据图 8-1-11 所示的输入信号波形,分别画出图 8-1-12 各门电路的输出波形。

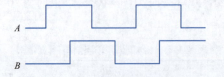

图 8-1-11 输入信号波形

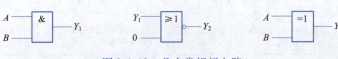

图 8-1-12 几个常规门电路

二、逻辑代数基础

逻辑代数是按一定的逻辑进行运算的代数,虽然它和普通代数一样也是用字母表示变量,但两种代数中变量的含义是完全不同的,它们之间有着本质的区别。

① 逻辑变量是二元常量,只有 2 个值,即 0(逻辑零)和 1(逻辑壹),没有中间值。

② 逻辑变量的二值 0 和 1 不表示数的大小,只是表示两种对立的逻辑状态。

1. 逻辑代数的运算法则和基本规则

1) 逻辑代数的运算法则

(1) 常量之间的运算关系

与运算:$0 \cdot 0 = 0, 0 \cdot 1 = 0, 1 \cdot 0 = 0, 1 \cdot 1 = 1$。

或运算:$0 + 0 = 0, 0 + 1 = 1, 1 + 0 = 1, 1 + 1 = 1$。

非运算:$\overline{1} = 0, \overline{0} = 1$。

(2) 基本运算

与运算:$A \cdot 0 = 0, A \cdot 1 = A, A \cdot A = A, A \cdot \overline{A} = 0$。

或运算:$A + 0 = A, A + 1 = 1, A + A = A, A + \overline{A} = 1$。

非运算:$\overline{\overline{A}} = A$。

(3) 基本定律

交换律:$A \cdot B = B \cdot A, A + B = B + A$。

结合律:$A \cdot (B \cdot C) = (A \cdot B) \cdot C, A + (B + C) = (A + B) + C$。

分配律:$A \cdot (B + C) = A \cdot B + A \cdot C, A + B \cdot C = (A + B) \cdot (A + C)$。

吸收律:$A \cdot (A + B) = A, A + A \cdot B = A, A \cdot (\overline{A} + B) = A \cdot B, A + \overline{A} \cdot B = A + B$,$A \cdot B + \overline{A} \cdot C + B \cdot C = A \cdot B + \overline{A} \cdot C$。

反演律(摩根定律):$\overline{A \cdot B} = \overline{A} + \overline{B}, \overline{A + B} = \overline{A} \cdot \overline{B}$,

$\overline{A \cdot B \cdot C \cdots} = \overline{A} + \overline{B} + \overline{C} + \cdots, \overline{A + B + C + \cdots} = \overline{A} \cdot \overline{B} \cdot \overline{C} \cdots$。

2) 逻辑代数的基本规则

(1) 代入规则

在任何一个逻辑等式中,如果将等式两边的某一变量都用一个函数代替,则等式依然成立。这个规则称为代入规则。如已知等式 $\overline{AB} = \overline{A} + \overline{B}$,若用 BC 代替等式中的 B,即 $\overline{A(BC)} = \overline{A} + \overline{B} + \overline{C}$。

(2) 反演规则

对任何一个逻辑函数式 Y,将"$\cdot$"换成"$+$","$+$"换成"$\cdot$","0"换成"1","1"换成"0",原变量换成反变量,反变量换成原变量,则得到原逻辑函数的反函数 $\overline{Y}$。变换时注意:

① 不能改变原来的运算顺序。

② 反变量换成原变量、原变量换成反变量,只对单个变量有效,而长非号保持不变。

例 8-2-1 已知逻辑函数 $Y = A\overline{B} + \overline{A}B$,试用反演规则求反函数 $\overline{Y}$。

解 根据反演规则,可得出

$\overline{Y} = (\overline{A} + B) \cdot (A + \overline{B})$ 加上括号以保持原式的运算优先顺序

$\quad = \overline{A}\,\overline{B} + AB$ 用分配律展开后的逻辑函数式

这个例子证明了同或与异或互为反函数。

例 8-2-2 已知逻辑函数 $Y = A \cdot \overline{B + C} + CD$,试用反演规则求反函数 $\overline{Y}$。

解 根据反演规则,可得出

$$\overline{Y} = (\overline{A} + \overline{\overline{B} \cdot \overline{C}}) \cdot (\overline{C} + \overline{D})$$
$$= (\overline{A} + B + C) \cdot (\overline{C} + \overline{D})$$
$$= \overline{A}\,\overline{C} + \overline{A}\,\overline{D} + B\overline{C} + B\overline{D} + C\overline{D}$$

(3) 对偶规则

对任何一个逻辑函数式 Y,将"·"换成"+","+"换成"·","0"换成"1","1"换成"0",则得到原逻辑函数式的对偶式 Y'。

对偶规则:两个函数式相等,则它们的对偶式也相等。变换时注意:

①变量不改变。

②不能改变原来的运算顺序。

2. 逻辑函数的化简

根据逻辑表达式,可以画出相应的逻辑图。然而,直接根据某种逻辑要求归纳出来的逻辑表达式往往不是最简的形式,这就需要对逻辑表达式进行化简。

逻辑函数化简就是要消去与或表达式中多余的乘积项和每个乘积项中多余的变量,以得到逻辑函数的最简与或表达式。利用化简后的逻辑表达式构成逻辑图时,可以节省器件,降低成本,提高数字系统的可靠性。

所谓最简式,首先必须满足乘积项最少,其次在满足乘积项最少的条件下,每个乘积项中的变量个数最少。

逻辑函数的化简方法,常用的有代数法和卡诺图法。

1) 逻辑函数的代数化简法

代数法就是运用逻辑代数的基本定律和恒等式对逻辑函数进行化简。代数法的优点是不受变量数目的限制。缺点是没有固定的步骤可循,需要熟练运用各种公式和定律,需要一定的技巧和经验,有时很难判定化简结果是否最简。常用的方法有并项法、吸收法、消去法和配项法。

(1) 并项法

利用公式 $A + \overline{A} = 1$,通过合并公因子,消去变量。例如:

$$A\overline{B}C + A\overline{B}\,\overline{C} = A\overline{B}(C + \overline{C}) = A\overline{B}$$

(2) 吸收法

利用 $A + AB = A$ 进行化简,消去多余项。例如:

$$\overline{A}B + \overline{A}BCD = \overline{A}B(1 + BCD) = \overline{A}B$$

(3) 消去法

利用 $A + \overline{A}B = A + B$ 进行化简,消去多余项。例如:

$$AB + \overline{A}C + \overline{B}C = AB + C(\overline{A} + \overline{B}) = AB + \overline{AB}C = AB + C$$

(4) 配项法

在适当的项配上 $A + \overline{A} = 1$ 进行化简。例如:

$$A\overline{B} + \overline{B}C + \overline{B}C + \overline{A}B = A\overline{B} + \overline{B}C + (A + \overline{A})\overline{B}C + (C + \overline{C})\overline{A}B$$
$$= A\overline{B} + \overline{B}C + A\overline{B}C + \overline{A}\,\overline{B}C + \overline{A}BC + \overline{A}B\overline{C}$$
$$= A\overline{B} + \overline{B}C + \overline{A}C$$

例 8-2-3 化简逻辑表达式 $Y = AB + A\bar{B} + \bar{A}\bar{B} + \bar{A}B$。

解 $Y = AB + A\bar{B} + \bar{A}\bar{B} + \bar{A}B$
$= A(B + \bar{B}) + \bar{A}(\bar{B} + B)$
$= A + \bar{A}$
$= 1$

例 8-2-4 化简逻辑表达式 $Y = A\bar{C}\bar{D} + BC + B\bar{C} + A\bar{B} + A\bar{C} + \bar{B}\bar{C}$。

解 $Y = A\bar{C}\bar{D} + BC + B\bar{C} + A\bar{B} + A\bar{C} + \bar{B}\bar{C}$
$= A\bar{C}\bar{D} + B(C + \bar{C}) + A\bar{B} + A\bar{C} + \bar{B}\bar{C}$
$= A\bar{C}\bar{D} + B + A\bar{B} + A\bar{C} + \bar{B}\bar{C}$
$= A\bar{C}\bar{D} + (B + A)(B + \bar{B}) + A\bar{C} + \bar{B}\bar{C}$
$= A\bar{C}\bar{D} + B + A + A\bar{C} + \bar{B}\bar{C}$
$= A(\bar{C}\bar{D} + 1 + \bar{C}) + (B + \bar{B})(B + \bar{C})$
$= A + B + \bar{C}$

2)逻辑函数的卡诺图化简法

卡诺图化简法是一种图形法,是由美国工程师卡诺(Karnaugh)发明的,所以称为卡诺图化简法。它是一种比代数化简法更简便、更直观的化简逻辑函数的方法。

卡诺图实际上是真值表的一种变形,一个逻辑函数的真值表有多少行,卡诺图就有多少个小方格。所不同的是,真值表中的最小项是按照二进制加法规律排列的,而卡诺图中的每一项则是按照相邻性排列的。

逻辑函数的卡诺图化简

(1)逻辑函数的最小项

①最小项的定义。在 n 个输入变量的逻辑函数中,如果一个乘积项包含 n 个变量,而且每个变量以原变量或反变量的形式出现且仅出现一次,那么该乘积项称为该函数的一个最小项。对 n 个输入变量的逻辑函数来说,共有 2^n 个最小项。

②最小项的性质:

a. 对任一最小项,只有一组变量取值使它的值为 1,而其余各种变量取值均使其值为 0。

b. 不同的最小项,使其值为 1 的那组变量取值也不同。

c. 对于变量的任一组取值,任意两个最小项的乘积为 0。

d. 对于变量的任一组取值,全体最小项的和为 1。

③最小项的编号。最小项通常用 m_i 表示,下标 i 即最小项编号,用十进制数表示。编号的方法是:先将最小项的原变量用 1、反变量用 0 表示,构成二进制数;将此二进制数转换成相应的十进制数就是该最小项的编号。三变量的最小项编号见表 8-2-1。

表 8-2-1 三变量的最小项编号

最小项	A B C	最小项编号
$\bar{A}\bar{B}\bar{C}$	0 0 0	m_0
$\bar{A}\bar{B}C$	0 0 1	m_1
$\bar{A}B\bar{C}$	0 1 0	m_2
$\bar{A}BC$	0 1 1	m_3
$A\bar{B}\bar{C}$	1 0 0	m_4

最小项	$A\ B\ C$	最小项编号
$A\bar{B}C$	1 0 1	m_5
$AB\bar{C}$	1 1 0	m_6
ABC	1 1 1	m_7

（2）最小项表达式

每一个与项都是最小项的与或逻辑式，称为标准与或式，又称最小项表达式。任何形式的逻辑式都可以转化为标准与或式，而且逻辑函数的标准与或式是唯一的。

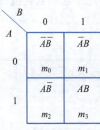**8-2-5** 将逻辑表达式 $Y = \overline{\bar{A}\bar{B}C} + \overline{\overline{AB}} + \overline{CD}$ 展开成最小项表达式。

解 ① 利用摩根定律和分配律把逻辑表达式变换为与或式。

$$Y = \bar{A}\bar{B}\bar{C} + AB\,\overline{CD}$$
$$= \bar{A}\bar{B}\bar{C} + AB(\bar{C}+\bar{D})$$
$$= \bar{A}\bar{B}\bar{C} + AB\bar{C} + AB\bar{D}$$

② 利用配项法变换为标准与或式。

$$Y = \bar{A}\bar{B}\bar{C}(D+\bar{D}) + AB\bar{C}(D+\bar{D}) + AB\bar{D}(C+\bar{C})$$
$$= \bar{A}\bar{B}\bar{C}\bar{D} + \bar{A}\bar{B}\bar{C}D + AB\bar{C}\bar{D} + AB\bar{C}D + ABC\bar{D} + AB\bar{C}\bar{D}$$

③ 利用 $A+A=A$，合并掉相同的最小项。

$$Y = \bar{A}\bar{B}\bar{C}\bar{D} + \bar{A}\bar{B}\bar{C}D + AB\bar{C}\bar{D} + AB\bar{C}D + ABC\bar{D}$$
$$= m_0 + m_1 + m_{12} + m_{13} + m_{15}$$
$$= \sum m(0,1,12,13,15)$$

（3）卡诺图的结构

卡诺图的结构特点是按几何相邻反映逻辑相邻进行排列的。卡诺图的变量标注均采用循环码形式。

二变量卡诺图：它有 $2^2=4$ 个最小项，因此有四个方格。卡诺图上面和左面的 0 表示反变量，1 表示原变量，左上方标注变量，斜线下面为 A，上面为 B，也可以交换，每个小方格对应着一种变量的取值组合，如图 8-2-1（a）所示。

三变量卡诺图：有 $2^3=8$ 个最小项，如图 8-2-1（b）所示。

四变量卡诺图：有 $2^4=16$ 个最小项，如图 8-2-1（c）所示。

（a）二变量卡诺图　　（b）三变量卡诺图　　（c）四变量卡诺图

图 8-2-1　二变量、三变量以及四变量卡诺图

(4) 卡诺图化简逻辑函数

① 逻辑函数的卡诺图。根据逻辑函数的最小项表达式画出函数卡诺图。只要将表达式 Y 中包含的最小项对应的方格内填 1，没有包含的项填 0（或不填），就得到函数卡诺图。

例 8-2-6 某逻辑函数的真值表见表 8-2-2，用卡诺图表示该逻辑函数。

表 8-2-2 真值表

$A\ B\ C$	L
0 0 0	0
0 0 1	0
0 1 0	0
0 1 1	1
1 0 0	0
1 0 1	1
1 1 0	1
1 1 1	1

解 该函数为三变量，先画出三变量卡诺图，然后根据表 8-2-2，将 8 个最小项 L 的取值 0 或者 1 填入卡诺图中对应的 8 个小方格中即可，如图 8-2-2 所示。

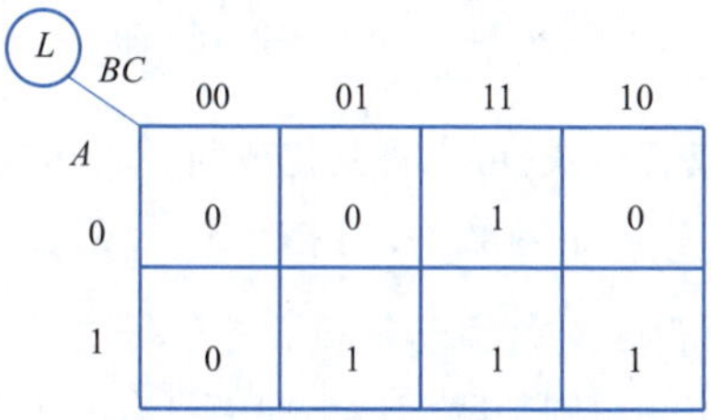

L \ BC	00	01	11	10
A=0	0	0	1	0
A=1	0	1	1	1

图 8-2-2 例 8-2-6 卡诺图

如果逻辑表达式为最小项表达式，则只要将函数式中出现的最小项在卡诺图对应的小方格中填 1，没出现的最小项则在卡诺图对应的小方格中填 0。

例 8-2-7 用卡诺图表示逻辑函数 $F = \overline{A}\,\overline{B}\,\overline{C} + \overline{A}BC + A B\overline{C} + ABC$。

解 该函数为三变量，且为最小项表达式，写成简化形式 $F = m_0 + m_3 + m_6 + m_7$，然后画出三变量卡诺图，将卡诺图中 m_0、m_3、m_6、m_7 对应的小方格填 1，其他小方格 0，如图 8-2-3 所示。

F \ BC	00	01	11	10
A=0	1	0	1	0
A=1	0	0	1	1

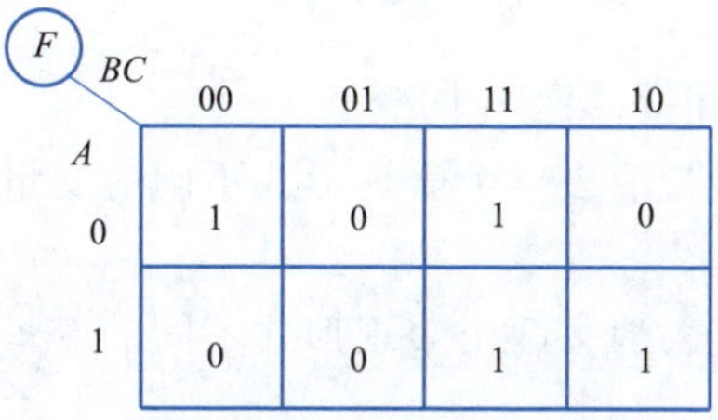

图 8-2-3 例 8-2-7 卡诺图

如果逻辑表达式不是最小项表达式,但为与或表达式,可将其先化成最小项表达式,再填入卡诺图。也可直接填入,直接填入的具体方法是:分别找出每一个与项所包含的所有小方格,全部填入1。

例 8-2-8 用卡诺图表示逻辑函数 $G = A\bar{B} + B\bar{C}D$。

解 $G = A\bar{B} + B\bar{C}D$

$= A\bar{B}(C + \bar{C}) + B\bar{C}D(A + \bar{A})$

$= A\bar{B}C + A\bar{B}\bar{C} + AB\bar{C}D + \bar{A}B\bar{C}D$

$= A\bar{B}C(D + \bar{D}) + A\bar{B}\bar{C}(D + \bar{D}) + AB\bar{C}D + \bar{A}B\bar{C}D$

$= A\bar{B}CD + A\bar{B}C\bar{D} + A\bar{B}\bar{C}D + A\bar{B}\bar{C}\bar{D} + AB\bar{C}D + \bar{A}B\bar{C}D$

$= \sum m(5,8,9,10,11,13)$

对应的卡诺图如图 8-2-4 所示。

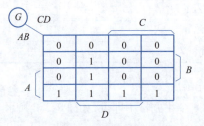

图 8-2-4 例 8-2-8 卡诺图

如果逻辑表达式不是与或表达式,可先将其化成与或表达式,再填入卡诺图。

练一练:学习了这么多关于函数卡诺图的知识,现在可以尝试动手画一下函数的卡诺图。请将如下逻辑函数表达式的卡诺图画出来:$Y = \bar{A}D + \overline{A\bar{B}(C + \bar{B}D)}$。

② 相邻最小项的概念与相邻原则。两个最小项中只有一个变量互为反变量,其余变量均相同,则这两个最小项称为相邻最小项,简称相邻项。

相邻最小项的重要特点:两个相邻最小项相加可合并为一项,消去互反变量,化简结果为相同变量相与。例如 $AB\bar{C} + ABC = AB(\bar{C} + C) = AB$。

卡诺图中最小项相邻原则:上下相邻,左右相邻;同一行最左与最右方格相邻;同一列最上与最下方格相邻。

③ 卡诺图化简法的依据及具体方法:

a. 化简依据。利用公式 $AB + A\bar{B} = A$ 将两个最小项合并,消去表现形式不同的变量。

b. 合并最小项的规律。利用卡诺图合并最小项有两种方法:圈 0 得到反函数,圈 1 得到原函数,通常采用圈 1 的方法。

c. 化简方法。消去不同变量,保留相同变量。

两个相邻项可合并为一项,消去一个表现形式不同的变量,保留相同变量,如图 8-2-5 所示。

四个相邻项可合并为一项,消去两个表现形式不同的变量,保留相同变量,如图 8-2-6 所示。

八个相邻项可合并为一项,消去三个表现形式不同的变量,保留相同变量,如图 8-2-7 所示。

依次类推，2^m 个相邻项合并可消去 m 个不同变量，保留相同变量。

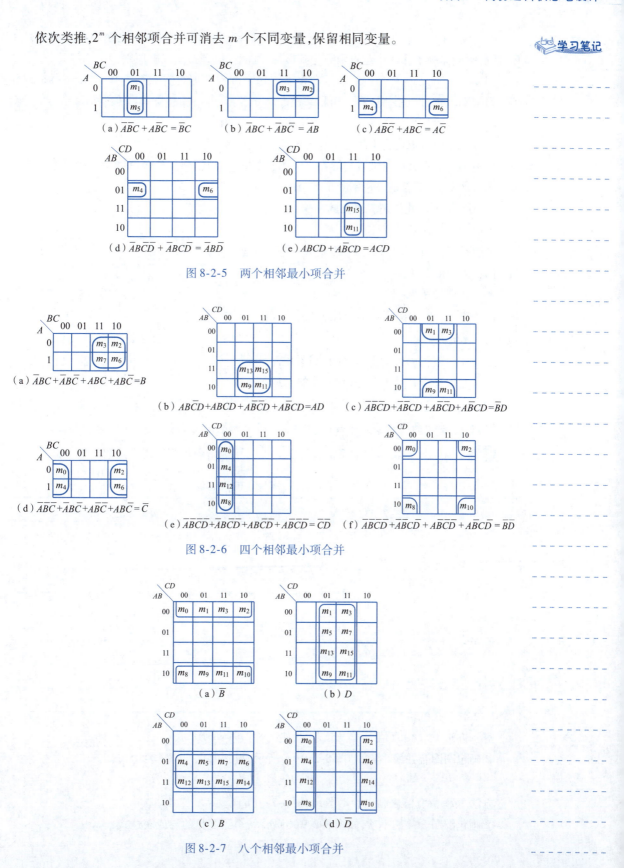

图 8-2-5　两个相邻最小项合并

图 8-2-6　四个相邻最小项合并

图 8-2-7　八个相邻最小项合并

d. 卡诺图中最小项画圈原则。用卡诺图化简逻辑函数,就是在卡诺图中找相邻的最小项,然后画圈。为了保证将逻辑函数化到最简,画圈时必须遵循以下原则:

圈要尽可能大,这样消去的变量就多。但每个圈内只能含有 2^n($n=0,1,2,3\cdots$)个相邻项。要特别注意对边相邻性和四角相邻性。

圈的个数尽量少,这样化简后的逻辑函数的与项就少。

卡诺图中所有取值为 1 的方格均要被圈过,即不能漏下取值为 1 的最小项。

取值为 1 的方格可以被重复圈在不同的包围圈中,但在新画的包围圈中至少要含有 1 个未被圈过的 1 方格,否则该包围圈是多余的。

e. 用卡诺图法化简逻辑函数的步骤:

• 画出逻辑函数的卡诺图。

• 画卡诺圈:按合并最小项的规律,将 2^m 个相邻项为 1 的小方格圈起来。

• 读出化简结果。

例 8-2-9 用卡诺图化简逻辑函数 $F = AD + A\overline{B}\overline{D} + \overline{A}\,\overline{B}\,\overline{C}\,\overline{D} + \overline{A}\,\overline{B}CD$。

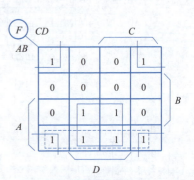

图 8-2-8 例 8-2-9 卡诺图

解 ①由逻辑函数画出卡诺图,如图 8-2-8 所示。

②画包围圈合并最小项,得到简化的与或表达式:

$$F = AD + \overline{B}\,\overline{D}$$

注意:图中的虚线圈是多余的,应去掉;图中的包围圈 $\overline{B}\,\overline{D}$ 是利用了四角相邻性。

例 8-2-10 某逻辑函数的真值表见表 8-2-3,用卡诺图化简该逻辑函数。

表 8-2-3 例 8-2-10 真值表

A B C	L
0 0 0	0
0 0 1	1
0 1 0	1
0 1 1	1
1 0 0	1
1 0 1	1
1 1 0	1
1 1 1	0

解 方法 1:①由真值表画出卡诺图,如图 8-2-9(a)所示。

②画包围圈合并最小项,如图 8-2-9(a)所示,得到简化的与或表达式:

$$L = \overline{B}C + \overline{A}B + A\overline{C}$$

方法 2:①由真值表画出卡诺图,如图 8-2-9(b)所示。

②画包围圈合并最小项,如图 8-2-9(b)所示,得到简化的与或表达式:

$$L = A\overline{B} + \overline{B}C + \overline{A}C$$

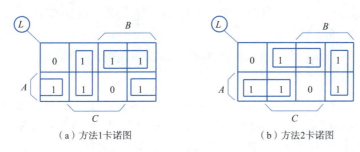

（a）方法1卡诺图　　　　　　　（b）方法2卡诺图

图 8-2-9　例 8-2-10 卡诺图

通过这个例子可以看出,一个逻辑函数的真值表是唯一的,卡诺图也是唯一的,但化简结果有时不是唯一的。

练一练：请用卡诺图化简逻辑函数 $Y = \overline{A}\,\overline{B}CD + \overline{A}B\overline{C}\,\overline{D} + \overline{A}CD + ABC + BD$。

④具有约束项的逻辑函数的化简:

a. 约束项的概念。在实际的逻辑问题中,有些变量的取值是不允许、不可能、不应该出现的,这些取值对应的最小项称为约束项,有时又称禁止项、无关项、任意项,在卡诺图或真值表中用 × 或 Φ 来表示,在逻辑表达式中则用字母 d 和相应的编号来表示。

约束项的输出是任意的,可以认为是"1",也可以认为是"0"。对于含有约束项的逻辑函数的化简,如果它对函数化简有利,则认为它是"1";反之,则认为它是"0"。

逻辑函数中的约束项表示方法如下:如一个逻辑函数的约束项是 $\overline{A}\,\overline{B}\,\overline{C}$、$\overline{A}B\overline{C}$、$A\overline{B}\,\overline{C}$、$ABC$,则可以写成下列等式 $\overline{A}\,\overline{B}\,\overline{C} + \overline{A}B\overline{C} + A\overline{B}\,\overline{C} + ABC = 0$。

b. 具有约束项的逻辑函数化简步骤:

- 填入具有约束项的函数卡诺图。
- 画卡诺圈合并(约束项"×"使结果简化看作"1",否则为"0")。
- 写出简化结果(消去不同,保留相同)。

例 8-2-11　用卡诺图化简 $Y = \sum m(0,1,4,6,9,13) + \sum d(2,3,5,7,10,11,15)$。

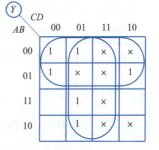

解　①画四变量卡诺图。
②填卡诺图。
③画包围圈,如图 8-2-10 所示。
④写出最简与或式: $Y = \overline{A} + D$。

图 8-2-10　例 8-2-11 卡诺图

项目实施

步骤一　准备工作

(1)需求分析:明确"数字智慧眼"的功能需求,包括测量逻辑电路输出状态、数字显示、声音提示、数据存储与分享等。

(2)材料准备:
①电子元器件:逻辑门电路、显示屏、声音发生器、微处理器、存储模块等;
②工具与设备:焊接设备、示波器、电压表、测试板等;

③外壳材料：透明或半透明材料（如亚克力、透明塑料）用于展示内部结构；

④其他：电池、充电器等。

（3）团队分工：明确团队成员在设计、焊接、调试等环节的具体职责。

步骤二 原理图设计与仿真验证

（1）原理图设计：使用电路设计软件 Altium Designer 绘制"数字智慧眼"的电路原理图。

（2）仿真验证：利用仿真软件 Multisim 对原理图进行仿真，确保逻辑正确、功能实现。

（3）优化调整：根据仿真结果调整原理图设计，确保性能最佳。

步骤三 电路焊接与调试

（1）电路焊接：

①按照原理图在测试板上焊接电子元器件；

②采用合适的焊接工艺，确保焊接质量；

③注意焊接顺序，先焊接核心电路，再逐步扩展。

（2）初步调试：

①检查焊接是否牢固，确保无短路、断路现象；

②使用电压表、示波器等工具测试关键点的电压和相关波形，确保信号传递正确。

（3）功能调试：

①测试数字显示屏是否能够正确显示输出状态；

②测试声音发生器是否能够根据输出状态发出相应声音；

③测试存储与分享功能是否正常工作。

步骤四 外观设计与制作

（1）外观设计：根据前期需求分析，使用 CAD 软件设计"数字智慧眼"的外观，确保小巧、便携，并充满未来感和科技感。

（2）外壳制作：采用透明或半透明材料制作外壳，展示内部结构。

步骤五 组装与测试

将焊接好的电路板放入外壳中，组装成完整的"数字智慧眼"，并进行最终的功能测试。

项目验收

整个项目完成之后，下面来检测一下完成的效果。具体测评细则见下表。

项目完成情况测评细则

评价内容	分值	评价细则	量化分值	得分
信息收集与自主学习	20分	（1）收集与仪表放大电路相关的资料，包括但不限于基本原理、应用案例、常用电路拓扑等	5分	
		（2）收集资料具有针对性和实用性，能够支持自己的设计方案	5分	
		（3）对收集到的资料进行深入学习，理解仪表放大电路的基本原理和工作机制	5分	
		（4）自主学习过程中应记录关键知识点，并能够将这些知识点应用于后续的设计过程中	5分	

续表

评价内容	分值	评价细则	量化分值	得分
电路设计与实施	40 分	(1)针对所选领域,提出具有创新性的仪表放大电路设计方案	8 分	
		(2)设计方案是否明确解决的具体问题、使用场景以及预期效果	8 分	
		(3)根据设计方案选择合适的电路拓扑,并解释选择的理由	8 分	
		(4)电路拓扑是否满足设计需求,并考虑到成本、可靠性等因素	8 分	
		(5)选择合适的元器件,如放大器、电阻、电容等,并给出计算过程和参数选择依据	8 分	
测试与调试	30 分	(1)是否使用仿真软件对设计的仪表放大电路进行仿真测试,记录测试结果	8 分	
		(2)仿真测试是否覆盖电路的各种工作状态,确保电路性能符合要求	8 分	
		(3)根据设计方案制作实物电路,并进行实际调试	7 分	
		(4)调试过程中是否记录关键参数和调试过程,确保电路性能达到预期	7 分	
职业素养与职业规范	10 分	(1)在设计过程中,与同学们保持良好的沟通,协作完成任务	2 分	
		(2)能够积极分享自己的想法和经验,帮助团队共同进步	3 分	
		(3)编写设计报告,内容应包括设计思路、电路原理、测试结果等	3 分	
		(4)在展示过程中,能够清晰、自信地介绍自己的设计方案和创意	2 分	
总计		100 分		

巩固与拓展

一、知识巩固

1. 填空题

(1)基本的逻辑门电路有_____、_____、_____。

(2)基本逻辑运算有_____、或、非三种。

(3)描述逻辑函数各个变量取值组合与函数值对应关系的表格称为_____。

(4)在逻辑运算中,1+1=_____;十进制运算中1+1=_____;二进制运算中1+1=_____。

(5)表示逻辑函数功能的常用方法有_____、_____、卡诺图、波形图等。

(6)函数 $Y = AB + AC$ 的最小项表达式为_____。

(7)已知某函数 $F = (\overline{B} + A + CD)(AB + \overline{\overline{CD}})$,根据反演规则直接写出该函数的反函数 $\overline{F} = $_____。

参考答案

(8) 逻辑函数的化简方法有_____和_____。

(9) 函数 $Z = ABC + BCD$，根据对偶规则写出该函数的对偶式 $Z' =$ _____；根据反演规则直接写出该函数的反函数 $\bar{Z} =$ _____。

(10) 组合电路由_____构成，它的输出只取决于_____，与原状态无关。

2. 选择题

(1) 一个班有四个班级委员，如果开班委会，必须这四个班级委员全部同意才能召开，其逻辑关系属于(　　)逻辑。

    A. 与   B. 或   C. 非

(2) 正逻辑是指(　　)。

    A. 高电平用 1 表示，低电平用 0 表示

    B. 高电平用 0 表示，低电平用 1 表示

    C. 高电平、低电平均用 1 表示或用 0 表示

(3) 二输入端的或非门，其输入端为 A、B，输出端为 Y，则其表达式 $Y = $ (　　)。

    A. AB B. $\overline{AB}$ C. $\overline{A+B}$

(4) 下列关于异或运算的式子中，不正确的是(　　)。

    A. $A \oplus A = 0$ B. $\bar{A} \oplus \bar{A} = 1$ C. $A \oplus 0 = A$

(5) 和逻辑式 $A + A\overline{BC}$ 相等的是(　　)。

    A. ABC B. $1 + BC$ C. A

(6) 若逻辑表达式 $F = \overline{A} + B$，则下列表达式中与 F 相同的是(　　)。

    A. $F = \overline{A}\overline{B}$ B. $F = \overline{AB}$ C. $F = \overline{A} + \overline{B}$

(7) 若一个逻辑函数由三个变量组成，则最小项的个数共有(　　)个。

    A. 3   B. 4   C. 8

(8) 已知逻辑函数 $F = \overline{A}B + \overline{B}C$，则它的"与非-与非"表达式为(　　)。

    A. $\overline{\overline{A}B} + \overline{\overline{B}C}$ B. $\overline{\overline{\overline{A}B} \cdot \overline{\overline{B}C}}$ C. $\overline{\overline{AB} \cdot \overline{\overline{B}C}}$

(9) 逻辑函数 $F(A,B,C) = AB + BC + A\overline{C}$ 的最小项标准式为(　　)。

    A. $F(A,B,C) = \sum m(0,2,4)$

    B. $F(A,B,C) = \sum m(1,5,6,7)$

    C. $F(A,B,C) = \sum m(3,4,6,7)$

3. 判断题

(1) 逻辑变量的取值，1 比 0 大。　　　　　　　　　　　　　　　　　　　　　　(　　)

(2) 若两个函数具有不同的逻辑函数式，则两个逻辑函数必然不相等。　　　(　　)

(3) 因为逻辑表达式 $A + (A + B) = B + (A + B)$ 是成立的，所以等式两边同时减去 $(A + B)$，得 $A = B$ 也是成立的。　　　　　　　　　　　　　　　　　　　　　　　　　(　　)

(4) 因为逻辑表达式 $A + AB = A$，所以 $B = 1$；又因 $A + AB = A$，若两边同时减去 A，则得 $AB = 0$。　　　　　　　　　　　　　　　　　　　　　　　　　　　　　　(　　)

4. 写出下列各式的对偶式

（1）$F = A \cdot \overline{B + \overline{D}} + (AC + BD)E$。

（2）$F = \overline{\overline{AB} + C + D} + E$。

5. 利用反演规则求下列函数的反函数

（1）$F = \overline{[A + (B\overline{C} + CD)E] + F}$。

（2）$F = \overline{AB} + ABC(A + BC)$。

6. 用代数法化简下列逻辑函数为最简与或表达式

（1）$F = AB\overline{CD} + ABD + BCD + ABC + BD + \overline{BC}$。

（2）$F = \overline{A}BC + A\overline{B}C + ABC + AB\overline{C}$。

（3）$F = \overline{A}\,\overline{B}C + \overline{A}BC + A\overline{B}C + \overline{A}\,\overline{B}\,\overline{C} + ABC$。

（4）$F = A\overline{B} + \overline{B}CD + \overline{C}\,\overline{D} + AB\overline{C} + \overline{A}CD$。

（5）$F = \overline{A + BC} + AB + \overline{B}CD$。

（6）$F = (A + B)C + \overline{A}\,\overline{C} + \overline{AB} + \overline{BC}$。

7. 用卡诺图化简下列逻辑函数为最简与或表达式

（1）$F(A,B,C) = \sum m(0,1,2,5)$。

（2）$F(A,B,C,D) = \sum m(0,1,2,3,4,9,10,12,13,14,15)$。

（3）$F(A,B,C,D) = \sum m(0,1,2,3,4,6,8,9,10,11,12,14)$。

（4）$F(A,B,C,D) = \sum m(1,3,8,9,10,11,14,15)$。

（5）$F(A,B,C) = \sum m(3,4,5) + \sum d(1,6)$。

（6）$F(A,B,C,D) = \sum m(0,1,3,4,6,7,15) + \sum d(2,8,10)$。

（7）$F(A,B,C,D) = \sum m(1,3,4,5,13) + \sum d(7,11,12)$。

（8）$F = \overline{A}B + \overline{B}C + \overline{B}\,\overline{C}$。

（9）$F = ABD + \overline{A}\,\overline{C}D + \overline{A}B + \overline{A}CD + A\overline{B}D$。

（10）$F = \overline{A}B + \overline{A}\,\overline{C}$（约束条件为 $AB + AC = 0$）。

（11）$F = \overline{A}\,\overline{B}C + \overline{A}BD + \overline{A}B\overline{D} + AB\overline{C}\,\overline{D}$（约束条件为 $AB + AC = 0$）。

二、实践拓展

通过本项目的理论学习,对常见的门电路和复合门电路有了比较详细的了解。然而,在实际工程中,很少使用单个的门电路,而是广泛应用各种集成电路。因此,请利用网络资源和图书馆资源,收集和整理有关集成门电路的相关知识,并进行相互探讨和学习。在学习的过程中,要达到以下目标:

(1)了解集成逻辑门电路的概念和分类;

(2)掌握常用 TTL 逻辑门电路的引脚识读及使用注意事项;

(3)了解 CMOS 逻辑门电路的型号及使用注意事项;

(4)收集并归纳整理常见的 74 系列芯片型号及其功能。

74系列芯片功能介绍说明

项目 9

多人抢答器的设计与制作

📘 项目目标

知识目标：
(1) 掌握组合逻辑电路的分析和设计原理；
(2) 掌握常见编码器和译码器的使用方法；
(3) 掌握数据选择器、数据分配器和加法器等常见数字逻辑芯片的使用方法。

技能目标：
(1) 能够利用卡诺图实现逻辑函数的化简；
(2) 能够根据化简后的逻辑函数，选取合适的门电路实现所需逻辑；
(3) 能够使用编码器、译码器、数据选择器和分配器等芯片解决实际问题。

素质目标：
(1) 培养逻辑思维和分析问题的能力；
(2) 培养解决问题的方法论和实践能力；
(3) 通过解决复杂逻辑问题时的合作与讨论，进一步培养团队合作能力；
(4) 培养对数字电路和的学习兴趣和热情，激发学生科技报国之志。

🧰 项目描述

大家在电视上应该都看到过答题节目吧？例如央视播出的《中国诗词大会》，选手们以诗词会友，通过对诗词知识的赏析和比拼，让我们体会到了古人的大智慧和大情怀。其中最为激烈的当属最后的"擂主争霸赛"环节——攻擂者和守擂者需在主持人念完题目之后，快速按下抢答按钮并答对题目，否则将会给对手送上一分。

抢答器的工作原理是什么？如何设计和制作一个抢答器？

下面就让我们用上一个项目学习的逻辑函数化简知识，和本项目将要学习的编码器和译码器，来设计一个抢答器吧！

任务布置：

设计一款抢答器，可用于多人的题目抢答，并显示抢答者的序号。

(1) 外观设计：抢答器除了具有主要的处理电路外，它还具有多个按键开关，用于分发给选手进行抢答。抢答器本体有一个显示屏，可以显示抢答者的序号。当然，也可以让抢答按钮和本体之间通过蓝牙等无线方式进行通信，这样就可以省去连接线，让抢答器整体更加利于携带和配置。

（2）功能设计：除了抢答的基本功能外，还可以让抢答器用声音播报抢答者序号，并辅助多彩灯光秀等元素，营造更加酷炫的氛围。

相关知识

一、组合逻辑电路的分析与设计

1. 组合逻辑电路的基本概念

逻辑电路按照逻辑功能的不同可分为两大类：一类是组合逻辑电路（简称组合电路），另一类是时序逻辑电路（简称时序电路）。所谓组合电路，是指电路在任一时刻的输出状态只与同一时刻各输入状态的组合有关，而与前一时刻的输出状态无关。组合逻辑电路示意图如图 9-1-1 所示。

图 9-1-1　组合逻辑电路示意图

组合逻辑电路的特点：
①输出、输入之间没有反馈延迟通路。
②电路中不含记忆元件。

2. 组合逻辑电路的分析方法

分析组合逻辑电路的目的是确定已知电路的逻辑功能，或者检查电路设计是否合理。组合逻辑电路的分析步骤如下：
①根据已知的逻辑图，从输入到输出逐级写出逻辑表达式。
②利用公式法或卡诺图法化简逻辑表达式。
③列真值表，确定其逻辑功能。

例 9-1-1　分析图 9-1-2 所示组合逻辑电路的功能。

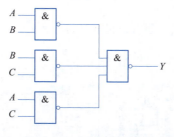

图 9-1-2　例 9-1-1 组合逻辑电路

视频 •
组合逻辑电路分析、设计方法1

解　根据图 9-1-2 中的逻辑门，写出输出 Y 和输入 A、B、C 之间的逻辑关系如下：

$$Y = \overline{\overline{AB} \cdot \overline{BC} \cdot \overline{AC}}$$

利用公式法化简,可得 $Y = AB + BC + AC$。

其真值表见表9-1-1。

表 9-1-1 例 9-1-1 的真值表

A	B	C	Y
0	0	0	0
0	0	1	0
0	1	0	0
0	1	1	1
1	0	0	0
1	0	1	1
1	1	1	1
1	1	0	1

由表9-1-1可知,此电路功能为:若输入两个或以上的1(或0),输出为1(或0),此电路在实际应用中可作为多数表决电路使用。

例9-1-1的逻辑电路仿真分析图如图9-1-3所示。

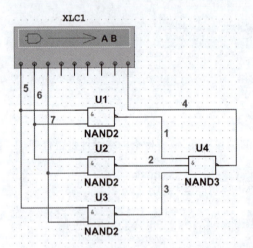
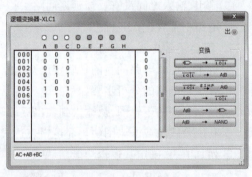

图 9-1-3 例 9-1-1 逻辑电路仿真分析图

例 9-1-2 分析图9-1-4所示组合逻辑电路的功能。

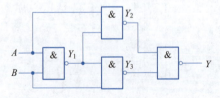

图 9-1-4 例 9-1-2 组合逻辑电路

解 根据此电路图中的逻辑门,写出输出 Y 和输入 A、B、C 之间的逻辑关系如下:

$$Y_1 = \overline{AB}$$
$$Y_2 = \overline{AY_1} = \overline{A \cdot \overline{AB}} = \overline{A \cdot (\overline{A} + \overline{B})} = \overline{A \cdot \overline{B}} = \overline{A} + B$$
$$Y_3 = \overline{BY_1} = \overline{B \cdot \overline{AB}} = \overline{B \cdot (\overline{A} + \overline{B})} = \overline{B \cdot \overline{A}} = \overline{B} + A$$
$$Y = \overline{Y_2 Y_3} = \overline{(\overline{B} + A) \cdot (\overline{A} + B)} = \overline{\overline{B} + A} + \overline{\overline{A} + B} = \overline{A} \cdot B + A \cdot \overline{B} = A \oplus B$$

确定逻辑功能：从逻辑表达式可以看出，该电路具有"异或"功能。

例 9-1-2 的逻辑电路仿真分析图如图 9-1-5 所示。

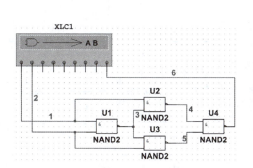

图 9-1-5　例 9-1-2 逻辑电路仿真分析图

3. 组合逻辑电路的设计方法

组合逻辑电路设计的目的是根据功能要求设计门电路。组合逻辑电路的设计步骤分为四步：

①根据设计要求，确定输入、输出变量的个数，并对它们进行逻辑赋值，即确定 0 和 1 代表的含义。

②根据逻辑功能要求列出真值表、表达式。

③化简逻辑函数。

④根据要求画出逻辑图。

例 9-1-3　有三个班学生上自习，大教室能容纳两个班学生，小教室能容纳一个班学生。请设计两个教室开灯的逻辑控制电路，要求如下：

①一个班上自习，只开小教室的灯。

②两个班上自习，只开大教室的灯。

③三个班上自习，两教室均开灯。

解　①首先确定输入、输出变量的个数。根据电路要求，设输入变量 A、B、C 分别表示三个班学生，1 表示上自习，0 表示不上自习；输出变量 Y、G 分别表示大教室、小教室的灯，1 表示亮，0 表示灭。

②列真值表，见表 9-1-2。

表 9-1-2　例 9-1-3 的真值表

A	B	C	Y	G
0	0	0	0	0

续表

A	B	C	Y	G
0	0	1	0	1
0	1	0	0	1
0	1	1	1	0
1	0	0	0	1
1	0	1	1	0
1	1	0	1	0
1	1	1	1	1

③利用卡诺图化简逻辑函数。需注意的是,这里包含两个输出 Y 和 G,因此需要分别画出 Y 和 G 关于输入 A、B、C 的卡诺图。

④写出逻辑表达式,利用门电路实现逻辑:

$$Y = AC + AB + BC$$

$$\begin{aligned} G &= \overline{ABC} + \overline{A}B\overline{C} + A\overline{BC} + ABC \\ &= \overline{A}(\overline{B}C + B\overline{C}) + A(\overline{B}\,\overline{C} + BC) \\ &= A \oplus B \oplus C \end{aligned}$$

⑤画出逻辑图。具体如图 9-1-7(a)所示。若要求仅用 TTL 与非门实现该逻辑,则需要将表达式仅用与非形式写出,然后根据表达式构成门电路,其电路结构如图 9-1-7(b)所示。

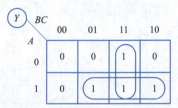

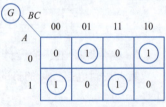

图 9-1-6　例 9-1-3 的卡诺图

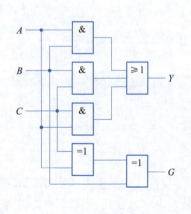

（a）直接实现

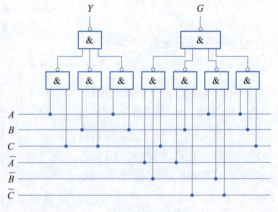

（b）用与非门实现

图 9-1-7　例 9-1-3 的逻辑门电路

二、集成编码器

1. 编码器的概念

所谓编码,就是将特定含义的输入信号(文字、数字、符号)转换成二进制代码的过程。实现编码操作的数字电路称为编码器。按照编码方式不同，编码器可分为普通编码器和优先编码器；按照输出代码种类的不同，编码器可分为二进制编码器和非二进制编码器。

（1）二进制编码器

若输入信号的个数 N 与输出变量的位数 n 满足 $N=2^n$，此电路称为二进制编码器。任何时刻只能对其中一个输入信息进行编码，即输入的 N 个信号是互相排斥的，它属于普通编码器。若编码器输入为四个信号，输出为两位代码，则称为 4 线-2 线编码器（或 4/2 线编码器）。

（2）非二进制编码器（以二-十进制编码器为例）

二-十进制编码器是指用四位二进制代码表示一位十进制数的编码电路，又称 10 线-4 线编码器。

最常见是 8421BCD 码编码器，如图 9-2-1 所示。其中，输入信号 $I_0 \sim I_9$ 代表 0～9 共 10 个十进制信号，输出信号 $Y_3 \sim Y_0$ 由高到低为相应二进制代码。

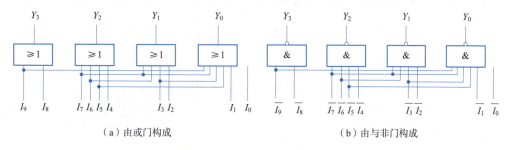

（a）由或门构成　　　　　　　　　　（b）由与非门构成

图 9-2-1　8421BCD 码编码器

由图 9-2-1（b）可以写出各输出逻辑表达式为

$$Y_0 = \overline{\overline{I_9} \cdot \overline{I_7} \cdot \overline{I_5} \cdot \overline{I_3} \cdot \overline{I_1}} = I_9 + I_7 + I_5 + I_3 + I_1$$

$$Y_1 = \overline{\overline{I_7}\,\overline{I_6}\,\overline{I_3}\,\overline{I_2}} = I_7 + I_6 + I_3 + I_2$$

$$Y_2 = \overline{\overline{I_7} \cdot \overline{I_6} \cdot \overline{I_5} \cdot \overline{I_4}} = I_7 + I_6 + I_5 + I_4$$

$$Y_3 = \overline{\overline{I_9} \cdot \overline{I_8}} = I_9 + I_8$$

其逻辑功能表见表 9-2-1。

表 9-2-1　8421BCD 码编码器功能表

输入										输出			
I_0	I_1	I_2	I_3	I_4	I_5	I_6	I_7	I_8	I_9	Y_3	Y_2	Y_1	Y_0
1	0	0	0	0	0	0	0	0	0	0	0	0	0
0	1	0	0	0	0	0	0	0	0	0	0	0	1
0	0	1	0	0	0	0	0	0	0	0	0	1	0
0	0	0	1	0	0	0	0	0	0	0	0	1	1
0	0	0	0	1	0	0	0	0	0	0	1	0	0
0	0	0	0	0	1	0	0	0	0	0	1	0	1
0	0	0	0	0	0	1	0	0	0	0	1	1	0
0	0	0	0	0	0	0	1	0	0	0	1	1	1

续表

输入										输出			
I_0	I_1	I_2	I_3	I_4	I_5	I_6	I_7	I_8	I_9	Y_3	Y_2	Y_1	Y_0
0	0	0	0	0	0	0	0	1	0	1	0	0	0
0	0	0	0	0	0	0	0	0	1	1	0	0	1

（3）优先编码器

优先编码器是当多个输入端同时有信号时，电路只对其中优先级别最高的信号进行编码。

10 线-4 线集成优先编码器常见型号为 54/74147、54/74LS147，8 线-3 线集成优先编码器常见型号为 54/74148、54/74LS148。

74LS148 是 8 线-3 线优先编码器，如图 9-2-2 所示。图中，$\overline{I_0} \sim \overline{I_7}$ 为输入信号端。

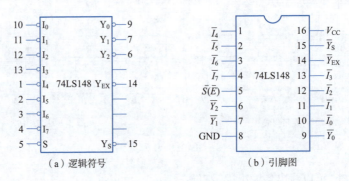

图 9-2-2　74LS148 逻辑符号和引脚图

74LS148 功能表见表 9-2-2，从中可以看到，当优先级较高的引脚有低电平时，编码器输出不会受到优先级较低的引脚电平影响。

表 9-2-2　优先编码器 74LS148 功能表

输　入									输出			扩展输出	使能输出
$\overline{S}$	$\overline{I_7}$	$\overline{I_6}$	$\overline{I_5}$	$\overline{I_4}$	$\overline{I_3}$	$\overline{I_2}$	$\overline{I_1}$	$\overline{I_0}$	$\overline{Y_2}$	$\overline{Y_2}$	$\overline{Y_2}$	$\overline{Y_{EX}}$	$\overline{Y_S}$
1	×	×	×	×	×	×	×	×	1	1	1	1	1
0	1	1	1	1	1	1	1	1	1	1	1	1	0
0	0	×	×	×	×	×	×	×	0	0	0	0	1
0	1	0	×	×	×	×	×	×	0	0	1	0	1
0	1	1	0	×	×	×	×	×	0	1	0	0	1
0	1	1	1	0	×	×	×	×	0	1	1	0	1
0	1	1	1	1	0	×	×	×	1	0	0	0	1
0	1	1	1	1	1	0	×	×	1	0	1	0	1
0	1	1	1	1	1	1	0	×	1	1	0	0	1
0	1	1	1	1	1	1	1	0	1	1	1	0	1

2. 编码器的应用和扩展

74LS148 优先编码器的应用是非常广泛的。例如，常用计算机键盘，其内部就是一个字符编码器。它将键盘上的大小写英文字母、数字及符号,还包括一些功能键(回车、空格)等编成一系列的七位二进制数码,送到计算机的中央处理器(CPU),然后再进行处理、存储、输出到显示器或打印机上。还可以用 74LS148 编码器监控炉罐的温度,若其中任何一个炉温超过标准温度或低于标准温度,则检测传感器输出一个 0 电平到 74LS148 编码器的输入端,编码器编码后输出三位二进制代码到微处理器进行控制。

用 74LS148 优先编码器可以多级连接进行功能扩展,如用两块 74LS148 可以扩展成为一个 16 线-4 线优先编码器,如图 9-2-3 所示。

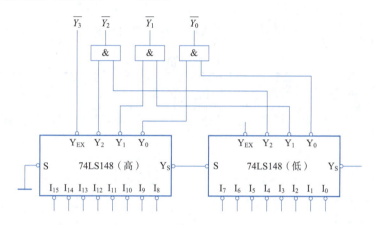

图 9-2-3 16 线-4 线优先编码器

根据图 9-2-3 进行分析可以看出,高位片 $\bar{S}=0$ 允许对输入信号 $\overline{I_8} \sim \overline{I_{15}}$ 编码。

若高位片有输入信号,则高位片 $\overline{Y_S}=1$,即低位片 $\bar{S}=1$,此时高位片编码,低位片禁止编码。

但若 $\overline{I_8} \sim \overline{I_{15}}$ 都是高电平,即均无编码请求,则高位片 $\overline{Y_S}=0$,即低位片 $\bar{S}=0$,允许低位片对输入 $\overline{I_0} \sim \overline{I_7}$ 编码。显然,高位片的编码级别优先于低位片。

三、集成译码器

1. 译码器的概念

译码是编码的逆过程,即将每一组输入二进制代码"翻译"成为一个特定的输出信号。实现译码功能的数字电路称为译码器。译码器分为变量译码器和显示译码器。变量译码器有二进制译码器和非二进制译码器。显示译码器按显示材料分为荧光译码器、发光二极管译码器、液晶显示译码器;按显示内容分为文字译码器、数字译码器、符号译码器。

(1)二进制译码器(变量译码器)

变量译码器种类很多。常用的有 TTL 系列中 54/74HC138、54/74LS138;CMOS 系列中的 54/74HC138、54/74HCT138 等。图 9-3-1 所示为 74LS138 译码器的逻辑符号、引脚图,其功能表见表 9-3-1。

由表 9-3-1 可知,它能译出三个输入变量的全部状态。该译码器设置了 E_1、$\overline{E_{2A}}$、$\overline{E_{2B}}$ 三个使能输入端,当 E_1 为 1 且 $\overline{E_{2A}}$ 和 $\overline{E_{2B}}$ 均为 0 时,译码器处于工作状态,否则译码器不工作。

集成数字逻辑芯片应用电路仿真与调试2

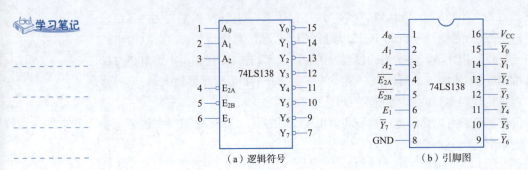

(a) 逻辑符号　　　　　　　　　　(b) 引脚图

图 9-3-1　74LS138 逻辑符号和引脚图

表 9-3-1　74LS138 功能表

使能输入			输入			输出							
$\overline{E_{2A}}$	$\overline{E_{2B}}$	E_1	$\overline{A_2}$	$\overline{A_1}$	$\overline{A_0}$	$\overline{Y_0}$	$\overline{Y_1}$	$\overline{Y_2}$	$\overline{Y_3}$	$\overline{Y_4}$	$\overline{Y_5}$	$\overline{Y_6}$	$\overline{Y_7}$
0	0	1	0	0	0	0	1	1	1	1	1	1	1
0	0	1	0	0	1	1	0	1	1	1	1	1	1
0	0	1	0	1	0	1	1	0	1	1	1	1	1
0	0	1	0	1	1	1	1	1	0	1	1	1	1
0	0	1	1	0	0	1	1	1	1	0	1	1	1
0	0	1	1	0	1	1	1	1	1	1	0	1	1
0	0	1	1	1	0	1	1	1	1	1	1	0	1
0	0	1	1	1	1	1	1	1	1	1	1	1	0
×	×	0	×	×	×	1	1	1	1	1	1	1	1
不同时为 0	×	×	×	×	×	1	1	1	1	1	1	1	1

(2) 非二进制译码器

非二进制译码器种类很多,其中二-十进制译码器应用较广泛。二-十进制译码器常用型号有:TTL 系列的 54/7442、54/74LS42 和 CMOS 系列的 54/74HC42、54/74HCT42 等。图 9-3-2 所示为 74LS42 的逻辑符号和引脚图。该译码器有 $A_0 \sim A_3$ 四个输入端,$\overline{Y_0} \sim \overline{Y_9}$ 十个输出端,简称 4 线-10 线译码器,74LS42 的功能表见表 9-3-2。

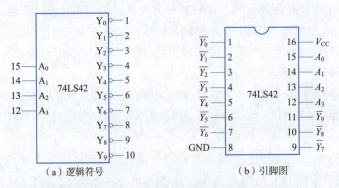

(a) 逻辑符号　　　　　　　　　　(b) 引脚图

图 9-3-2　74LS42 逻辑符号和引脚图

表 9-3-2 74LS42 功能表

序号	输入				输出									
	A_3	A_2	A_1	A_0	$\overline{Y_0}$	$\overline{Y_1}$	$\overline{Y_2}$	$\overline{Y_3}$	$\overline{Y_4}$	$\overline{Y_5}$	$\overline{Y_6}$	$\overline{Y_7}$	$\overline{Y_8}$	$\overline{Y_9}$
0	0	0	0	0	0	1	1	1	1	1	1	1	1	1
1	0	0	0	1	1	0	1	1	1	1	1	1	1	1
2	0	0	1	0	1	1	0	1	1	1	1	1	1	1
3	0	0	1	1	1	1	1	0	1	1	1	1	1	1
4	0	1	0	0	1	1	1	1	0	1	1	1	1	1
5	0	1	0	1	1	1	1	1	1	0	1	1	1	1
6	0	1	1	0	1	1	1	1	1	1	0	1	1	1
7	0	1	1	1	1	1	1	1	1	1	1	0	1	1
8	1	0	0	0	1	1	1	1	1	1	1	1	0	1
9	1	0	0	1	1	1	1	1	1	1	1	1	1	0
伪码	1	0	1	0	所有引脚全都输出1									
	1	0	1	1										
	1	1	0	0										
	1	1	0	1										
	1	1	1	0										
	1	1	1	1										

（3）显示译码器

显示译码器常见于数字显示电路。数码显示器按显示方式有分段式、字形重叠式、点阵式。其中，七段数字显示器应用最普遍。图9-3-3（a）所示的半导体发光二极管显示器是数字电路中使用最多的显示器，它有共阳极和共阴极两种接法。图9-3-3（b）所示为发光二极管的共阳极接法，是将各发光二极管阳极相接，对应极接低电平时亮。图9-3-3（c）所示为发光二极管的共阴极接法，是将各发光二极管的阴极相接，对应极接高电平时亮。

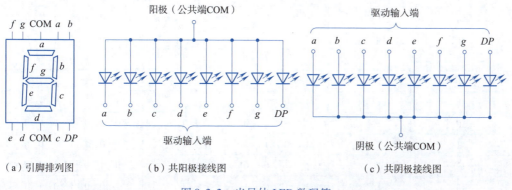

（a）引脚排列图　　　　（b）共阳极接线图　　　　　　　（c）共阴极接线图

图 9-3-3　半导体 LED 数码管

七段数字显示器发光段组合图如图 9-3-4 所示。

图 9-3-5 为显示译码器 74LS48 逻辑符号和引脚图，表 9-3-3 为 74LS48 功能表，它有三个辅助控制端 $\overline{LT}$、$\overline{RBI}$、$\overline{BI}/\overline{RBO}$。

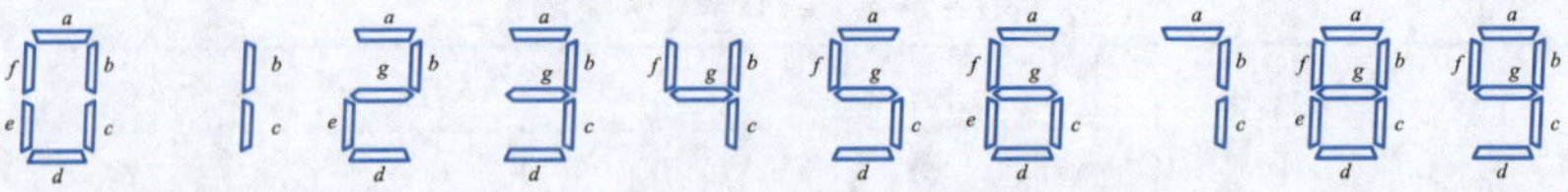

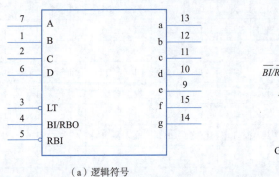

图 9-3-4 七段数字显示器发光段组合图

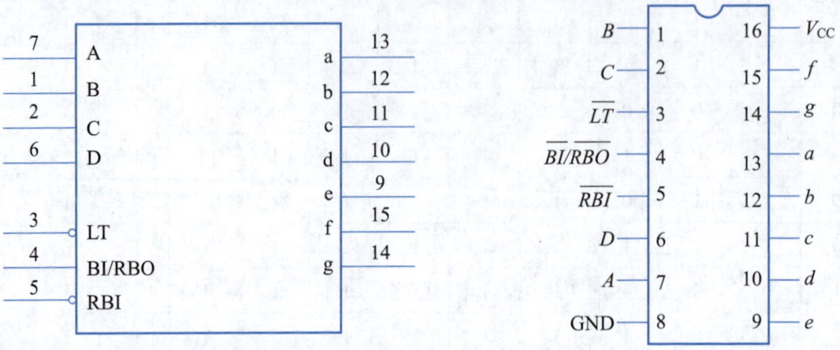

（a）逻辑符号　　　　（b）引脚图

图 9-3-5　74LS48 逻辑符号和引脚图

表 9-3-3　74LS48 功能表

功能或十进制数	输入						输出						
	$\overline{LT}$	$\overline{RBI}$	A_3	A_2	A_1	A_0	$\overline{BI/RBO}$	a	b	c	d	e	f	g
$\overline{BI/RBO}$（灭灯）	×	×	×	×	×	×	0（输入）	0	0	0	0	0	0	0
$\overline{LT}$（试灯）	0	×	×	×	×	×	1	1	1	1	1	1	1	1
$\overline{RBI}$（动态灭零）	1	0	0	0	0	0	0	0	0	0	0	0	0	0
0	1	1	0	0	0	0	1	1	1	1	1	1	1	0
1	1	×	0	0	0	1	1	0	1	1	0	0	0	0
2	1	×	0	0	1	0	1	1	1	0	1	1	0	1
3	1	×	0	0	1	1	1	1	1	1	1	0	0	1
4	1	×	0	1	0	0	1	0	1	1	0	0	1	1
5	1	×	0	1	0	1	1	1	0	1	1	0	1	1
6	1	×	0	1	1	0	1	0	0	1	1	1	1	1
7	1	×	0	1	1	1	1	1	1	1	0	0	0	0
8	1	×	1	0	0	0	1	1	1	1	1	1	1	1
9	1	×	1	0	0	1	1	1	1	1	0	0	1	1
10	1	×	1	0	1	0	1	0	0	0	1	1	0	1
11	1	×	1	0	1	1	1	0	0	1	1	0	0	1
12	1	×	1	1	0	0	1	0	1	0	0	0	1	1
13	1	×	1	1	0	1	1	1	0	0	1	0	1	1
14	1	×	1	1	1	0	1	0	0	0	1	1	1	1
15	1	×	1	1	1	1	1	0	0	0	0	0	0	0

2. 译码器的应用和扩展

（1）显示译码器的典型应用

图 9-3-6 所示为 74LS48 和共阴极数码管的仿真电路。通过在输入端引入高低电平，经过 74LS48 译码之后，在 $A\sim G$ 引脚输出高低电平，点亮对应数码管以显示数字。

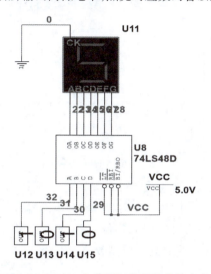

图 9-3-6　74LS48 和共阴极数码管的仿真电路

（2）实现多个最小项的和

例如，想实现函数 $Y = \overline{A}\,\overline{C} + \overline{B}\,\overline{C}$，其逻辑真值表及其最小项求和式如图 9-3-7 所示。

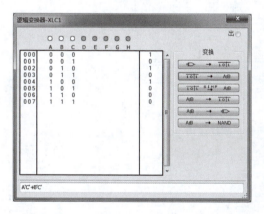
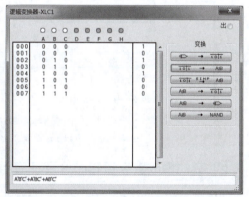

图 9-3-7　逻辑真值表及最小项求和式

观察发现，这是一个三输入的求和式，尝试使用 3 线-8 线译码器 74LS138 来实现这个逻辑。由真值表可见：

$$Y = m_0 + m_2 + m_4 = \overline{\overline{Y_0}} + \overline{\overline{Y_2}} + \overline{\overline{Y_4}} = \overline{\overline{Y_0} \cdot \overline{Y_2} \cdot \overline{Y_4}}$$

所以，用 3 线-8 线译码器，再加上一个三输入与非门，就可实现函数 Y。其逻辑图如图 9-3-8 所示。

还可以用八选一数据选择器 74LS151 产生逻辑函数，由数据选择器的逻辑表达式 $Y = D_0\,\overline{C}\,\overline{B}\,\overline{A} + D_1\,\overline{C}\,\overline{B}A + D_2\,\overline{C}B\,\overline{A} + D_3\,\overline{C}BA + D_4\,C\,\overline{B}\,\overline{A} + D_5\,C\,\overline{B}A + D_6\,CB\,\overline{A} + D_7\,CBA$ 可知，想要得到 $Y = m_0 + m_2 + m_4$，只需让 D_0、D_2、D_4 等于 1 即可，因此可以得到如图 9-3-9 所示连接方式。

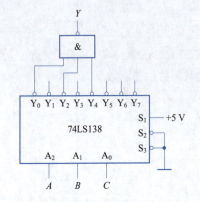
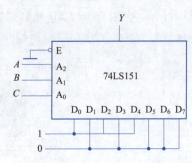

图 9-3-8　利用译码器实现最小项的逻辑图　　图 9-3-9　利用数据选择器实现最小项的逻辑电路图

（3）译码器的扩展

用两片 74LS138 可以实现一个 4 线-16 线译码器。利用译码器的使能端作为高位片输入端，如图 9-3-10 所示，当 $A_3=0$ 时，低位片 74LS138 工作，对输入 A_2、A_1、A_0 进行译码，还原出 $Y_0 \sim Y_7$，此时高位片禁止工作；当 $A_3=1$ 时，高位片 74LS138 工作，还原出 $Y_8 \sim Y_{15}$，而低位片禁止工作，由此实现了对 $A_3A_2A_1A_0$ 共四位二进制数的译码。

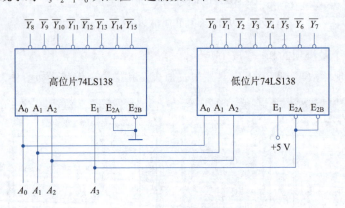

图 9-3-10　译码器扩展连接图

四、其他集成数字逻辑芯片及其应用

1. 数据选择器

数据选择器可以从多路输入中选择一路来输出，根据输入端的个数分为四选一、八选一等。其原理类似于一个单刀多掷开关，功能示意图如图 9-4-1 所示。

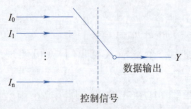

图 9-4-1　数据选择器功能示意图

74LS151 是一种典型的集成电路数据选择器。图 9-4-2 所示是 74LS151 逻辑符号和引脚图。它有三个地址输入端 A_2、A_1、A_0，可选择 $D_0 \sim D_7$ 八个数据，具有两个互补输出端 W 和 $\overline{W}$，其功能表见表 9-4-1。

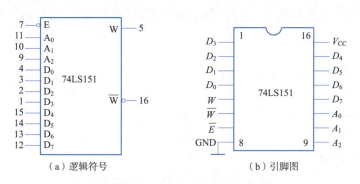

图 9-4-2　74LS151 逻辑符号和引脚图

表 9-4-1　74LS151 功能表

	输入				输出	
D	A_2	A_1	A_0	$\overline{E}$	Y	$\overline{Y}$
×	×	×	×	1	0	1
D_0	0	0	0	0	D_0	$\overline{D_0}$
D_1	0	0	1	0	D_1	$\overline{D_1}$
D_2	0	1	0	0	D_2	$\overline{D_2}$
D_3	0	1	1	0	D_3	$\overline{D_3}$
D_4	1	0	0	0	D_4	$\overline{D_4}$
D_5	1	0	1	0	D_5	$\overline{D_5}$
D_6	1	1	0	0	D_6	$\overline{D_6}$
D_7	1	1	1	0	D_7	$\overline{D_7}$

2. 数据选择器的扩展

用两片 74LS151 可以扩展成一个十六选一的数据选择器。

十六选一的数据选择器的地址输入端有四位，最高位 A_3 的输入可以由两片八选一数据选择器的使能端接非门来实现，低三位地址输入端由两片 74LS151 的地址输入端相连而成，连接图如图 9-4-3 所示。当 $A_3=0$ 时，由表 9-4-1 可知，低位片 74LS151 工作，根据地址控制信号 $A_2A_1A_0$ 选择数据 $D_0 \sim D_7$ 输出；而当 $A_3=1$ 时，高位片 74LS151 工作，选择 $D_8 \sim D_{15}$ 输出。

3. 数据分配器

数据分配器可以把输入信号通过任一选择的通道输出，以达到数据分配的目的。其原理示意图如图 9-4-4 所示。

根据输出的个数不同，数据分配器可分为四路分配器、八路分配器等。数据分配器实际上是译码器的特殊应用。图 9-4-5 所示是用 74LS138 译码器作为数据分配器的逻辑图，其中译码器的 G_1 作为使能端，$\overline{G_{2A}}$ 接低电平，输入 C、B、A 作为地址控制端，$\overline{G_{2B}}$ 作为数据输入端 D，$\overline{Y_0} \sim \overline{Y_7}$ 作为数据分配输出端。

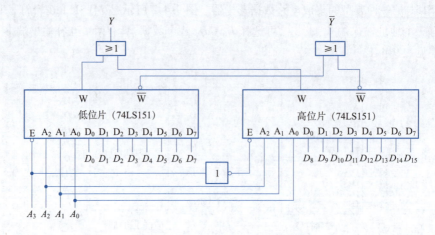

图 9-4-3　数据选择器扩展连接图

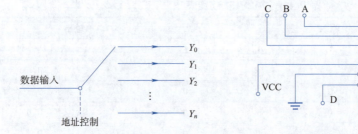

图 9-4-4　数据分配器的原理示意图　　图 9-4-5　74LS138 译码器作为数据分配器的逻辑图

例如 $CBA=100$,则当 $\overline{G_{2B}}=0$ 时,$\overline{Y_4}=0$,而当 $\overline{G_{2B}}=1$ 时,74LS138 不能工作,因此 $\overline{Y_4}$ 输出为 1。即实现了 $\overline{Y_4}=\overline{G_{2B}}$,即数据从 $\overline{G_{2B}}$ 输入,从 $\overline{Y_4}$ 输出。可以思考如何利用 74LS138 作为数据分配器来扩展成 16 路数据分配器。

4. 数字比较器

在数字系统中,特别是在计算机中,经常需要比较两个数 A 和 B 的大小,数字比较器就是对两个位数相同的二进制数 A、B 进行比较,其结果有 $A>B$、$A<B$ 和 $A=B$ 三种可能性。

设计比较两个一位二进制数 A 和 B 大小的数字电路,输入变量是两个比较数 A 和 B,输出变量 $F_{A>B}$、$F_{A<B}$、$F_{A=B}$ 分别表示 $A>B$、$A<B$ 和 $A=B$ 三种比较结果,其真值表见表 9-4-2。

表 9-4-2　一位数字比较器的真值表

输入		输出		
A	B	$F_{A>B}$	$F_{A<B}$	$F_{A=B}$
0	0	0	0	1
0	1	0	1	0
1	0	1	0	0
1	1	0	0	1

根据真值表写出逻辑表达式：

$$F_{A>B} = A\overline{B}$$

$$F_{A<B} = \overline{A}B$$

$$F_{A=B} = AB + \overline{A}\,\overline{B} = A \oplus B$$

其逻辑图如图 9-4-6 所示。

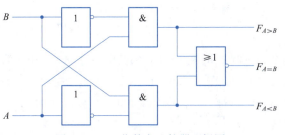

图 9-4-6　一位数字比较器逻辑图

集成数字比较器 74LS85 是四位数字比较器，其引脚图如图 9-4-7 所示。

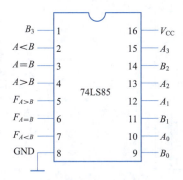

图 9-4-7　四位数字比较器 74LS85 引脚图

5. 算术运算电路

（1）半加器

半加器是只考虑两个加数本身，而不考虑来自低位进位的逻辑电路。

设计二进制一位半加器，输入变量有两个，分别为加数 A 和加数 B；输出也有两个，分别为和 S 和进位 C，其真值表见表 9-4-3。

表 9-4-3　半加器的真值表

A	B	S	C
0	1	1	0
1	0	1	0
1	1	0	1

由真值表写出其逻辑表达式

$$S = \overline{A}B + A\overline{B}$$

$$C = AB$$

画出逻辑图如图 9-4-8(a)所示。逻辑符号如图 9-4-8(b)所示。

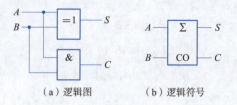

（a）逻辑图　　　　　　（b）逻辑符号

图 9-4-8　半加器逻辑图和逻辑符号

（2）全加器

全加器是完成两个二进制数 A_i 和 B_i 及相邻低位的进位 C_{i-1} 相加的逻辑电路。一个全加器中，A_i 和 B_i 分别是两个加数，C_{i-1} 为低位的进位，S_i 为本位的和，C_i 为本位的进位。图 9-4-9 所示为全加器的逻辑图和逻辑符号。在图 9-4-9（b）的逻辑符号中，CI 是进位输入端，CO 是进位输出端。

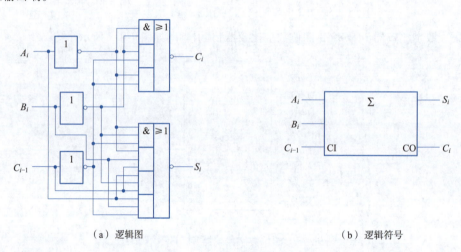

（a）逻辑图　　　　　　　　　　　　　　（b）逻辑符号

图 9-4-9　全加器逻辑图和符号图

多位数相加时，要考虑进位，进位的方式有串行进位和超前进位两种。可以采用全加器并行相加、串行进位的方式来完成。图 9-4-10 所示为四位串行进位加法器。

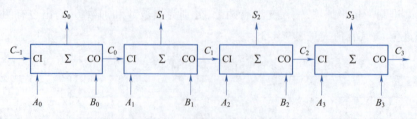

图 9-4-10　四位串行进位全加器

（3）集成算术/逻辑运算单元

集成算术/逻辑运算单元能够完成一系列算术运算和逻辑运算。74LS381 是四位算术/逻辑运算单元，其逻辑符号和引脚图如图 9-4-11 所示，A 和 B 是待运算的两个四位二进制数，根据输入信号 $S_2 \sim S_0$ 选择八种不同的功能，其功能表见表 9-4-4。

项目 9　多人抢答器的设计与制作

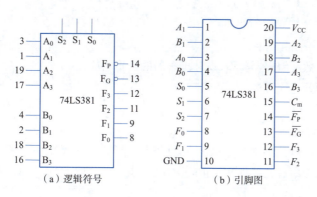

（a）逻辑符号　　　　（b）引脚图

图 9-4-11　74LS381 算术/逻辑运算单元

表 9-4-4　74LS381 功能表

选择			算术/逻辑运算功能
S_2	S_1	S_0	
0	0	0	清零
0	0	1	B 减 A
0	1	0	A 减 B
0	1	1	A 加 B
1	0	0	$A \oplus B$
1	0	1	$A + B$
1	1	0	$A \cdot B$
1	1	1	预置

项目实施

步骤一　准备工作

（1）需求分析：

①确定抢答器的最大参赛人数（例如：4 人、8 人、16 人等）；

②确定显示抢答者序号的方式（例如：LED 灯、数码管、LCD 显示屏等）；

③确定抢答器的工作电压和功耗要求。

（2）选择器件：

①根据参赛人数选择合适的编码器（例如：N 到 2^N 的编码器）；

②根据显示方式选择合适的译码器和显示器件；

③选择按键开关，每个按键对应一个参赛者；

④选择适当的电源和稳压电路组件。

（3）工具准备：

①准备电路设计软件；

②准备面包板、连接线、焊接工具等；

③准备所需的电子元器件。

文档

多人抢答器的
设计与制作

步骤二 原理图设计与仿真验证

(1) 逻辑设计：
① 根据参赛人数和编码器类型，设计抢答器的逻辑功能；
② 使用逻辑函数化简方法，优化抢答逻辑；
③ 确定编码器和译码器的连接方式。

(2) 原理图绘制：
① 使用电路设计软件绘制原理图，包括编码器、译码器、显示器件、按键开关、电源等；
② 确保原理图中所有元器件连接正确无误。

(3) 仿真验证：
① 使用电路仿真软件 Multisim 对原理图进行仿真；
② 验证按键按下时，编码器输出正确的编码信号；
③ 验证译码器正确解码并驱动显示器件显示抢答者序号。

步骤三 电路焊接与调试

(1) 电路搭建：
① 在面包板上按照原理图搭建电路，确保元器件之间的连接正确；
② 使用焊接工具将元器件焊接到面包板上，确保焊接质量。

(2) 电源测试：
① 为电路提供适当的电源，测试电源电路的稳定性；
② 确保所有元器件在通电后正常工作。

(3) 功能调试：
① 逐个测试每个按键开关，观察编码器输出和译码器输出是否正确；
② 测试显示器件是否能够正确显示抢答者序号；
③ 调试可能出现的逻辑错误或连接问题。

(4) 整体测试：
① 同时按下多个按键，测试抢答器的响应速度和准确性；
② 测试多次抢答，确保抢答器的工作稳定可靠。

项目验收

整个项目完成之后，下面来检测一下完成的效果。具体测评细则见下表。

项目完成情况测评细则

评价内容	分值	评价细则	量化分值	得分
信息收集与自主学习	20 分	(1) 能否准确收集有关逻辑函数化简、编码器、译码器以及抢答器设计的相关知识	5 分	
		(2) 是否能够收集和整理与任务相关的技术文档、教程、设计实例等	5 分	
		(3) 是否能够独立阅读和理解收集到的信息，掌握相关技术的基本原理和应用	5 分	
		(4) 是否能够通过在线学习、参考书籍、论坛讨论等方式，提升自己的技术水平	5 分	

续表

评价内容	分值	评价细则	量化分值	得分
电路设计与实施	40分	(1)抢答器的逻辑设计是否合理,是否考虑了所有可能的情况,并进行了有效的逻辑化简	8分	
		(2)是否正确选择了编码器和译码器,并能合理利用其功能	8分	
		(3)原理图是否清晰、准确,元器件的连接是否无误	8分	
		(4)是否考虑到电路的稳定性、可靠性以及可扩展性	8分	
		(5)电路的搭建是否规范,焊接质量是否可靠	8分	
测试与调试	30分	(1)抢答器是否能正确响应每个按键的输入,并正确显示抢答者的序号	5分	
		(2)在多人同时抢答的情况下,是否能准确判断并显示最先抢答者的序号	5分	
		(3)是否对电路进行了性能调试,确保抢答器具有足够的响应速度和准确性	5分	
		(4)是否对可能出现的逻辑错误或连接问题进行了排查和修复	5分	
		(5)抢答器在长时间使用或高负载情况下是否会出现故障或不稳定的情况	5分	
		(6)是否考虑了电磁干扰、静电等因素对电路的影响,并采取了相应的防护措施	5分	
职业素养与职业规范	10分	(1)在实践过程中是否能够与团队成员有效沟通,协作完成任务	2分	
		(2)是否能够积极参与团队讨论,提出建设性意见和建议	3分	
		(3)在实践过程中是否表现出良好的职业道德和敬业精神,如诚实守信、勤奋努力等	3分	
		(4)是否遵守学校和实验室的相关规定,确保实践活动的安全和顺利进行	2分	
总计		100分		

巩固与拓展

一、知识巩固

1. 填空题

(1)若在编码器中有50个编码对象,则要求输出二进制代码位数为_____位。

(2)一个16选1的数据选择器,其地址输入(选择控制输入)端有_____个。

(3)一个8选1的数据选择器,其数据输入端有_____个。

(4)101个按键的键盘,其编码器至少输出_____位二进制代码。

(5)有一个13路数据分配器(通道编号0~12),若需要将信号发送到通道7,则其地址端输入信号从高到低应为_____。

参考答案

2. 选择题

(1) 用 4 选 1 数据选择器实现函数 $Y = A_1A_0 + \overline{A_1}A_0$,应使(　　)。

　　A. $D_0 = D_2 = 0, D_1 = D_3 = 1$　　　　B. $D_0 = D_2 = 1, D_1 = D_3 = 0$

　　C. $D_0 = D_1 = 0, D_2 = D_3 = 1$　　　　D. $D_0 = D_1 = 1, D_2 = D_3 = 0$

(2) 用 3 线-8 线译码器 74LS138 和辅助门电路实现逻辑函数 $Y = A_2 + \overline{A_2A_1}$,应(　　)。

　　A. 用与非门,$Y = \overline{Y_0 \cdot Y_2 \cdot Y_3}$　　　　B. 用与门,$Y = \overline{Y_2}\,\overline{Y_3}$

　　C. 用或门,$Y = \overline{Y_0} + \overline{Y_2} + \overline{Y_3}$　　　　D. 用或门,$Y = \overline{Y_1} + \overline{Y_4} + \overline{Y_5} + \overline{Y_6} + \overline{Y_7}$

(3) 在下列逻辑电路中,不是组合逻辑电路的是(　　)。

　　A. 译码器　　　　B. 编码器　　　　C. 全加器　　　　D. 寄存器

(4) 以下电路中,在实现最小项和的逻辑时,必须辅以门电路的是(　　)。

　　A. 二进制译码器　　　　　　　　　　B. 数据选择器

　　C. 数值比较器　　　　　　　　　　　D. 七段显示译码器

3. 判断题

(1) 优先编码器的编码信号是相互排斥的,不允许多个编码信号同时有效。(　　)

(2) 编码与译码是互逆的过程。(　　)

(3) 共阴极接法发光二极管数码显示器需选用有效输出为高电平的七段显示译码器来驱动。(　　)

(4) 数据选择器和数据分配器的功能正好相反,互为逆过程。(　　)

(5) 3 线-8 线译码器有 8 个输入,3 个输出。(　　)

4. 应用设计题

(1) 为提高报警信号的可靠性,在相关部位安置了三个同类型的危险报警器,只有当三个危险报警器中至少有两个指示危险时,才实现关机操作。试画出具有该功能的逻辑电路。

(2) 已知逻辑表达式为 $L = BC + A\overline{B}C + \overline{B}$,试将它改为与非表达式,并画出用双输入与非门构成的逻辑电路图。

(3) 分析下图所示的逻辑电路,列出其真值表,并分析其逻辑功能。

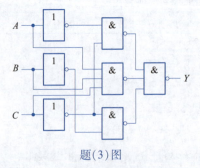

题(3)图

(4) 设计一个电路,实现对一个 3 位二进制数码的检测,要求 3 位数码中有奇数个 1 时,电路输出为 1,否则为 0。

(5) 某组合逻辑电路输入信号波形和输出信号波形如下图所示,列出其真值表,并画出能实现该逻辑的电路图。

(6) 试用 8 选 1 数据选择器 74LS151 产生逻辑函数 $Y = AB\overline{C} + \overline{A}BC + \overline{A}\,\overline{B}$,并画出逻辑电路图。

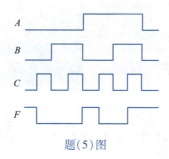

题(5)图

(7) 在如下图所示的电路中,74LS138 是 3 线-8 线译码器。试写出输出 Y_1、Y_2 的逻辑表达式。

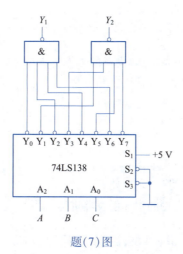

题(7)图

二、实践拓展

通过本项目的理论学习,我们对常见的编码器、译码器、加法器和算术运算单元等有了比较详细的了解,也能利用这些芯片实现逻辑函数或者数据的选择和分配。其中,在现代计算机的 CPU 中就含有大量 ALU,请利用网络资源和图书馆资源,找一找看能否利用基本的 ALU 设计完成 2 位二进制数乘法运算单元。在学习的过程中,要达到以下目标:

(1) 将二进制乘法逻辑表达式写出来并利用 ALU 单元和辅助门电路来实现逻辑;

(2) 用仿真软件验证是否实现了乘法逻辑。

项目 10
篮球计分仪的设计与制作

项目目标

知识目标：
(1) 了解触发器构成与分类、常见触发器的工作特点与逻辑功能；
(2) 熟悉触发器逻辑功能的几种常用表示方法；
(3) 理解寄存器工作原理及其典型应用；
(4) 理解计数器的基本工作原理。

技能目标：
(1) 能够分析常见的时序逻辑电路；
(2) 能够设计简单的同步时序逻辑电路；
(3) 能够根据设计需求对常见的集成触发器进行选型。

素质目标：
(1) 激发学生的创新思维，提升实践能力；
(2) 培养分析问题和解决问题的能力；
(3) 培养团队合作与沟通能力；
(4) 培养严谨、细致的工作态度和责任感。

项目描述

篮球比赛总是充满了激情与活力，记分仪作为比赛的"裁判"，非常重要！它的存在能够让整个比赛更加公平。请试想一下以下场景：

在一个阳光明媚的下午，校园里弥漫着欢声笑语，还有一丝紧张的气氛，因为即将进行一场精彩的篮球比赛。球场上，两支队伍已经准备就绪，迫不及待地想要展现自己的实力。然而，就在比赛即将开始的时候，却发现篮球场上并没有一台完善的篮球计分仪。这一突发状况让比赛的节奏变得杂乱无章，输赢的判定也变得模糊不清……

如果有一个电子记分仪，不仅能让比赛数据实时更新，还能让操作变得简单。

任务布置：

请充分发挥想象，小组间充分讨论。想象一下，这个记分仪有着魔法般的能力，不再局限于简单的记录比赛分数，它能让篮球比赛变得更有趣、更科技，你会希望它有哪些功能呢？

下面就来设计一个充满科技感的篮球记分仪，让它为我们的篮球比赛增添更多色彩！当你们亲手制作出自己设计的篮球计分仪，看到它在比赛中发挥作用时，你们将感受到自己的努力与智慧所创造的美妙瞬间。

下面,让我们一起开始并享受这个创造的过程!

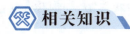 相关知识

一、时序逻辑电路

时序逻辑电路,简称时序电路,是数字电路的重要组成部分。其特点在于,下一时刻的输出不仅取决于当前的输入信号,还与当前的输出信号有关。这种电路由门电路和记忆元件(或反馈支路)共同构成。时序电路的结构框图如图 10-1-1 所示,由两部分组成:一部分是由逻辑门构成的组合逻辑电路,另一部分是由触发器构成的具有记忆功能的存储电路(或反馈支路)。图中,$x_0 \sim x_n$ 代表时序电路输入信号,$z_0 \sim z_m$ 代表时序电路输出信号,$y_0 \sim y_k$ 代表存储电路现时输入信号,$q_0 \sim q_j$ 代表存储电路现时输出信号,$x_0 \sim x_n$ 和 $q_0 \sim q_j$ 共同决定时序电路输出状态 $z_0 \sim z_m$。

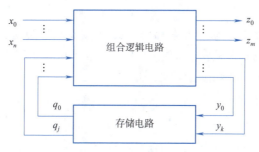

图 10-1-1 时序电路的结构框图

常见的时序逻辑电路有计数器、寄存器和序列信号发生器等。

根据触发脉冲输入方式的不同,时序电路可以分为同步时序电路和异步时序电路。在同步时序电路中,各触发器的状态变化都受到同一个时钟脉冲的控制;而在异步时序电路中,各触发器的状态变化并不受同一个时钟脉冲的控制。

二、双稳态触发器

触发器(flip flop,FF)是具有记忆功能的电路单元,由门电路构成。其主要功能是接收并存储 0、1 代码。触发器有多种类型,包括双稳态、单稳态和无稳态触发器(多谐振荡器)。在本书中,将重点介绍双稳态触发器。这种触发器的输出有两个稳定状态,即 0 和 1,因此可以存储和记忆 1 位二进制数据。双稳态触发器又称锁存器。

只有在输入触发信号有效的情况下,输出状态才有可能发生转换;否则,输出状态将保持不变。双稳态触发器可以根据功能、结构和工作方式进行分类。按功能分类,有 RS、JK、D、T 触发器等;按结构分类,有基本、同步、主从、维持阻塞和边沿触发器等;按触发工作方式分类,有上升沿、下降沿触发器和高电平、低电平触发器等。

1. 基本 RS 触发器

基本 RS 触发器是一种结构简单的触发器,也是构成其他各种触发器的基础。它由两个与非门的输入和输出交叉连接而成①,如图 10-2-1 所示。该触发器有两个输入端 R 和 S(也被

---

① RS 触发器也可以由两个或非门交叉连接构成,本书采用两个与非门交叉连接结构。

称为触发信号端),以及两个互补输出端 Q 和 $\bar{Q}$:当 $Q=1$ 时,$\bar{Q}=0$;当 $Q=0$ 时,$\bar{Q}=1$。通常用 Q 端的状态来表示触发器的状态,当 $Q=0$ 时称为触发器的 0 态或复位状态,$Q=1$ 时称为触发器的 1 态或置位状态。

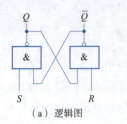 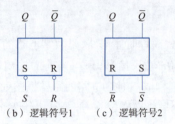

（a）逻辑图　　　（b）逻辑符号1　　（c）逻辑符号2

图 10-2-1　基本 RS 触发器

R 为复位端,当 R 有效时,Q 变为 0,故也称 R 为置 0 端;S 为置位端,当 S 有效时,Q 变为 1,称 S 为置 1 端。

触发器有两个稳定状态。Q^n 为触发器的原状态(现态),即触发信号输入前的状态;Q^{n+1} 为触发器的新状态(次态),即触发信号输入后的状态。其功能可采用状态转换表、特性方程、逻辑符号图、状态转换图、波形图或时序图来描述。

（1）状态转换表

如图 10-2-1(a)所示,可知:

$$\begin{cases} Q^{n+1} = \overline{S\,\overline{Q^n}} \\ \overline{Q^{n+1}} = \overline{R Q^n} \end{cases} \tag{10-2-1}$$

根据式(10-2-1),可列出触发器状态转换表见表 10-2-1。

表 10-2-1　与非门组成的基本 RS 触发器状态转换表

R	S	Q^n	Q^{n+1}	功能
0	1	0	0	$Q^{n+1}=0$
0	1	1	0	置 0
1	0	0	1	$Q^{n+1}=1$
1	0	1	1	置 1
1	1	0	0	$Q^{n+1}=Q^n$
1	1	1	1	保持
0	0	0	×	不允许
0	0	1	×	同时变 1 后不确定

由表 10-2-1 可知:基本 RS 触发器有置 0、置 1 功能。R 与 S 均为低电平有效,可使触发器的输出状态转换为相应的 0 或 1。基本 RS 触发器逻辑符号如图 10-2-1(b)、(c)所示,方框下面的两个小圆圈表示输入端低电平有效。当 R、S 均为低电平时,输出状态不定,有两种情况:当 $R=S=0$,$Q=\bar{Q}=1$,违反了输出 Q 与 $\bar{Q}$ 互补关系;当 RS 由 00 同时变为 11 的保持状态时,触发器的状态取决于 RS 端电平信号翻转速度,可能会出现 $Q(\bar{Q})=1(0)$ 或 $Q(\bar{Q})=0(1)$ 两种情况,状态不能确定。

通常将基本 RS 触发器的状态转换表进行简化后构成其功能表,见表 10-2-2。

表 10-2-2　基本 RS 触发器功能表

R	S	Q^{n+1}	功能
0	0	×	不定
0	1	0	0
1	0	1	1
1	1	Q^n	不变（保持）

(2) 特性方程与卡诺图

用来描述触发器状态变化的特定方程称为触发器的特性方程。

据表 10-2-2 画出基本 RS 触发器的卡诺图,如图 10-2-2 所示,化简可得

$$\begin{cases} Q^{n+1} = S + \overline{R}Q^n \\ R + S = 1 \text{(约束条件)} \end{cases} \quad (10\text{-}2\text{-}2)$$

式(10-2-2)即为与非门组成的基本 RS 触发器的特性方程。

(3) 状态转换图(简称状态图)

触发器的状态转换图是用图形来表示触发器状态转换的另外一种方法。与非门组成的基本 RS 触发器状态图如图 10-2-3 所示。图中,圆圈表示状态的个数,箭头表示状态转换的方向,箭头线上标注的触发信号取值表示状态转换的条件。

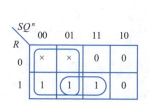

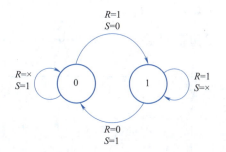

图 10-2-2　与非门组成的基本 RS 触发器卡诺图　　图 10-2-3　与非门组成的基本 RS 触发器状态图

与非门组成的基本 RS 触发器波形图如图 10-2-4 所示,画图时应根据功能表来确定各个时间段 Q 与 $\overline{Q}$ 的状态。

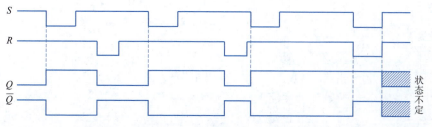

图 10-2-4　与非门组成的基本 RS 触发器波形图

综上所述,基本 RS 触发器具有如下特点:

① RS 触发器具有两个稳定状态,分别为 1 和 0,称为双稳态触发器。如果没有外加触发信号,它将保持原有状态不变,触发器具有记忆作用。在外加触发信号作用下,触发器输出状

态才可能发生变化,此时,输出状态直接受输入信号的控制,也称其为直接复位-置位触发器。

②当 R、S 端输入均为低电平时,输出状态不定。当 $R=S=0$,$Q=\overline{Q}=1$,违反了输出互补关系。当 RS 从 00 变为 11 时,有可能会出现 $Q(\overline{Q})=1(0)$ 或 $Q(\overline{Q})=0(1)$,状态不能确定。

2. 同步触发器

(1) 同步 RS 触发器

①电路组成。同步 RS 触发器的电路组成及逻辑符号如图 10-2-5 所示。图中,$\overline{R_D}$、$\overline{S_D}$ 是直接置 0、置 1 端,用来设置触发器的初始状态。

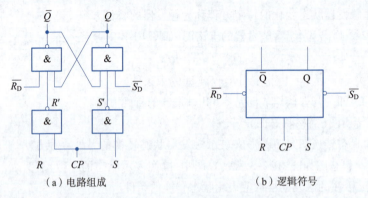

(a) 电路组成　　　　　　　　　　(b) 逻辑符号

图 10-2-5　同步 RS 触发器

②功能分析。功能表见表 10-2-3。状态图如图 10-2-6 所示。

表 10-2-3　同步 RS 触发器功能表

CP	R	S	Q^{n+1}	功能
1	0	0	Q^n	不变(保持)
1	0	1	0	0
1	1	0	1	1
1	1	1	×	不定

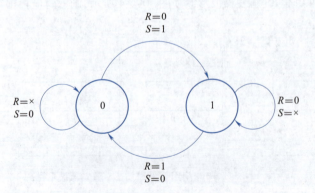

图 10-2-6　同步 RS 触发器状态图

特性方程为

$$\begin{cases} Q^{n+1} = S + \overline{R}Q^n \\ RS = 0(约束条件) \end{cases} \quad (10\text{-}2\text{-}3)$$

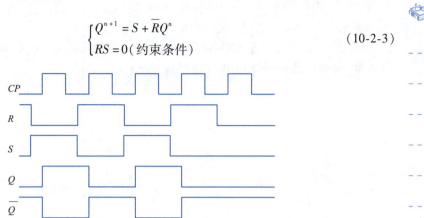

图 10-2-7　同步 RS 触发器波形图

同步 RS 触发器的 CP 脉冲、R、S 均为高电平有效。与基本 RS 触发器相比，对触发器加了时间控制，但其输出的不定状态（和基本 RS 触发器一样）直接影响触发器的工作质量。

（2）同步 JK 触发器

① 电路组成。同步 JK 触发器的电路组成及逻辑符号如图 10-2-8 所示。

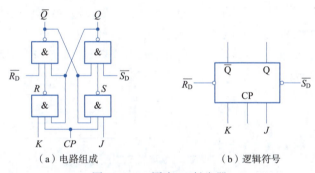

（a）电路组成　　　　　　（b）逻辑符号

图 10-2-8　同步 JK 触发器

② 功能分析。按图 10-2-8（a）所示逻辑电路，同步 JK 触发器的功能分析如下：

从同步 RS 触发器功能表的基础上，得到 JK 触发器功能表见表 10-2-4，状态图如图 10-2-9 所示。

表 10-2-4　JK 触发器功能表

CP	J	K	Q^{n+1}	功能
1	0	0	Q^n	不变（保持）
1	0	1	0	置 0
1	1	0	1	置 1
1	1	1	$\overline{Q^n}$	翻转（计数）

从表 10-2-4 中可知：

a. 当 $J=0, K=1$ 时，$Q^{n+1} = J\overline{Q^n} + \overline{K}Q^n$；

b. 当 $J=1, K=0$ 时，$Q^{n+1} = J\overline{Q^n} + \overline{K}Q^n$；

c. 当 $J=0, K=0$ 时，$Q^{n+1}=Q^n$，保持不变；

d. 当 $J=1, K=1$ 时，$Q^{n+1}=\overline{Q^n}$，翻转或称计数。

所谓计数，就是触发器状态翻转的次数与 CP 脉冲输入的个数相等，以翻转的次数记录 CP 脉冲的个数。波形图如图 10-2-10 所示。

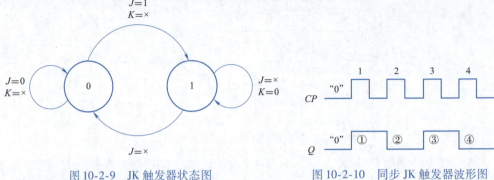

图 10-2-9　JK 触发器状态图　　　　图 10-2-10　同步 JK 触发器波形图

(3) 同步触发器存在的问题

空翻现象：空翻现象就是在 $CP=1$ 期间，触发器的输出状态翻转两次或两次以上的现象。由于在 $CP=1$ 期间，同步触发器的触发引导门都是开放的，触发器都可以接收输入信号而翻转。所以，在 $CP=1$ 期间，如果输入信号发生多次变化，触发器的状态也会发生相应的改变，如图 10-2-11 所示。在第一个 $CP=1$ 期间，由于输入信号变化而引起的触发器翻转的现象，称为触发器的空翻现象。

图 10-2-11　空翻和振荡波形图

由于同步触发器存在空翻问题，其应用范围也就受到了限制。在计数器和寄存器等器件中不能按时钟脉冲的节拍正常工作。此外，同步触发器在 $CP=1$ 期间，当遇到一定强度的正向脉冲干扰，使输入端信号发生变化时，也会引起空翻现象，所以它的抗干扰能力也差。

振荡现象：在同步 JK 触发器中，由于在输入端引入了互补输出，即使输入信号不发生变化，由于 CP 脉冲过宽，也会产生多次翻转，称为振荡现象。

3. 边沿触发器

同步触发器在时钟脉冲 $CP=1$ 时改变状态。但是当 $CP=1$ 时，触发器的输入信号改变，触发器状态也会跟着改变。如果在整个电路中，需要触发器状态在一个时钟周期内只改变一次，那么选择状态转变的时机就很重要。

在 CP 信号由 0 转 1，或者由 1 转 0 的时候，电路根据输入信号改变状态，其他时间保持原状态,这种触发器称为边沿触发器。CP 由 0 转 1 为正边沿(上升沿),由 1 转 0 为负边沿(下降沿)。边沿触发提高了触发器的工作可靠性和抗干扰能力。在时钟为稳定的 0 或 1 期间,输入信号都不能进入触发器,触发器的新状态仅决定于时钟脉冲有效边沿到达前一瞬间以及到达后极短一段时间内的输入信号。边沿触发器不仅克服了空翻现象,也具有较好的抗干扰性能。

边沿触发方式的触发器有两种类型:一种是维持阻塞式触发器,它是利用直流反馈来维持翻转后的新状态,阻塞触发器在同一时钟内再次产生翻转;另一种是边沿触发器,它是利用触发器内部逻辑门之间延迟时间的不同,使触发器只在约定时钟跳变时才接收输入信号。

(1) 负边沿 JK 触发器

负边沿 JK 触发器的电路组成和逻辑符号如图 10-2-12 所示。

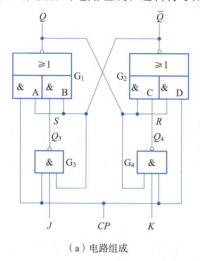
(a) 电路组成

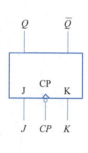
(b) 逻辑符号

图 10-2-12 负边沿 JK 触发器

根据图 10-2-12 分析可得,负边沿 JK 触发器功能表见表 10-2-5。只有在负边沿时,触发器才会根据输入端 J、K 的值变化或保持。

表 10-2-5 负边沿 JK 触发器功能表

CP	J	K	Q^{n+1}	功能
↓	0	0	Q^n	不变(保持)
↓	0	1	0	置 0
↓	1	0	1	置 1
↓	1	1	$\overline{Q^n}$	翻转(计数)

由表 10-2-5 分析得出负边沿 JK 触发器波形图如图 10-2-13 所示,特性方程为

$$Q^{n+1} = J \cdot \overline{Q^n} + \overline{K} \cdot Q^n \tag{10-2-4}$$

设初态 $Q = 0$。

(2) 维持阻塞 D 触发器

维持阻塞触发器是利用触发器翻转时内部产生的反馈信号通过四根维持阻塞线,使触发器翻转后的 Q^{n+1} 状态维持,并阻止触发器状态向下一个状态转换(即空翻)而实现克服空翻和振荡。维持阻塞触发器有 RS、JK、T、T′、D 触发器,应用较多的是维持阻塞 D 触发器。D 触发器又称 D 锁存器,是专门用来存放数据的。

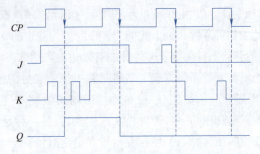

图 10-2-13　负边沿 JK 触发器波形图

①电路组成。维持阻塞 D 触发器电路组成和逻辑符号如图 10-2-14 所示。

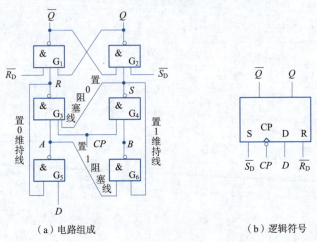

（a）电路组成　　　　　　　　　　　（b）逻辑符号

图 10-2-14　维持阻塞 D 触发器

②功能分析。维持阻塞 D 触发器的触发方式为：在 CP 脉冲上升沿到来之前接受 D 输入信号，当 CP 从 0 变为 1 时，触发器的输出状态将由 CP 上升沿到来之前一瞬间 D 的状态决定。

维持阻塞 D 触发器功能表见表 10-2-6，波形图如图 10-2-15 所示，状态图如图 10-2-16 所示，可得特性方程为

$$Q^{n+1} = D \qquad (10\text{-}2\text{-}5)$$

表 10-2-6　维持阻塞 D 触发器功能表

D	Q^{n+1}
0	0
1	1

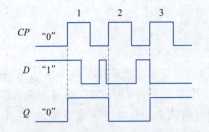

图 10-2-15　维持阻塞 D 触发器的波形图

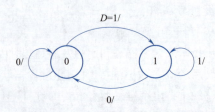

图 10-2-16　维持阻塞 D 触发器的状态图

（3）负边沿 T 触发器

在数字电路中，凡在 CP 时钟脉冲控制下，根据输入信号 T 取值的不同，具有保持和翻转功能的电路，即当 $T=0$ 时能保持状态不变，$T=1$ 时一定翻转的电路，都称为 T 触发器。其中负边沿 T 触发器逻辑符号如图 10-2-17 所示，功能表见表 10-2-7。

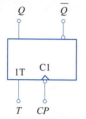

图 10-2-17　T 触发器逻辑符号

表 10-2-7　T 触发器功能表

T	Q^n	Q^{n+1}	功能
0	0	0	保持
0	1	1	
1	0	1	翻转
1	1	0	

4. 触发器的转换

触发器的逻辑功能是指触发器次态 Q^{n+1}、输入信号及现态 Q^n 之间的逻辑关系。可以用功能表、特性方程、状态转换图（状态图）等方法来描述。按照逻辑功能的不同，一般把触发器分成 RS、JK、D、T 四种类型。表 10-2-8 所示为四种类型触发器功能描述方法。

表 10-2-8　四种类型触发器功能描述方法

项目	RS 触发器				JK 触发器				D 触发器			T 触发器		
特性方程	$\begin{cases} Q^{n+1}=S+\overline{R}Q^n \\ RS=0（约束条件）\end{cases}$				$Q^{n+1}=J\cdot\overline{Q^n}+\overline{K}\cdot Q^n$				$Q^{n+1}=D$			$Q^{n+1}=T\oplus Q^n$		
功能表	R	S	Q^{n+1}	功能	J	K	Q^{n+1}	功能	D	Q^{n+1}	功能	T	Q^{n+1}	功能
	0	0	Q^n	保持	0	0	Q^n	保持	0	0	置0	0	Q^n	保持
	0	1	1	置1	0	1	0	置0	1	1	置1	1	$\overline{Q^n}$	翻转
	1	0	0	置0	1	0	1	置1						
	1	1	×	不定	1	1	$\overline{Q^n}$	翻转						

触发器的转换就是通过一种触发器加上必要的规律电路实现另外一种触发器的功能。对于常见的触发器，利用已有触发器和待求触发器的特性方程相等的原则，可以求出转换逻辑。触发器转换步骤：

① 写出已有触发器和待求触发器的特性方程。
② 变换待求触发器的特性方程，使之形式与已有触发器的特性方程一致。
③ 比较已有和待求触发器的特性方程，根据两个方程相等的原则求出转换逻辑。
④ 根据转换逻辑画出逻辑电路图。

例 10-2-1　利用负边沿 JK 触发器构成 D 触发器和 T 触发器。

解　① JK 触发器→D 触发器。写出 D 触发器的特性方程并进行变换，使之形式与 JK 触发器的特性方程一致：

$$Q^{n+1}=D=D(\overline{Q^n}+Q^n)=D\overline{Q^n}+DQ^n$$

与 JK 触发器的特性方程比较，可得 $\begin{cases} J=D \\ K=\overline{D}\end{cases}$。

② JK 触发器→T 触发器。

T 触发器的特性方程为

$$Q^{n+1} = T\overline{Q^n} + \overline{T}Q^n = T \oplus Q^n$$

与 JK 触发器的特性方程比较,可得 $\begin{cases} J = T \\ K = T \end{cases}$。

图 10-2-18、图 10-2-19 分别为 JK 触发器转换为 D 触发器和 T 触发器。

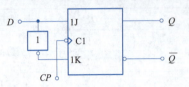

图 10-2-18　JK 触发器转换为 D 触发器

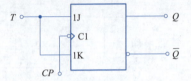

图 10-2-19　JK 触发器转换为 T 触发器

练一练：试用 D 触发器构成 T 触发器。

5. 常见集成触发器芯片

（1）集成 JK 触发器

74LS112 为双下降沿 JK 触发器,其引脚排列及逻辑符号如图 10-2-20 所示。

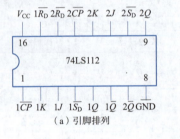　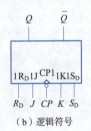

(a) 引脚排列　　　　　(b) 逻辑符号

图 10-2-20　74LS112 引脚排列及逻辑符号

（2）集成 D 触发器

74LS74 为双上升沿 D 触发器,其引脚排列如图 10-2-21 所示。

（3）CMOS 触发器

CMOS 触发器与 TTL 触发器一样,种类繁多。常用的 CMOS 触发器有 CD4013（D 触发器）和 CC4027（JK 触发器）。CC4027 引脚排列如图 10-2-22 所示。使用时注意 CMOS 触发器电源电压为 3～18 V。

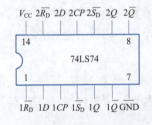　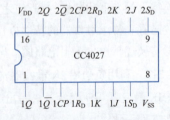

图 10-2-21　74LS74 引脚排列　　　10-2-22　CC4027 引脚排列

三、常见的时序逻辑电路及其典型应用

计数器电路是一种用得很多的典型时序逻辑电路。

计数器是用来实现累计电路输入 CP 脉冲个数功能的时序电路。在计数功能的基础上，计数器还可以实现计时、定时、分频和自动控制等功能，应用十分广泛。

计数器按照 CP 脉冲的输入方式可分为同步计数器和异步计数器。

计数器按照计数规律可分为加法计数器、减法计数器和可逆计数器。

计数器按照计数的进制可分为二进制计数器（$N=2^n$）和非二进制计数器（$N \neq 2^n$），其中，N 代表计数器的进制数，n 代表计数器中触发器的个数。

1. 同步计数器

（1）同步二进制计数器

若一个计数器由 n 个触发器构成，并且它拥有 2^n 个有效的状态，则该计数器称为 n 位二进制计数器。同时，如果 n 个触发器的时钟脉冲都连接到同一个计数脉冲 CP，那么这个计数器称为同步计数器。

同步 3 位二进制计数器电路如图 10-3-1 所示。其功能分析如下：

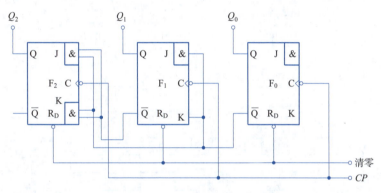

图 10-3-1　同步 3 位二进制计数器

① 写相关方程。

时钟方程：

$$CP_0 = CP_1 = CP_2 = CP \tag{10-3-1}$$

驱动方程：

$$\begin{cases} J_0 = 1, K_0 = 1 \\ J_1 = \overline{Q_0^n}, K_1 = \overline{Q_0^n} \\ J_2 = \overline{Q_0^n}\,\overline{Q_1^n}, K_2 = \overline{Q_0^n}\,\overline{Q_1^n} \end{cases} \tag{10-3-2}$$

② 求各个触发器的状态方程。

JK 触发器特性方程为

$$Q^{n+1} = J\overline{Q^n} + \overline{K}Q^n \quad (CP \downarrow) \tag{10-3-3}$$

将对应驱动方程分别代入 JK 触发器特性方程，进行化简、变换可得状态方程为

$$Q_0^{n+1} = J_0\overline{Q_0^n} + \overline{K_0}Q_0^n = \overline{Q_0^n} \quad (CP \downarrow) \tag{10-3-4}$$

$$Q_1^{n+1} = J_1\overline{Q_1^n} + \overline{K_1}Q_1^n = \overline{Q_0^n}\,\overline{Q_1^n} + \overline{\overline{Q_0^n}}Q_1^n = \overline{Q_0^n}\,\overline{Q_1^n} + Q_1^n Q_0^n \quad (CP \downarrow) \tag{10-3-5}$$

$$Q_2^{n+1} = J_2\overline{Q_2^n} + \overline{K_2}Q_2^n = \overline{Q_2^n}\,Q_1^n Q_0^n + Q_2^n\,\overline{Q_1^n\,Q_0^n} \quad (CP \downarrow) \tag{10-3-6}$$

③求出对应状态值。列状态表见表 10-3-1。画状态图如图 10-3-2(a)所示,画时序图如图 10-3-2(b)所示。

表 10-3-1　同步 3 位二进制计数器状态表

Q_2^n	Q_1^n	Q_0^n	Q_2^{n+1}	Q_1^{n+1}	Q_0^{n+1}
0	0	0	1	1	1
1	1	1	1	1	0
1	1	0	1	0	1
1	0	1	1	0	0
1	0	0	0	1	1
0	1	1	0	1	0
0	1	0	0	0	1
0	0	1	0	0	0

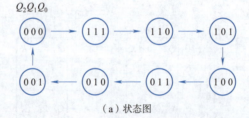

(a) 状态图

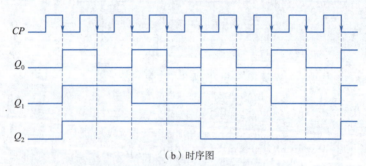

(b) 时序图

图 10-3-2　同步计数器状态图和时序图

④归纳分析结果,确定该时序电路的逻辑功能。

从时钟方程可知,该电路是同步时序电路。

从状态图可知,随着 CP 脉冲的递增,触发器输出 $Q_2Q_1Q_0$ 值是递减的,且经过八个 CP 脉冲完成一个循环过程。

综上所述,此电路是同步 3 位二进制(或 1 位八进制)减法计数器。

从图 10-3-2(b)所示时序图可知:Q_0 端输出矩形信号的周期是输入 CP 信号的周期的 2 倍,所以 Q_0 端输出信号的频率是输入 CP 信号频率的 1/2,对应 Q_1 端输出信号的频率是输入 CP 信号频率的 1/4,因此 N 进制计数器同时也是一个 N 分频器。所谓分频,就是降低频率,N 分频器输出信号频率是其输入信号频率的 N 分之一。

(2)同步二进制计数器的连接规律和特点

同步二进制计数器一般由 JK 触发器和门电路构成,有 n 个 JK 触发器,就是 n 位同步二进制计数器。具体的连接规律见表 10-3-2。触发时间为 $CP_0 = CP_1 = \cdots = CP_{n-1} = CP\downarrow$（$CP\uparrow$）（$n$ 个触发器）。

表 10-3-2　同步二进制计数器的连接规律

功能	输入连接方式
加法计数	$J_0 = K_0 = 1$ $J_i = K_i = Q_{i-1} \cdot Q_{i-2} \cdots Q_0 \ (n-1 \geq i \geq 1)$
减法计数	$J_0 = K_0 = 1$ $J_i = K_i = \overline{Q_{i-1}} \cdot \overline{Q_{i-2}} \cdots \overline{Q_0} \ (n-1 \geq i \geq 1)$

视频 ●
计数器实操

2. 异步计数器

（1）异步二进制计数器

异步 3 位二进制计数器电路如图 10-3-3 所示。其功能分析如下：

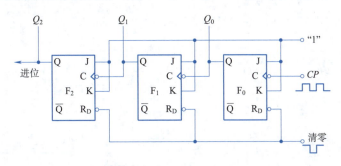

图 10-3-3　异步 3 位二进制计数器

①写相关方程。

时钟方程：

$$\begin{cases} CP_0 = CP\downarrow \\ CP_1 = Q_0\downarrow \\ CP_2 = Q_1\downarrow \end{cases} \tag{10-3-7}$$

驱动方程：

$$\begin{cases} J_0 = K_0 = 1 \\ J_1 = K_2 = 1 \\ J_2 = K_2 = 1 \end{cases} \tag{10-3-8}$$

②求各个触发器的状态方程。

JK 触发器特性方程为

$$Q^{n+1} = J\overline{Q^n} + \overline{K}Q^n \ (CP\downarrow) \tag{10-3-9}$$

将对应驱动方程分别代入特性方程，进行化简、变换可得状态方程为

$$Q_0^{n+1} = J_0\overline{Q_0^n} + \overline{K_0}Q_0^n = \overline{Q_0^n} \ (CP\downarrow) \tag{10-3-10}$$

$$Q_1^{n+1} = J_1\overline{Q_1^n} + \overline{K_1}Q_1^n = \overline{\overline{Q_0^n}Q_1^n} + \overline{\overline{Q_0^n}}Q_1^n = \overline{Q_1^n}\overline{Q_0^n} + Q_1^nQ_0^n \ (CP\downarrow) \tag{10-3-11}$$

$$Q_2^{n+1} = J_2\overline{Q_2^n} + \overline{K_2}Q_2^n = \overline{Q_1^n}\overline{Q_0^n}\overline{Q_2^n} + Q_1^nQ_0^n\overline{Q_2^n} \ (CP\downarrow) \tag{10-3-12}$$

③求出对应状态值。列状态表见表 10-3-3。

表 10-3-3　异步 3 位二进制计数器状态表

CP	Q_2^n	Q_1^n	Q_0^n	Q_2^{n+1}	Q_1^{n+1}	Q_0^{n+1}
1	0	0	0	0	0	1
2	0	0	1	0	1	0
3	0	1	0	0	1	1
4	0	1	1	1	0	0
5	1	0	0	1	0	1
6	1	0	1	1	1	0
7	1	1	0	1	1	1
8	1	1	1	0	0	0

画状态图和时序图如图 10-3-4 所示。

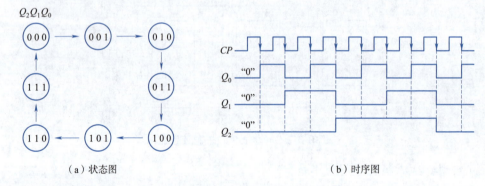

（a）状态图　　　　　　　　　　（b）时序图

图 10-3-4　异步计数器状态图和时序图

④归纳分析结果，确定该时序电路的逻辑功能。由时钟方程可知，该电路的触发器没有连接到同一个时钟脉冲上，是异步时序电路。

从状态图和时序图可知，随着 CP 脉冲的递增，触发器输出值 $Q_2Q_1Q_0$ 是递增的，经过八个时钟脉冲完成一个循环过程。

综上所述，该电路是异步 3 位二进制（或 1 位八进制）加法计数器。

（2）异步二进制计数器的连接规律和特点

用触发器构成异步 n 位二进制计数器的连接规律见表 10-3-4。

表 10-3-4　异步二进制计数器的连接规律

功能	规律	
	$CP_0 = CP\downarrow$	$CP_0 = CP\uparrow$
	$J_i = K_i = 1, T_i = 1, D_i = \overline{Q_i}\ (0 \leqslant i \leqslant n-1)$	
加法计数	$CP_i = Q_{i-1}\ (i \geqslant 1)$	$CP_i = \overline{Q_{i-1}}\ (i \geqslant 1)$
减法计数	$CP_i = \overline{Q_{i-1}}\ (i \geqslant 1)$	$CP_i = Q_{i-1}\ (i \geqslant 1)$

3. 集成计数器

（1）集成可逆计数器芯片 74LS192

74LS192 是同步可逆十进制计数器。芯片具有独立的增计数和减计数控制端口，在任意一种计数模式（加法计数或减法计数）中，都可以进行另外一种计数，也就是说，加法计数和减法计数可以在同一个电路中进行。芯片的输出随着输入端口高低电平的变化而变化。其引脚排列如图 10-3-5 所示，引脚功能见表 10-3-5，逻辑功能见表 10-3-6。

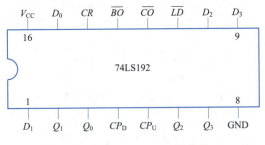

图 10-3-5　74LS192 引脚排列

表 10-3-5　74LS192 引脚功能

引脚号	引脚名	引脚功能
15、1、10、9	D_0、D_1、D_2、D_3	数据输入端
3、2、6、7	Q_3、Q_2、Q_1、Q_0	数据输出端
4	CP_D	减法计数控制端
5	CP_U	加法计数控制端
8	GND	接地端
11	$\overline{LD}$	预置控制端
12	$\overline{CO}$	进位输出端
13	$\overline{BO}$	退位输出端
14	CR	复位端
16	V_{CC}	电源端

表 10-3-6　74LS192 逻辑功能

CR	$\overline{LD}$	CP_U	CP_D	$Q_3Q_2Q_1Q_0$
1	×	×	×	0000
0	0	×	×	$D_3D_2D_1D_0$
0	1	↑	1	加法计数
0	1	1	↑	减法计数
0	1	1	1	保持

① 异步清零。当 $CR=1$ 时异步清零，高电平有效。

② 异步置数。当 $CR=0$ 时（异步清零无效）、$\overline{LD}=0$ 时异步置数。

③ 加法计数。当 $CR=0$，$\overline{LD}=1$（异步置数无效）且减法时钟脉冲 $CP_D=1$ 时，在加法时钟脉冲 CP_U 上升沿作用下，计数器按照 8421BCD 码进行递增计数：0000～1001。

④ 减法计数。当 $CR=0$，$\overline{LD}=1$ 且加法时钟脉冲 $CP_U=1$ 时，在减法时钟脉冲 CP_D 上升沿

作用下,计数器按照 8421BCD 码进行递减计数:1001～0000。

⑤数据保持。当 $CR=0, \overline{LD}=1$,且 $CP_U=1, CP_D=1$ 时,计数器输出状态保持不变。

(2)集成同步计数器 74LS160

74LS160 是一种同步 4 位二进制加法集成计数器。其引脚排列如图 10-3-6 所示,引脚功能见表 10-3-7,逻辑功能见表 10-3-8。

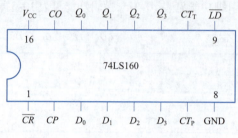

图 10-3-6 74LS160 引脚排列

表 10-3-7 74LS160 引脚功能

引脚号	引脚名	引脚功能
1	$\overline{CR}$	复位端
2	CP	时钟脉冲端
3～6	$D_0 \sim D_3$	数据输入端
7、10	$CT_P、CT_T$	计数控制端
8	GND	接地端
9	$\overline{LD}$	预置控制端
11～14	$Q_3 \sim Q_0$	计数输出端
15	CO	进位输出端
16	V_{CC}	电源端

表 10-3-8 74LS160 逻辑功能

$\overline{CR}$	$\overline{LD}$	CT_P	CT_T	CP	$Q_3Q_2Q_1Q_0$
0	×	×	×	×	0000
1	0	×	×	↑	$D_3D_2D_1D_0$
1	1	0	×	×	保持
1	1	×	0	×	保持
1	1	1	1	↑	加法计数

当复位端 $\overline{CR}=0$ 时,输出端 $Q_3Q_2Q_1Q_0$ 全为零,实现异步清零功能(又称复位功能)。

当复位端 $\overline{CR}=1$ 时,预置控制端 $\overline{LD}=0$,并且 CP 为上升沿时,$Q_3Q_2Q_1Q_0=D_3D_2D_1D_0$,实现预置数载入功能。

当 $\overline{CR}=\overline{LD}=1$ 时,且 $CT_P \cdot CT_T=0$ 时,输出 $Q_3Q_2Q_1Q_0$ 保持不变。

当 $\overline{CR}=\overline{LD}=CT_P=CT_T=1$ 时,并且 $CP=CP\uparrow$ 时,计数器才开始加法计数,实现计数功能。

4. 利用集成计数器构成任意进制计数器

以集成同步计数器 74LS160 为例,可采用不同方法构成任意(N)进制计数器。

（1）直接清零法

直接清零法是利用芯片的复位端和与非门，将 N 所对应的输出二进制代码中等于"1"的输出端，通过与非门反馈到集成芯片的复位端 $\overline{CR}$，使输出归零。

例 10-3-1 用同步计数器 74LS160 构成八进制计数器。

解 令 $\overline{LD} = CT_P = CT_T = 1$，因为 $N = 8$，其对应的二进制代码为 1000，将输出端 Q_3 通过非门接至 74LS160 的复位端 $\overline{CR}$，电路图如图 10-3-7（a）所示，实现 N 值反馈清零法。

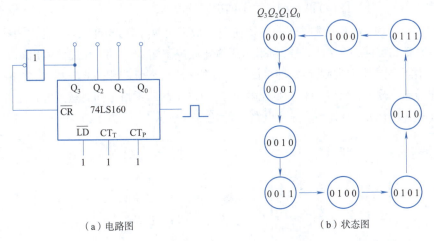

（a）电路图　　　　　　（b）状态图

图 10-3-7　直接清零法构成十进制计数器

（2）进位输出置最小数法

进位输出置最小数法是利用芯片的预置控制端 $\overline{LD}$ 和进位输出端 CO，将 CO 端输出经非门送到 $\overline{LD}$ 端，令预置输入端 $D_3D_2D_1D_0$ 输入最小数 M 对应的二进制数，最小数 $M = 10 - N$。

例 10-3-2 使用 74LS160 构成九进制计数器。

解 $N = 9$，对应的最小数 $M = 10 - 9 = 1$，$(1)_{10} = (0001)_2$，相应的预置输入端 $D_3D_2D_1D_0 = 0001$，并且令 $\overline{CR} = CT_P = CT_T = 1$，电路图如图 10-3-8（a）所示，对应状态图如图 10-3-8（b）所示，从 0111 到 1111 共九个有效状态。

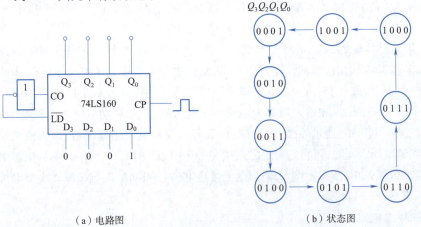

（a）电路图　　　　　　（b）状态图

图 10-3-8　进位输出置最小数法构成九进制计数器（同步预置）

(3) 级联法

一片 74LS160 可构成从二进制到十进制之间任意进制的计数器。对于高于十进制的计数器,则需要利用多片 74LS160 芯片。例如,利用两片 74LS160,通过级联的方式,将低位芯片的进位输出端 CO 端和高位芯片的计数控制端 CT_T 或 CT_P 直接连接,外部计数脉冲同时从每片芯片的 CP 端输入,利用直接置零法或进位输出置最小数法,就可构成从二进制到一百进制之间任意进制的计数器。依次类推,可根据计数器的数制需要选取芯片数量。

例 10-3-3 用 74LS160 芯片构成二十四进制计数器。

解 因 $N=24$(大于十进制,小于一百进制),故需要两片 74LS160。每片芯片的计数时钟输入端 CP 端均接同一个 CP 信号,利用芯片的计数控制端 CT_P、CT_T 和进位输出端 CO,采用直接清零法实现二十四进制计数,即将低位芯片的 CO 与高位芯片的 CT_P 相连,将 $24\div10$ 的商(2)作为高位输出,余数(4)作为低位输出,对应产生的清零信号同时送到每片芯片的复位端,从而完成二十四进制计数。对应电路如图 10-3-9 所示。

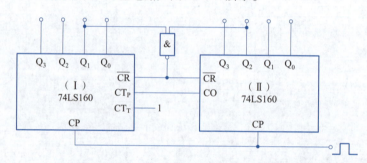

图 10-3-9 用 74LS160 芯片构成二十四进制计数器电路

练一练:用两片 74LS160 和进位输出置最小数法构成四十五进制减法计数器。

四、集成定时器及其典型应用

1. 555 集成定时器简介

555 集成定时器是模拟功能和数字逻辑功能相结合的一种双极型中规模集成器件。外加电阻、电容可以组成性能稳定而精确的多谐振荡器、单稳态电路、施密特触发器等,应用十分广泛。

555 集成定时器内部原理框图和引脚排列如图 10-4-1 所示。

555 集成定时器是由上、下两个电压比较器、三个 5 kΩ 电阻、一个 RS 触发器、一个放电三极管 T 以及功率输出级组成。比较器 C_1 的反相输入端⑤接到由三个 5 kΩ 电阻组成的分压网络的 $(2/3)V_{CC}$ 处,同相输入端⑥为阈值电压输入端。比较器 C_2 同相输入端接到分压电阻网络的 $(1/3)V_{CC}$ 处,反相输入端②为触发电压输入端,用来启动电路。控制电压端⑤是比较器 C_1 的基准电压端,通过外接元件或电压源可改变控制端的电压值,即可改变比较器 C_1 和 C_2 的参考电压。同时,可将它与地之间接一个 0.01 μF 的电容,可防止干扰电压引入。555 的电源电压范围是 +4.5 ~ +18 V,输出电流可达 100 ~ 200 mA,能直接驱动小型电机、电器和低阻抗扬声器。

2. 单稳态电路

当没有触发脉冲输入时,单稳态触发器处于稳态;当有触发脉冲输入时,单稳态触发器将从稳态变为暂稳态,暂稳态在保持一定时间后,能够自动返回到稳态。

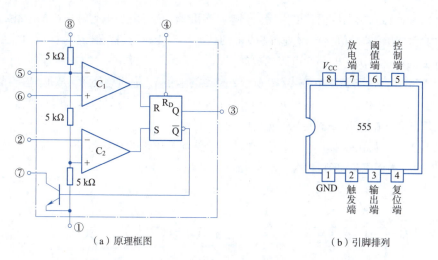

(a) 原理框图　　　　　　　　　　(b) 引脚排列

图 10-4-1　555 集成定时器内部原理框图和引脚排列

例如楼道里的电灯，夜晚来临，楼道里漆黑一片，当你拍一下手，声音的触发信号就会使电灯点亮（暂稳态），但是这种状态保持不住，几分钟后，电灯自动恢复到熄灭状态（稳态）。

555 集成定时器构成的单稳态电路和工作波形图如图 10-4-2 所示，当电源接通后，V_{CC} 通过电阻 R 向电容 C 充电，待电容上电压 U_C 上升到 $(2/3)V_{CC}$ 时，RS 触发器置 0，且输出 u_O 为低电平，同时电容 C 通过三极管 T 放电。当触发端②的外接输入信号电压小于 $(1/3)V_{CC}$ 时，RS 触发器置 1，即输出 u_O 为高电平，同时，三极管 T 截止。电源 V_{CC} 再次通过 R 向 C 充电。

单稳态电路的暂态时间与 V_{CC} 无关。因此，用 555 定时器组成的单稳态电路可以作为较精确定时器。

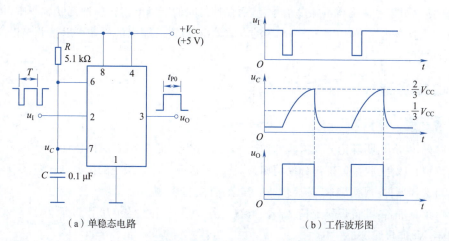

(a) 单稳态电路　　　　　　　　　　(b) 工作波形图

图 10-4-2　555 集成定时器构成的单稳态电路和工作波形图

3. 多谐振荡电路

555 多谐振荡电路是一种经典的多谐振荡电路。它由三个主要元件组成：555 集成定时器、电阻和电容。多谐振荡电路是一种非线性电路，可以产生多个频率的波形。多谐振荡电路可以通过改变某些元件的值来产生不同的频率。555 多谐振荡电路是一种简单而灵活的电路,它可以根据输入的电压而改变频率。当电压变化时,它会引起电容和电阻的变化,从而改变芯片内部的比较器阈值。当阈值和触发器的状态发生变化时,就会产生一个周期性的方波输出,其振荡频率取决于电容和电阻的数值。

555 多谐振荡电路如图 10-4-3(a)所示,电源接通后,V_{CC} 通过电阻 R_1、R_2 向电容 C 充电。电容上的电压按指数规律上升,当 u_C 上升至 $(2/3)V_{CC}$ 时,因 u_C 与阈值输入端 6 相连,有 $u_C = u_6$,使比较器 C_1 输出翻转,输出电压 $u_O = 0$,同时,T 导通,电容 C 通过 R_2 放电;当电容上电压下降至 $(1/3)V_{CC}$ 时,比较器 C_2 工作,输出电压 u_O 变为高电平,C 放电终止,V_{CC} 通过电阻 R_1、R_2 又开始充电。周而复始,形成振荡,波形图如图 10-4-3(b)所示。

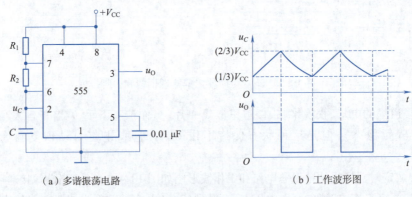

图 10-4-3 555 多谐振荡电路图和工作波形图

555 多谐振荡电路有许多不同的应用,包括音频信号发生器、模拟时钟、脉冲宽度调制和步进驱动器。在音频信号发生器中,可以通过调整电容和电阻的值来产生不同的频率,从而产生不同音调的声音。在模拟时钟中,可以使用 555 多谐振荡电路来替代基于石英晶体的时钟,这种电路可以产生准确的振荡信号,从而保持时间的准确度。在脉冲宽度调制中,可以使用 555 多谐振荡电路来产生一个可调节的方波输出,该方波输出的周期可以被调整以产生特定比例的宽度和占空比。

项目实施

步骤一 准备工作

(1)确定需求:明确记分仪需要的功能,如显示比分、犯规次数、时间倒计时等。

(2)资料收集:收集篮球记分仪的相关资料,了解现有计分系统的优缺点。

(3)选择器件:根据需求,选择合适的显示器件、芯片、按键等。

(4)工具准备:准备焊接工具(焊台、焊锡、镊子等)、测试设备(万用表、示波器等)以及必要的电路板、连接线等。

步骤二 原理图设计与仿真验证

(1)原理图设计:根据需求,设计记分仪的原理图,包括电源电路、控制逻辑电路、显示驱动电路等。

(2)仿真验证:使用电路仿真软件 Multisim 对原理图进行仿真,验证电路的逻辑正确性和功能完整性。

步骤三 电路焊接与调试

(1)电路焊接:将元器件按照原理图焊接到电路板上,注意焊接质量和连接正确性。

(2)初步测试:使用万用表等测试工具,对焊接好的电路进行初步测试,确保各元器件工作正常。

(3)功能调试:对记分仪进行功能调试,确保所有功能均按预期工作。

(4)集成测试:将记分仪与篮球比赛的实际场景结合,进行集成测试,确保其在比赛中能够稳定运行。

步骤四 优化与完善

(1)外观设计:考虑记分仪的外观设计,使其具有科技感,并符合篮球比赛的现场氛围。

(2)功能拓展:根据实际使用反馈,对记分仪进行功能拓展,如增加语音报分、无线数据传输等功能。

(3)用户手册编写:编写记分仪的用户手册,说明使用方法、维护注意事项等。

项目验收

整个项目完成之后,下面来检测一下完成的效果。具体的测评细则见下表。

项目完成情况测评细则

评价内容	分值	评价细则	量化分值	得分
信息收集与自主学习	20 分	(1)是否全面收集了篮球记分仪的需求、现有技术、器件选择等相关信息	5 分	
		(2)是否考虑了最新的技术和器件,以及它们的发展趋势	5 分	
		(3)是否能够独立理解并掌握篮球记分仪的基本工作原理和所需技术	5 分	
		(4)学习后是否形成了清晰的知识体系,并能够运用到实际设计中	5 分	
电路设计与实施	40 分	(1)设计是否满足篮球记分仪的所有功能需求	8 分	
		(2)设计中是否体现了新颖的思路或独特的解决方案	8 分	
		(3)设计是否考虑到实际制作的难易程度、材料成本等	8 分	
		(4)焊接是否整洁,连接是否牢固,无虚焊、短路等现象	8 分	
		(5)电路板的布线是否合理,是否遵循了基本的布线原则	8 分	
测试与调试	30 分	(1)是否对记分仪的每一项功能都进行了测试,确保其正常工作	5 分	
		(2)是否对记分仪的性能进行了评估,如响应速度、稳定性等	5 分	
		(3)是否在不同环境下测试了记分仪的适应性,如温度、湿度等	5 分	
		(4)在出现问题时,是否能够迅速、准确地定位问题所在	5 分	
		(5)是否能够有效解决在测试与调试过程中遇到的问题	5 分	
		(6)调试过程中是否有详细的问题记录和解决方案	5 分	

续表

评价内容	分值	评价细则	量化分值	得分
职业素养与职业规范	10 分	(1)在团队中是否能够与他人有效合作,共同完成设计任务	2 分	
		(2)是否能够清晰准确地表达自己的意见和想法,以及接受他人的反馈	3 分	
		(3)是否认真负责,遵守实践任务的各项规定和要求	3 分	
		(4)在实践过程中,是否及时记录了重要信息和关键步骤,如设计文档、测试报告等	2 分	
总计		100 分		

巩固与拓展

一、知识巩固

1. 填空题

(1)时序逻辑电路由_____电路和_____电路两部分组成。

(2)时序逻辑电路的特点是具有_____,即输出状态不仅取决于当时的输入信号,还与电路_____的状态有关。

(3)_____触发器是一种常用的边沿触发器,它具有置位、复位和翻转三种基本功能。

(4)一个 RS 触发器可以存储一位二进制信息,当置位信号使触发器置位时,触发器的输出为_____;当复位信号使触发器复位时,触发器的输出为_____。

(5)在 JK 触发器中,当 J 和 K 都为 0 时,触发器的状态_____;当 J 为 1,K 为 0 时,触发器_____;当 J 为 0,K 为 1 时,触发器_____;当 J 和 K 都为 1 时,触发器的状态_____。

(6)在边沿触发器中,通常只在时钟信号的_____或_____产生输出信号。

2. 选择题

(1)在触发器电路中,通常使用(　　)来实现基本的功能。

  A. 与门　　　　　B. 或门　　　　　C. 非门　　　　　D. 与非门

(2)下列电路不属于时序逻辑电路的是(　　)。

  A. 数码寄存器　　B. 编码器　　　　C. 触发器　　　　D. 可逆计数器

(3)多谐振荡器可产生(　　)。

  A. 正弦波　　　　B. 矩形脉冲　　　C. 三角波　　　　D. 锯齿波

(4)下列具有记忆功能的逻辑电路是(　　)。

  A. 加法器　　　　B. 数码显示器　　C. 译码器　　　　D. 计数器

3. 分析题

(1)已知时钟下降沿触发的 JK 触发器 $CP、J、K$ 及异步置 1 端 S、异步置 0 端 R 的波形如下图所示,试画出 Q 的波形(设 Q 的初态为 0)。

(2)使用两片 74LS192 芯片构造一个三十二进制加法计数器。

(3)T' 触发器是一种每来一个时钟脉冲就翻转一次的触发器。试用 JK 触发器转换为 T' 触发器。

(4)用两片 74LS161 二进制计数器构成四十进制计数器,画出电路图。74LS161 为同步十六进制计数器,它的逻辑图如下图所示,功能表见下表。

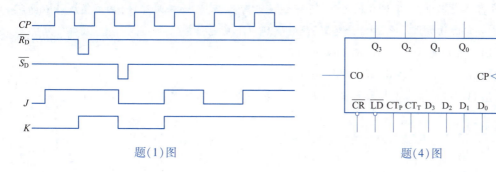

题(1)图　　　　　　　　　　　题(4)图

题(4)表

$\overline{CR}$	$\overline{LD}$	CT_P	CT_T	CP	$Q_3Q_2Q_1Q_0$
0	×	×	×	×	0000
1	0	×	×	↑	$D_3D_2D_1D_0$
1	1	0	×	×	保持
1	1	×	0	×	保持
1	1	1	1	↑	加法计数

(5)分析下图所示电路是几进制的计数器。

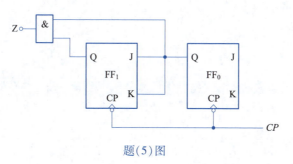

题(5)图

(6)74LS161 是同步 4 位二进制加法计数器,试分析下图所示电路是几进制计数器,并画出其状态图。

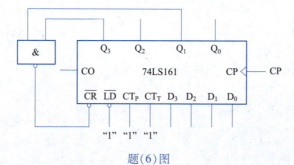

题(6)图

二、实践拓展

在篮球比赛中,除了记分仪之外,还有 24 s 计时器,请自行查阅资料,利用集成计数器芯片和集成定时器完成一个 24 s 计时器,能够实现以下功能:

(1) 重置功能。重置之后从 24 s 开始倒计时;

(2) 暂停功能。倒计时可以暂停;

(3) 报警功能。当倒计时结束之后通过声光设备实现报警效果。

参 考 文 献

[1] 祝勋. 激光器电工电子技术[M]. 北京:化学工业出版社,2015.
[2] 杨晟. 激光加工设备电气控制[M]. 北京:电子工业出版社,2014.
[3] 杨晟. 激光加工设备电气控制技术[M]. 武汉:华中科技大学出版社,2019.
[4] 张大彪. 电子技能与实训[M]. 北京:电子工业出版社,2003.
[5] 于宝明,张园. 模拟电子技术[M]. 北京:电子工业出版社,2018.
[6] 贾建平. 电工电子技术[M]. 2版. 武汉:华中科技大学出版社,2021.
[7] 杨志忠. 数字电子技术[M]. 5版. 北京:高等教育出版社,2018.
[8] 唐介. 电工学:少学时[M]. 3版. 北京:高等教育出版社,2010.